国家出版基金项目
NATIONAL PUBLICATION FOUNDATION

"十三五"国家重点出版物出版规划项目

世界海洋文化与历史研究译丛

海洋的历史与身份

现代世界的海洋与文化

Maritime History and Identity

The Sea and Culture in the Modern World

王松林　丛书主编

[英]邓肯·雷德福(Duncan Redford)　编

程　文　译

海洋出版社

2025年·北京

图书在版编目(CIP)数据

海洋的历史与身份：现代世界的海洋与文化 /（英）邓肯·雷德福（Duncan Redford）编；程文译. -- 北京：海洋出版社, 2025. 1. --（世界海洋文化与历史研究译丛）. -- ISBN 978-7-5210-1477-8

Ⅰ. P7-091

中国国家版本馆 CIP 数据核字第 2025NG3304 号

版权合同登记号 图字：01-2016-3640

Haiyang de lishi yu shenfen：xiandai shijie de haiyang yu wenhua

责任编辑： 向思源 苏 勤

责任印制： 安 淼

海洋出版社 出版发行

http://www.oceanpress.com.cn

北京市海淀区大慧寺路 8 号 邮编：100081

鸿博昊天科技有限公司印刷 新华书店北京发行所经销

2025 年 5 月第 1 版 2025 年 5 月第 1 次印刷

开本：710 mm×1000 mm 1/16 印张：25.5

字数：274 千字 定价：138.00 元

发行部：010-62100090 总编室：010-62100034

海洋版图书印、装错误可随时退换

丛书总序

众所周知，地球表面积的71%被海洋覆盖，人类生命源自海洋，海洋孕育了人类文明，海洋与人类的关系一直以来备受科学家和人文社科研究者的关注。21世纪以来，在外国历史和文化研究领域兴起了一股“海洋转向”的热潮，这股热潮被学界称为“新海洋学”（New Thalassology）或曰“海洋人文研究”。海洋人文研究者从全球史和跨学科的角度对海洋与人类文明的关系进行了深度考察。本丛书萃取当代国外海洋人文研究领域的精华译介给国内读者。丛书先期推出10卷，后续将不断补充，形成更为完整的系列。

本丛书从天文、历史、地理、文化、文学、人类学、政治、经济、军事等多个角度考察海洋在人类历史进程中所起的作用，内容涉及太平洋、大西洋、印度洋、北冰洋、黑海、地中海的历史变迁及其与人类文明之间的关系。丛书以大量令人信服的史料全面描述了海洋与陆地及人类之间的互动关系，对世界海洋文明的形成进行了全面深入的剖析，揭示了从古至今的海上探险、海上贸易、海洋军事与政治、海洋文学与文化、宗教传播以及海洋流域的民族身份等各要素之间千丝万缕的内在关联。丛书突破了单一的天文学或地理学或海洋学的学科界限，从全球史和跨学科的角度将海洋置于人类历史、文化、文学、探险、经济乃至民族个性的形成等视域中加以系统考察，视野独到开阔，材料厚实新颖。丛书的创新性在于融科学性与人文性于一体：一方面依据大量最新研究成果和发掘的资料对海洋本身的变化进行客观科学的考究；另一方面则更多地从人类文明发展史微观和宏观相结合的角度对海洋与人类的关系给予充分的人文探究。丛书在书目的选择上充分考虑著作的权威性，注重研究成果的广泛性和代表性，同时顾及著作的学术性、科普性和可读性，有关大西洋、太平洋、印度洋、地中海、黑海等海域的文化和历史研究成果均纳入译介范围。

太平洋文化和历史研究是20世纪下半叶以来海洋人文研究的热点。大卫·阿米蒂奇（David Armitage）和艾利森·巴希福特（Alison Bashford）编的《太平洋历史：海洋、陆地与人》（*Pacific Histories: Ocean, Land, People*）是这一研究领域的力作，该书对太平洋及太平洋周边的陆地和人类文明进行了全方位的考察。编者邀请多位国际权威史学家和海洋人文研究者对太平洋区域的军事、经济、政治、文化、宗教、环境、法律、科学、民族身份等问题展开了多维度的论述，重点关注大洋洲区域各族群的历史与文化。西方学者对此书给予了高度评价，称之为“一部太平洋研究的编年史”。

印度洋历史和文化研究方面，米洛·卡尼（Milo Kearney）的《世界历史中的印度洋》（*The Indian Ocean in World History*）从海洋贸易及与之相关的文化和宗教传播等问题切入，多视角、多方位地阐述了印度洋在世界文明史中的重要作用。作者对早期印度洋贸易与阿拉伯文化的传播作了精辟的论述，并对16世纪以来海上列强（如葡萄牙和后来居上的英国）对印度洋这一亚太经济动脉的控制和帝国扩张得以成功的海上因素做了深入的分析 。值得一提的是，作者考察了历代中国因素和北地中海因素对印度洋贸易的影响，并对“冷战”时代后的印度洋政治和经济格局做了展望 。

黑海位于欧洲、中亚和近东三大文化区的交会处，在近东与欧洲社会文化交融以及欧亚早期城市化的进程中发挥着持续的、重要的作用。近年来，黑海研究一直是西方海洋史学研究的热点。玛利亚·伊万诺娃（Mariya Ivanova）的《黑海与欧洲、近东以及亚洲的早期文明》（*The Black Sea and the Early Civilizations of Europe, the Near East and Asia*）就是该研究领域的代表性成果。该书全面考察了史前黑海地区的状况，从考古学和人文地理学的角度剖析了由传统、政治与语言形成的人为的欧亚边界。作者依据大量考古数据和文献资料，把史前黑海置于全球历史语境的视域中加以描述，超越了单一地对物质文化的描述性阐释，重点探讨了黑海与欧洲、近东和亚洲在早期文明形成过程中呈现的复杂的历史问题。

把海洋的历史变迁与人类迁徙、人类身份、殖民主义、国家形象与民族性格等问题置于跨学科视野下予以考察是“新海洋学”研究的重要内容。邓肯·雷德福（Duncan Redford）的《海洋的历史与身份：现代世界的海洋与文化》（*Maritime History and Identity: The Sea and Culture in the Modern World*）就是这方面的代表性著作。该书探讨了海洋对个体、群体及国家文化特性形成过程的影响，侧重考察了商业航海与海军力量对民族身份的塑造产生的影响。作者以英国皇家海军为例，阐述了强大的英国海军如何塑造了其帝国身份，英国的文学、艺术又如何构建了航海家和海军的英雄形象。该书还考察了日本、意大利和德国等具有海上军事实力和悠久航海传统的国家的海洋历史与民族性格之间的关系。作者从海洋文化与国家身份的角度切入，角度新颖，开辟了史学研究的新领域，研究成果值得海洋史和海军史研究者借鉴。此外，伯恩哈德·克莱因（Bernhard Klein）和格萨·麦肯萨恩（Gesa Mackenthun）编的《海洋的变迁：历史化的海洋》（*Sea Changes: Historicizing the Ocean*）对海洋在人类历史变迁中的作用做了创新性的阐释。克莱因指出，海洋不仅是国际交往的通道，而且是值得深度文化研究的历史理据。该书借鉴历史学、人类学以及文化学和文学的研究方法，秉持动态的历史观和海洋观，深入阐述了海洋的历史化进程。编者摒弃了以历史时间顺序来编写的惯例，以问题为导向，相关论文聚焦某一海洋地理区域问题，从太平洋开篇，依次延续到大西洋。所选论文从不同的侧面反映真实的和具有象征意义的海洋变迁，体现人们对船舶、海洋及航海人的历史认知，强调不同海洋空间生成的具体文化模式，特别关注因海洋接触而产生的文化融合问题。该书融海洋研究、文化人类学研究、后殖民研究和文化研究等理论于一炉，持守辩证的历史观，深刻地阐述了“历史化的海洋”这一命题。

由大卫·坎纳丁（David Cannadine）编的《帝国、大海与全球史：1763—1840 年前后不列颠的海洋世界》（*Empire, the*

Sea and Global History: *Britain's Maritime World*, *c. 1763–c. 1840*)就18世纪60年代到19世纪40年代的一系列英国与海洋相关的重大历史事件进行了考察，内容涉及英国海外殖民地的扩张与得失、英国的海军力量、大英帝国的形成及其身份认同、天文测量与帝国的关系等；此外，还涉及从亚洲到欧洲的奢侈品贸易、海事网络与知识的形成、黑人在英国海洋世界的境遇以及帝国中的性别等问题。可以说，这一时期的大海成为连结英国与世界的纽带，也是英国走向强盛的通道。该书收录的8篇论文均以海洋为线索对上述复杂的历史现象进行探讨，视野独特新颖。

海洋文学是海洋文化的重要组成部分，也是海洋历史的生动表现，欧美文学有着鲜明的海洋特征。从古至今，欧美文学作品中有大量的海洋书写，海洋的流动性和空间性从地理上为欧美海洋文学的产生和发展提供了诸种可能，欧美海洋文学体现的欧美沿海国家悠久的海洋精神成为欧美文化共同体的重要纽带。地中海时代涌现了以古希腊、古罗马为代表的“地中海文明”和“地中海繁荣”，从而产生了欧洲的文艺复兴运动。随着早期地中海沿岸地区资本主义萌芽的兴起和航海及造船技术的进步，欧洲冒险家开始开辟新航线，发现了新大陆，相关的海上历险书写成为后人了解该时代人与大海互动的重要文献。之后，海上贸易由地中海转移至大西洋，带动大西洋沿岸地区的文学和文化的发展。一方面，海洋带给欧洲空前的物质繁荣，为工业革命的到来创造了充分的条件；另一方面，海洋铸就了沿海国家的民族性格，促进了不同民族的文学与文化之间的交流，文学思想得以交汇、碰撞和繁荣。可以说，“大西洋文明”和“大西洋繁荣”在海洋文学中得到了充分的体现，海洋文学也在很大程度上反映了沿海各国的民族性格乃至国家形象。

希腊文化和文学研究从来都是海洋文化研究的重要组成部分，希腊神话和《荷马史诗》是西方海洋文学研究不可或缺的内容。玛丽-克莱尔·博利厄（Marie-Claire Beaulieu）的专著《希腊想象中的海洋》（*The Sea in the Greek Imagination*）堪称该研究领域的一部奇书。作者把海洋放置在神界、凡界和冥界三个不同的宇宙空间的边界来考察希腊神话和想象中各种各样的海洋表征和海上航行。从海豚骑士到狄俄尼索斯、从少女到人鱼，博利厄着重挖掘了海洋在希腊神话中的角色和地位，论证详尽深入，结论令人耳目一新。西方学者对此书给予了高度评价，称其研究方法“奇妙”，研究视角“令人惊异”。在“一带一路”和“海上丝路”的语境下，中国的海洋文学与文化研究应该可以从博利厄的研究视角中得到有益的启示。把中外神话与民间传说中的海洋想象进行比照和互鉴，可以重新发现海洋在民族想象、民族文化乃至世界政治版图中所起的重要作用。

在研究海洋文学、海洋文化和海洋历史之间的关系方面，菲利普·爱德华兹（Philip Edwards）的《航行的故事：18世纪英格兰的航海叙事》（*The Story of the Voyage: Sea-narratives in Eighteenth-century England*）是一部重要著作。该书以英国海洋帝国的扩张竞争为背景，根据史料和文学作品的记叙对18世纪的英国海洋叙事进行了研究，内容涉及威廉·丹皮尔的航海经历、库克船长及布莱船长和“邦蒂”（*Bounty*）号的海上历险、海上奴隶贸易、乘客叙事、水手自传，等等。作者从航海叙事的视角，揭示了18世纪英国海外殖民与扩张过程中鲜为人知的一面。此外，约翰·佩克（John Peck）的《海洋小说：英美小说中的水手与大海，1719—1917》（*Maritime Fiction: Sailors and the Sea in British and American Novels, 1719-1917*）是英美海洋文学研究中一部较系统地讨论英美小说中海洋与民族身份之间关系的力作。该书研究了从笛福到康拉德时代的海洋小说的文化意义，内容涉及简·奥斯丁笔下的水手、马里亚特笔下的海军军官、狄更斯笔下的大海、维多利亚中期的海洋小说、约瑟夫·康拉德的海洋小说以及美国海洋小说家詹姆士·库柏、赫尔曼·麦尔维尔等的海洋书写。这是一部研究英美海洋文学与文化关系的必读参考书。

海洋参与了人类文明的现代化进程，推动了世界经济和贸易的发展。但是，人类对海洋的过度开发和利用也给海洋生态带来了破坏，这一问题早已引起国际社会和学术界的关注。英国约克大学著名的海洋环保与生物学家卡勒姆·罗伯茨（Callum Roberts）的《生命的海洋：人与海的命运》（*The Ocean of Life: The Fate of Man and the Sea*）一书探讨了人与海洋的关系，详细描述了海洋的自然历史，引导读者感受海洋环境的变迁，警示读者海洋环境问题的严峻性。罗伯茨对海洋环境问题的思考发人深省，但他对海洋的未来始终保持乐观的态度。该书以通俗的科普形式将石化燃料的应用、气候变化、海平面上升以及海洋酸化、过度捕捞、毒化产品、排污和化肥污染等要素对环境的影响进行了详细剖析，并提出了阻止海洋环境恶化的对策，号召大家行动起来，拯救我们赖以生存的海洋。可以说，该书是一部海洋生态警示录，它让读者清晰地看到海洋所面临的问题，意识到海洋危机问题的严重性；同时，它也是一份呼吁国际社会共同保护海洋的倡议书。

古希腊政治家、军事家地米斯托克利（Themistocles，公元前524年至公元前460年）很早就预言：谁控制了海洋，谁就控制了一切。21世纪是海洋的世纪，海洋更是成为人类生存、发展与拓展的重要空间。党的十八大报告明确提出“建设海洋强国”的方略，十九大报告进一步提出要“加快建设海洋强国”。一般认为，海洋强国是指在开发海洋、利用海洋、保护海洋、管控海洋方面拥有强大综合实力的国家。我们认为，“海洋强国”的另一重要内涵是指拥有包括海权意识在内的强大海洋意识以及为传播海洋意识应该具备的丰厚海洋文化和历史知识。

本丛书由宁波大学世界海洋文学与文化研究中心团队成员协同翻译。我们译介本丛书的一个重要目的，就是希望国内从事海洋人文研究的学者能借鉴国外的研究成果，进一步提高国人的海洋意识，为实现我国的“海洋强国”梦做出贡献。

王松林

于宁波大学

2025年1月

译者简介

程文，文学博士，宁波大学外国语学院副教授，硕士生导师。研究领域为英语诗歌与比较文学，在《外国文学研究》《外国文学》《世界文学》等期刊发表论文十余篇，出版专著1部，译著4部；主持国家社科基金一般项目1项（获优秀结项），国家社科基金重大项目子课题1项（在研）。获2019年第三十一届韩素音国际翻译大赛英译汉组三等奖，2024年第一届浙江省翻译协会优秀译著二等奖。业余从事文学翻译和诗歌创作，出版诗集1部，发表诗歌作品及诗歌、短篇小说译文百余篇。代表著作：《华莱士·史蒂文斯抽象诗学》，浙江大学出版社（2020年）；论文：《布莱克〈耶路撒冷〉中的边际主义与东西关系重构》，《外国文学研究》（2024年）；译著：《威廉·布莱克：永恒日出的想象世界》，社科文献出版社（2023年）；诗集：《海边的史蒂文斯》，浙江大学出版社（2022年）。

编者简介

邓肯·雷德福（Duncan Redford）是皇家海军国家博物馆现代海军历史高级研究员和朴次茅斯大学荣誉高级研究员。他著有《潜艇：从第一次世界大战到核战的文化史》（*The Submarine: A Cultural History from the Great War to Nuclear Combat*）、《皇家海军史：第二次世界大战》（*A History of the Royal Navy: World War Ⅱ*），与人合著《皇家海军：1900 年以来的历史》（*The Royal Navy: A History since 1900*）。他拥有伦敦国王学院的博士学位，之前获利弗休姆奖学金（Leverhulme Early Career Research Fellow），在埃克塞特大学海事历史研究中心从事研究工作。

撰稿人简介

理查德·布莱克莫尔（Richard J. Blakemore）是埃克特大学海洋历史研究中心（Centre for Maritime Historical Studies, University of Exeter）的副研究员。他拥有伦敦剑桥大学和英国内战期间泰晤士河海事社区的博士学位，目前正在与伊莱恩·墨菲（Elaine Murphy）合著《英国海上内战，1638—1653年》（*The British Civil Wars at Sea, 1638-1653*）。

维多利亚·卡罗兰（Victoria Carolan）是格林尼治大学格林尼治海事研究所的客座讲师。她拥有伦敦大学玛丽皇后学院的博士学位，研究方向为英国航海历史、国家认同和电影。她之前在马斯特里赫特的扬·凡·艾克学院（Jan Van Eyck Academie）担任了两年的受薪研究员，致力于通过摄影研究海洋身份。

柯利·康维蒂托（Cori Convertito）是佛罗里达州基韦斯特艺术与历史学会的策展人，也是佛罗里达基斯社区学院的兼职讲师。她于埃克塞特大学获得博士学位，博士论文题为《西印度群岛英国海员的健康，1770—1806》（'The Health of British Seamen in the West Indies, 1770-1806'），为此她获得了2011—2012年度海洋史最佳博士论文的博伊德尔与布鲁尔奖。

詹姆斯·戴维（James Davey）是国家海事博物馆（National Maritime Museum）的海军史策展人，也是格林尼治大学格林尼治海事研究所（Greenwich Maritime Institute）的客座讲师。他拥有格林尼治大学的博士学位，博士论文题为《战争、海军后勤和英国国家》（'War, Naval Logistics and the British State'）。著有《英国海军战略的转变：北欧的海权和供应，1808—1812》（*The Transformation of British Naval Strategy: Seapower and Supply in Northern Europe, 1808-1812*），与理查德·约翰斯（Richard Johns）合著《舷炮：漫画与海军1756—1815》（*Broadsides: Caricature and the Navy 1756-1815*），并与昆汀·科尔维尔（Quintin Colville）合著《纳尔逊、海军与国家：皇家海军与英国人民，1688—1815》（*Nelson, Navy & Nation: The Royal Navy and the British People, 1688-1815*）。

罗阿尔·耶尔斯滕（Roald Gjelsten）曾在挪威海军、国防院校和司令部服役，现任挪威国防研究所研究员，研究兴趣包括安全和国防政策以及"冷战"期间和之后的海事问题。他最近与汤姆·克里斯蒂安森（Tom Kristiansen）合作撰写了一部关于挪威皇家海军的历史著作。

马克·琼斯（Mark Jones）是都柏林大学学院战争研究中心的爱尔兰研究委员会博士后研究员。他拥有佛罗伦萨欧洲大学研究所的博士学位，研究课题为政治暴力和1918/1919年德国革命。他的主要兴趣在于20世纪德国和意大利历史、比较和跨国历史以及政治暴力史。

汤姆·克里斯蒂安森（Tom Kristiansen）是挪威国防研究所（Norwegian Institute for Defence Studies）教授。他在卑尔根大学获得博士学位，并撰写了大量关于19世纪末和20世纪初斯堪的纳维亚外交、海军和军事历史的文章。他是《北方海域海军，1721—2000》（*Navies in Northern Waters, 1721-2000*）的联合编辑，最近与罗阿尔·耶尔斯滕合著了一部挪威皇家海军史。

约翰·米查姆（John C. Mitcham）任教于桑福德大学霍华德艺术与科学学院。他拥有亚拉巴马大学英国历史博士学位。他的研究探索了维多利亚时代晚期和爱德华时代英国帝国国防政策的文化走向，特别关注英国与诸自治领的合作情况。

阿莱西奥·帕塔拉诺（Alessio Patalano）是伦敦国王学院讲师，主讲战争研究课程，专门研究东亚安全和日本海军历史与战略。他还是国王学院中国研究所的助理研究员。自2006年以来，他一直在威尼斯意大利海军战争学院（ISMM）担任海军战略和东亚安全访问讲师，目前还是日本天普大学（Temple University）当代亚洲研究所的兼职研究员。

邓肯·雷德福（Duncan Redford）是皇家海军国家博物馆现代海军历史高级研究员和朴次茅斯大学荣誉高级研究员。他著有《潜艇：从第一次世界大战到核战的文化史》（*The Submarine: A Cultural History from the Great War to Nuclear Combat*）、《皇家海军史：第二次世界大战》（*A History of the Royal Navy: World War II*），与人合著《皇家海军：1900年以来的历史》（*The Royal Navy: A History since 1900*）。他拥有伦敦国王学院的博士学位，之前获利弗休姆奖学金（Leverhulme Early Career Research Fellow）在埃克塞特大学海事历史研究中心从事研究工作。

朱塞佩·雷斯蒂福（Giuseppe Restifo）是墨西拿大学（University of Messina）的历史学教授。他的研究兴趣是现代地中海的人口、流行病和海洋历史，著有《旅游与历史：西西里岛陶尔米纳，1750—1950》（*Tourism and History: Taormina, Sicily, 1750-1950*）。

丹尼尔·欧文·斯宾塞（Daniel Owen Spence）是南非

自由州大学的博士后研究员。他拥有谢菲尔德哈勒姆大学的博士学位，博士论文题为《帝国主义与身份认同：20 世纪 30 年代至非殖民化时期的英国殖民海军文化》（'Imperialism and Identity in British Colonial Naval Culture, 1930s to Decolonisation'），著有《殖民海军文化与英国帝国主义 1931—1967 年》（*Colonial Naval Culture and British Imperialism 1931–1967*）和《皇家海军史：帝国与帝国主义》（*A History of the Royal Navy: Empire and Imperialism*）。

乔·斯坦利（Jo Stanley）是研究性别与海洋问题的领先学者，采用跨学科视角进行研究。作为一名作家、讲师和协调人，她著有《风险！战时海上的女性》（*Risk! Women on the Wartime Seas*）和《英姿飒爽：跨越时代的女海盗》（*Bold in her Breeches: Women Pirates across the Ages*），并与保罗·贝克（Paul Baker）合著《你好，水手！海上同性恋的隐秘历史》（*Hello Sailor! The Hidden History of Homosexuality at Sea*）。她是兰卡斯特大学流动性研究中心的荣誉研究员。

卡洛斯·阿尔法罗·扎佛特萨（Carlos Alfaro Zaforteza）是伦敦国王学院战争研究系的访问研究员。他专攻 19 世纪西班牙的海军、帝国与外交历史。他拥有伦敦国王学院的博士学位，合著有《欧洲海军与战争行为》（*European Navies and the Conduct of War*）。

布里特·泽布（Britt Zerbe）拥有埃克塞特大学海洋历史研究中心的博士学位。他是《皇家海军陆战队的诞生 1664—1802 年》（*The Birth of the Royal Marines 1664-1802*）和《皇家海军史：皇家海军陆战队》（*A History of the Royal Navy*：*The Royal Marines*）的作者。

目　录

导　言 …………………………………… 邓肯・雷德福　(1)

第一部分　海军与国家认同

第一章　海军英雄与不列颠的民族认同，1707—1750 年
………………………………… 詹姆斯・戴维　(14)
第二章　伊藤正德，帝国海军与战后日本的国家认同
………………………… 阿莱西奥・帕塔拉诺　(44)
第三章　皇家海军，海盲与英国民族身份
………………………………… 邓肯・雷德福　(72)

第二部分　海洋与区域身份认同

第四章　有如同舟共济的船员：现代墨西拿的海洋和身份认同
…………………………… 朱塞佩・雷斯蒂福　(96)

第五章　船舶、河流和海洋：17 世纪伦敦海洋社区的空间概念
…………………………… 理查德 · 布莱克莫尔　（116）
第六章　海上强国：小国挪威概况
……· 汤姆 · 克里斯蒂安森，罗阿尔 · 耶尔斯滕　（142）
第七章　银幕上的船厂工人，1930—1945 年
…………………………… 维多利亚 · 卡罗兰　（167）

第三部分　海军与海事部门中的集体身份

第八章　两栖身份的另一面：英国海军陆战队在陆上，1755—1802 年
………………………………… 布里特 · 泽布　（190）
第九章　施佩伯爵的覆灭与德意志帝国海军的集体身份
………………………………… 马克 · 琼斯　（214）

第四部分　海洋与海员的身份认同

第十章　打破规则：在维多利亚皇家海军中通过文身表达个体性
…………………………… 柯利 · 康维蒂托　（240）
第十一章　“他们认为自己很正常，并自称为女王”：英国邮轮上的同性恋海员，1945—1985 年
……………………………… 乔 · 斯坦利　（270）

第五部分 海军与帝国认同

第十二章 从特拉法尔加到圣地亚哥：19 世纪西班牙海军与国家认同
…………… 卡洛斯·阿尔法罗·扎佛特萨 (298)
第十三章 海军主义与更伟大的不列颠，1897—1914 年
………………………………… 约翰·米查姆 (320)
第十四章 1928—1941 年不列颠亚洲帝国的帝国意识形态，身份认同与海军征募
…………………… 丹尼尔·欧文·斯宾塞 (348)

参考文献 ………………………………………………… (366)

导　言

邓肯·雷德福

海洋史及其分支海军史是广阔的领域，包含一系列振奋人心的研究路径和潜在研究领域，令学者趋之若鹜。唯其如此，近15年来该学科进展迅速，突飞猛进。尽管海洋和海军史向来被视为避难所，供那些仅仅关注造船或者战斗细枝末节的人士栖身，这或许不无道理。不过，这门学科如今却生气勃勃，不仅为政治史、外交史和经济史等传统学科注入了生机，还在社会和文化史领域扮演举足轻重的角色，后者是新晋学科，但是已经颇具规模。与此同时，海洋和海军史自身的发展也后劲十足。以英国海洋史为例，格伦·奥哈拉（Glen O'Hara）2009年的综述文章最具说服力，该文题为《海洋澎湃涌入视野：全球化世界中的现代英国海洋史》（'The Sea is Swinging into View: Modern British Maritime History in a Globalised World'），发表于《英国历史评论》（*English Historical Review*），宣称海洋史"近乎复兴"。[1]然而，海洋与身份，不论其属于个人，还是当地、区域、集团或国家，却较少引起关注。相形之下，海洋社会和文化史过去几年来却蓬勃发展，成果远为丰富，尽管要理解这两个主题，“身份”是不可或缺的。或许这是因为“身份”对一些历史学家来说依然是个新概念，有一定的挑战性。随着“身份”这一术语在历史学科越来越流行，使用该术语的准确性却越来越降低。这并不新鲜，正如彼得·曼德勒(Peter Mandler)所指出的：菲利普·格里森(Phillip Gleason)早在1983年就详述了“身份”的诸多来源。[2]尽管圆滑的政治话语中关于身份的肤浅对话颇为刺耳，“身份”究竟意味着什么，对此却从来没有达成任何真正的共识。社会学家是该术语的始作俑者，并且开风气之先，首倡身份问题的研究，却没有就“身份”这一术语究竟为何物、如何造就以及如何交流得出任何结论。有些历史学家选择这个概念在不同领域做过数年研究，像社会学家一样，他们也意见分歧。这种无法形成共识的情形，让身份讨论与漫游奇境的爱丽丝有几分神似，历史学家和社会学家无意之中以《爱丽丝漫游奇境》中的矮胖子(Humpty Dumpty)为楷模：

> “我用一个词的时候，”矮胖子用颇为讥讽的语调说，“这个词的意思就是我选择让它表达的意思，不增不减。”
>
> “问题是，”爱丽丝说，“你是否能让词语表示这么多不同的意思？”

至少，在那一瞬间，那些对身份的诸多形态和形式进行研究的人似乎真的能做到。

然而，研究身份问题的历史学路径实际上并不需要从事者的共识。我们可以认为对历史学家来说，来自争议和不同概念的辩论和意见交流其实都是手段，帮助我们更好地取得进展，推进我们对历史问题的理解。或许一种身份问题的史学观念比其他的优越在于它能让学者避开复杂和有争议的理论，把它当作向导，帮助我们形成论证，而不是僵硬的框架。作为历史学家，我们常常不是为了证明或者推翻一个模型，而是要增进我们对问题的理解。幸运的是，近几年来，历史学家就身份问题所做的工作越来越令人瞩目，即便他们几乎不涉及海洋与身份的关系。以下历史学家对身份辩论所做的工作极其有价值：彼得·曼德勒、琳达·科利(Linda Colley)、安东尼·史密斯(Anthony D. Smith)、本尼迪克特·安德森(Benedict Anderson)、保罗·沃德(Paul Ward)、迈克尔·比令(Michael Billig)，还有其他许多人。[3]随之而来的讨论围绕“身份是什么”或“身份不是什么”展开。这些学者开辟了道路，我们乐于跟从。不过，就“身份”的界定、建构、交流而展开的诸多思考确实需要加强。更为重要的是，这样的辩论以及关于身份问题的话语并没有充分考虑到身份认同随时间变化的问题。

就身份形成内部而言，海洋维度也没有得到应有的地位。这一身份形成不仅仅是指海上和沿海人群，也包括更大、更普遍的身份构建，例如民族国家。许多研究身份问题的著作本来可以取得卓越成果，但却没有处理一种关系，其最简单形式是陆地与海洋、海洋与陆地的双边关系，其复杂形式则是多元、多重关系，这是极为可惜的。[4]我们随机选取几例，罗伯特·科尔斯（Robert Colls）、基斯·罗宾斯（Keith Robbins）和克里希南·库马尔（Krishnan Kumar），他们的著作都研究英国或者不列颠身份认同。与此相似，如果我们想在一些历史著作，例如从大英帝国史中寻找不列颠与海洋的关系如何塑造并作用于大英帝国的帝国身份，将会是徒劳的。对这一概括也有令人钦佩的例外，包括但不限于杰雷米·布莱克（Jeremy Black）的《不列颠海上帝国》（*Britain's Seaborne Empire*）、玛丽·康莉（Mary Conley）的《从水手到英国国旗：再现不列颠帝国的海军气概 1870—1918》（*From Jack Tar to Union Jack：Representing Naval Manhood in the British Empire 1870-1918*）。还有其他著作，像罗伯特·霍兰德（Robert Holland）《海上帝国：1800 年以来不列颠在地中海地区的历史》（*Blue-Water Empire：The British in the Mediterranean since 1800*），尽管没有直接涉及身份问题，但确实把海洋放在帝国故事的中心。[5]

本书希望把身份问题置于海洋历史学家的关注焦点，让我们在一场激动人心的辩论中发挥作用，这场辩论应有助于我们理解过去和今天的世界。它还有助于彰显海洋身份能够影响对身份构建的理解，并且确实能够纳入对此问题更加主流的研究。选入本书的论文合而观之，表明身份可以看作多层次网络，由想象共同体之内某个成员的理念、信仰和感知(政治、宗教、社会、地理 、性别、安全，列表几乎无穷无尽)组成，这些又反过来从个人、当地、地区或国家层面激发那个想象共同体，并且是随着时间推移而变化的。[6]这些身份网络内部的理念能够通过时间或者外部事件的影响而进化，以应对想象共同体存在其中的环境变化。随着这一进化过程，理念之间的连接自身也变化，结果就是随着时间推移，对某一理念、信仰或感知的应对将会产生不同的反应。我们可以从今天的皇家海军清楚地看到这一点，它无法像 1914 年之前那样激发公众的热忱。关于英国为什么需要海军以及它的角色究竟是什么，这一潜在的信息不一定为反映英国人自那时起经历的一切变化而发生变化。

海员，无论是商人还是海军，对海洋的理解一直截然不同：对他们来说，海洋就是上班的地方，或许有危险。对于“陆地人”(水手对非海员的称呼)来说，大海可能是危险、敌意、未知、财富或机会的来源——林林总总的“他者”，取决于个人视角。所有这些将海洋视为“他者”的观点可能与水手对“他者”的看法分道扬镳，水手更有可能将海洋视为他们的工作场所。即使是水手的穿着方式和他们使用的语言，也使他们与岸上的同行区分开来。[7]时间的流逝并没有改变这一点。20 世纪的商船或军舰及其船员对公众来说，与 18 世纪的同行一样，表面上很熟悉，他们来自社会并被社会塑造，但同时又由于他们的职业和工作场所的位置而与社会分开。因此，水手过去和现在都是平民的“异类”。但是，正如乔·斯坦利（Jo Stanley）在本书中所展示的那样，海洋，尤其是船只，因为它们是“他者”，也可能是一种解放。在海上的船上，一些社会规则弱化或被忽视，新的可接受行为的衡量标准形成并被接受，不仅被航海社区所接受，而且也被访客所接受，他们来自船员的“他者”——公民社会。

与此同时，海洋可以被视为“他者”——导致社会团结起来反对它的东西。[8]关于海洋，自18世纪以来通过航海进步来驯服海洋，使其变得安全、文明的努力，足以说明这种观点——从哈里森的天文钟，海图、水文、领港工会（Trinity House）提供的可识别浮标和灯塔，到海岸警卫队的救援作用和志愿者救生艇系统的建立。然而，海洋也可以是一个“他者”，作为“他者”陷入冲突的媒介。正如琳达·科利所指出的，这种与“他者”的冲突可能以真实或想象的入侵者的形式出现。[9]在这里，海洋被用作商业和贸易的工业化空间，或者被用作通信和经济活动的媒介，例如，它成为英国人进入“他者”领域的手段，这些人与英国人不同，不被认为是天生的海员。

编写本书以及阅读如此多样化的学术成果中的观点之乐趣所在，就是看到它们与海洋的互动所形成的不同身份之间的相似之处，而不是不同之处。身份认同的构建过去和现在都与感知到的差异相对立——对“他者”的传统看法是，它被视为威胁或挑战群体的东西。但是，正如收入本书的多篇文章所显示，实际差异并没有那么大。最重要的是，正是大海本身往往使水手与那些没有乘船出海的人区分开来，并且无论他们的身份如何，它都把他们团结在一起。事实上，那些被海洋塑造的人的身份不一定符合陆地上更严格的国家或民族界限。海洋帝国为我们今天生活的全球化世界奠定了基础，促进了海上互动和联系的增加。这使得对身份的传统理解复杂化，因为它创造了跨国社区和从属关系，与以大都市为中心的政治和具有固定陆地边界的"国家"概念分开。

本书旨在通过五个途径探讨不同身份、不同时代、不同地点与大海的关系。首先，本书前三章涉及国家认同和海洋。詹姆斯·戴维(James Davey)着眼于18世纪英国海军英雄的观念，特别关注海军英雄的形象如何在政治和文化领域传播，以阐明当代政治讨论的文化和意识形态框架。他表明，人们可以通过检查一个国家阅读、购买和消费的东西来判断它如何看待自己，并在此过程中证明，皇家海军比任何其他机构都更能为个人提供一种方式，使个人能够认同新的"英国"。阿莱西奥·帕塔拉诺(Alessio Patalano)以日本帝国海军为主题，研究了帝国海军叙事如何在战后时代充满争议的最初几年通过新闻和通俗历史流行起来。有一个人贡献最大：记者伊藤正德(Itō Masanori)，他致力于日本的民族身份和海军在其中的作用问题。在帕塔拉诺的章节中，他详细研究了伊藤在第二次世界大战前后的职业生涯，以展示海军在日本经历战时创伤后如何被重新纳入日本历史。在第三章中，我着眼于1870年后的皇家海军和英国国家认同。我认为，正是国家认同的变化——尤其是公众对英国岛国地位所赋予的安全感，以及对英国在世界上地位的态度变化——导致公众和政治对海洋（包括海军）事务的兴趣逐渐下降，以至于这些问题实际上被忽视了。这种现象被称为“海盲”。

本书的第二个研究方向是海洋与区域身份之间的关系。这组章节相比关于海洋和国家认同的讨论中提出的纯粹海军问题更加关注海洋本身。朱塞佩·雷斯蒂福（Giuseppe Restifo）研究近代早期的西西里岛港口墨西拿，并说明了海洋如何将社区凝聚起来，该社区由来自意大利和地中海沿岸不同地区的具有联系、历史和习俗的一大批独立群体组成。理查德·布莱克莫尔（Richard J. Blakemore）着眼于伦敦的沿海身份以及伦敦桥沿泰晤士河下游延伸的教区中海洋、河流陆地和社区的相互作用。他认为，伦敦与许多其他16世纪和17世纪的港口不同，因为它离海很远，但通过一条河流与大海相连。因此，泰晤士河及其沿岸的教区形成了一个大熔炉，不同的空间和社区在其中互动，形成了独特的海洋身份。在他们的章节中，汤姆·克里斯蒂安森（Tom Kristiansen）和罗阿尔·耶尔斯滕（Roald Gjelsten）讨论了海洋对挪威的深远影响，不仅体现在国家政策上，而且几乎体现在经济、社会、地理和文化等各个领域。挪威作为一个地区，也是一个国家，是由海洋构成的，因此具有明显的海洋特征。维多利亚·卡罗兰（Victoria Carolan）让我们重新思考英国与海洋的关系，但这次是通过她的章节在区域、工业和文化层面上研究电影中对英国造船业的描绘。卡罗兰表明，两次世界大战之间和第二次世界大战期间的纪录片不仅为地区和地方身份提供了声音，而且在将这些身份与以海洋为基础的更大整体中联系起来方面发挥了作用。然而，阶级身份，而不是地方身份是电影的主要焦点，因为它们试图在社会主义和中产阶级保守主义与自由主义之间进行调解。

我们在本书中感兴趣的第三个方面是集体身份。布里特·泽布(Britt Zerbe)考虑了18世纪中后期的怪兽身份的形成：皇家海军陆战队。他表明，战略要务(需要两栖部队)和实际的基础设施问题(使用军营)有一个有趣的组合，这创造了一个既不完全是海军也不完全是军事的组织，它是港口社区的一部分，但与港口社区不同。马克·琼斯（Mark Jones）以1914年福克兰群岛(马尔维纳斯群岛)战役中海军中将马克西米利安·冯·施佩(Maximilian von Spee)的亚洲舰队被摧毁为例，研究了第一次世界大战最初几个月德意志帝国海军的集体形象。琼斯解释了施佩的失败如何转化为自我牺牲的故事，并将其用于集体形象的构建中，作为德国舰队其他成员效仿的榜样。

本书的第四部分考虑了个人身份。柯利·康维蒂托(Cori Convertito)研究了维多利亚时代皇家海军使用文身来表达个人身份，并讨论了当时海军内部文身的多样性，表明下层甲板人体艺术背后有强烈的主题。乔·斯坦利(Jo Stanley)考虑了海员个体的性行为如何影响船上生活并受其影响。她证明，在海上可以让男人过上一种不同的生活方式——一种在陆地上无法被人接受的生活方式。

本书探讨的最后一个方向与帝国身份有关。卡洛斯·阿尔法罗·扎佛特萨（Carlos Alfaro Zaforteza）表明，英国认为海军为其威名和国际影响力所必需，它并不是有这种想法的唯一国家；西班牙在19世纪也沿着类似的思路谋划。另一方面，约翰·米查姆（John C. Mitcham）探讨了维多利亚时代晚期和爱德华时代时期的英国经验。在米查姆的章节中，他研究了海军在“大不列颠”或海洋之外的英国理念中的作用。在最后一章中，丹尼尔·欧文·斯宾塞（Daniel Owen Spence）探讨了皇家海军在帝国内部采用“军事竞赛”招募方法所面临的问题。正如斯宾塞所表明的那样，一个军事民族——一个被殖民当局视为优秀士兵的民族——不一定等同于好的水手，殖民地人民的航海身份可能与他们作为大英帝国“忠诚”臣民的帝国身份发生冲突。

我们可以想见，不同的群体和国家与海洋有着特殊的关系，或者受到海洋的独特塑造。不列颠作为水手组成的岛屿民族，浮现在我的脑海中。然而，这本书非常清楚地表明，那些利用大海和生活在海上或海边的群体之间的差异实际上比他们想象的要小得多。海洋确实通过文化、经济、政治以及身份将人们团结在一起。

注 释

1. Glen O' Hara, '"The Sea is Swinging into View": Modern British Maritime History in a Globalised World', *English Historical Review*, Vol. CXXIV (2009), p. 1109, see also pp. 1109–1134.
2. Peter Mandler, 'What is "National Identity"? Definitions and Applications in Modern British Historiography', *Journal of Intellectual History*, Vol. 3 (2006) p. 271; Philip Gleason, 'Identifying Identity: A Semantic History', *Journal of American History*, Vol. 69 (1983), pp. 910–931.
3. Benedict Anderson, *Imagined Communities*, rev. edn. (London, 1991); Linda Colley, *Britons: Forging the Nation 1707–1837* (New Haven, 1992); Tim Edensor, *National Identity, Popular Culture and Everyday Life* (Oxford, 2002); Gleason, 'Identifying Identity'; Mandler, 'What is "National Identity"?'; Peter Mandler, T*he Fall and Rise of the Stately Home* (New Haven, 1997). See also Peter Mandler, *The English National Character: The History of an Idea from Edmund Burke to Tony Blair* (New Haven, 2006); Anthony D. Smith, *National Identity* (London, 1991); Paul Ward, *Britishness Since 1870* (London, 2004).
4. Robert Colls, *Identity of England* (Oxford, 2002); Krishan Kumar, *The Making of English National Identity* (Cambridge, 2003); Keith Robbins, *Great Britain: Identities, Institutions and the Idea of Britishness* (London, 1998).
5. Jeremy Black, *Britain's Seaborne Empire* (London, 2004); Mary A. Conley, *From Jack Tar to Union Jack: Representing Naval Manhood in the British Empire 1870–1918* (Manchester, 2009); Robert Holland, *Blue-Water Empire: The British in the Mediterranean since 1800* (London, 2012).

6. Tim Edensor has stressed the need to think of national identity as a matrix, which is a very persuasive approach but he does not seem to allow for the possibility of change over time within his matrix; see Edensor, *National Identity*, pp. 1–37.

7. N. A. M. Rodger, *The Wooden World* (London, 1988), p. 15; Robert E. Glass, 'The Image of the Sea Officer in English Literature 1660–1710', *Albion*, Vol. 26 (1994), p. 583. Quintin Colville has noted how naval fashion moved closer to that of civil dress, especially during the early and mid-twentieth century, see Quintin Colville, 'Jack Tar and the Gentleman Officer: The Role of Uniform in Shaping the Class and Gender-related Identities of British Naval Personnel 1930–1939', *Transactions of the Royal Historical Society*, Vol. 13 (2003), pp. 105–29.

8. See Linda Colley, 'Britishness and Otherness: An Argument', *Journal of British Studies*, Vol. 31, no. 4 (1992), pp. 309–329.

9. Linda Colley, 'The Significance of the Frontier in British History' in Wm. Roger Louis (ed.) *More Adventures with Britannia: Personalities, Politics and Culture in Britain* (London, 1998) p. 17.

第一部分

海军与国家认同

第一章　海军英雄与不列颠的民族认同，1707—1750 年

詹姆斯·戴维

民族认同这个主题在过去 20 年里风行一时。琳达·科利(Linda Colley)认为 1707 年《联合法案》(Act of Union)出台后，英格兰人的民族意识开始形成，对于这个观点，既有支持者也有反对者。[1]与此相应，一门平行的历史编纂学也随之出现，它阐释了皇家海军在形成英国民族认同中所充当的角色，尽管这种做法聚焦于漫长的 19 世纪，以法国大革命为开端。[2]然而，海军人物作为文化手段的现象可以追溯到 18 世纪早期，甚至更早。对较早时期海军的看法，通常是通过海军上将爱德华·弗农(Edward Vernon)的望远镜形成的。弗农于 1739—1740 年立下军功后广受欢迎。凯瑟琳·威尔逊(Kathleen Wilson)、杰拉尔·乔丹(Gerald Jordan)和尼古拉斯·罗杰斯(Nicholas Rogers)这几位学者认为，弗农大受欢迎的原因在于他的政治观点以及在大英帝国扩张事业中所发挥的作用；由于代表帝国与对立派政策，弗农赢得了广泛的赞誉。[3]

这一章将讨论“海军英雄”观念是如何在政治和文化圈中

传播开来的。诗篇、歌谣、戏剧、印刷品、小说和讽刺散文等都是无价的史料，因为它们阐释了英格兰人民密切关注的话题，跨越社会、区域和性别等背景差异，清晰地阐明了在当代政治中备受讨论的话题，即爱国主义的文化和意识框架。[4]通过考察一个民族的阅读、购买和消费情况来分析这个民族的思维方式，该方法是可行的。鉴于此，英国海军给英格兰人认同新兴的“大英帝国”提供了一种手段，这点是明白无疑的。18 世纪的英国是一个不稳定的新成立的联邦政治体。然而，现在统一的英国意识开始出现，人们越来越接受它，虽然过程缓慢且断断续续，这种意识在 1707 年后深入人心。[5]随着英国创立，民族认同感也随之产生：共同的经历、爱国之心、文化或社会，以政体疆域之内为基础。这种认同感跨越阶级、性别以及最重要的地域界线。[6]

但是，这并不意味着每个人都屈从于爱国情绪。对很多人来说，海军没那么有存在感，在他们的自我认知中扮演无足轻重的角色，尤其是那些远离海事中心伦敦、朴次茅斯与普利茅斯的人。海军文化并非一直存在，也不是包罗万象。它只在部分英国文化中有所反映，而英国社会远非铁板一块。[7]地方贵族，尤其是威尔士和苏格兰民族，自 1707 年统一以来一直保留自身特性。然而，海军英雄，在这个时期往往是军官，给英国气质的形成提供了核心。在 1707 年之后，“英吉利”和“不列颠”在词义上差别不大，使用频率都很高。斯蒂芬·康威(Stephen Conway)注意到，在 18 世纪 40 年代，如果一个水手来自海军上将弗农的舰队，这就让人联想到“英国船只”“英国肤色”和“英格兰人”高人一等的品质。[8]“不列颠”和“英吉利”可以做同义词使用，事实上不经意间就会这样。作家乔纳森·斯威夫特(Jonathan Swift)和历史学家、船长查尔斯·詹金斯(Charles Jenkins)经常在交替使用“不列颠”和“英吉利”。[9]在1707年之前，“不列颠”一直被用作号召统一的说辞。只要时机合适，英格兰人一直就特别喜欢玩味大不列颠主题，不过在1707年前，不列颠只是大而化之的象征。例如，1689年的一本小册子题为《荣耀不列颠；或，鼓吹英国海洋，包含真实而完整的英格兰皇家海军记录》(*Gloria Britannica*; *Or*, *The Boast of the British Seas. Containing a True and Full Account of the Royal Navy of England*)。[10]

我们有证据表明这些词语可能是刻意使用的。抒情歌谣《海军上将霍西尔的鬼魂》(*Admiral Hosier's Ghost*)的例子很能说明问题。这首歌最早的版本出现在1740年，在弗农攻占波托韦约(Porto Bello)之后，第一节结尾写道：“他的船员，以胜利的欢呼，向英格兰的舰队畅饮庆功酒。”然而，12年之后，这首诗被收入一部搜集了丰富多彩英国歌谣的出版物中，即《魔法师：苏格兰与英格兰精选歌谣集》(*The Charmer*: *A Choice Collection of Songs*, *Scots and English*)。在这一点上，对一位苏格兰出版商来说，提到不列颠舰队而不是英格兰的舰队，是明显有利可图的，因此在后一版中，同一节以“不列颠舰队”结尾。在一首72行的民谣中，这是唯一改动的词，表明出版商有意识地努力灌输一种更“不列颠”的方式。[11]

因此，这一章将把海军英雄放在不列颠民族身份发展过程的中心位置。一个个海军领袖，包括但不仅限于海军上将弗农，成为异常重要的民族象征。在 18 世纪 40 年代，这个概念尤其盛行，那时海军指挥官代表了民族首屈一指的战士，保卫英格兰享有自由，不受外敌侵犯。尽管英国海军英雄的概念没什么创新，但在 1707 年，《联合法案》促使人们重新定义这个概念（该法案把英格兰和苏格兰合并为一个王国），意图用海军英雄的形象代表英格兰人的根本性格特征。形形色色的人们通过利用海军英雄来促进“英国性”，希望用已经在社会上流传的那些观念来打动人心。他们在持续传播这些观念的同时，也会反复灌输甚至进一步加深海军英雄与英国民族身份的联系。

海军英雄与“不列颠性”

海军领袖形象体现民族愿望和利益，有其特殊原因。海军是民族抵御入侵的主要军队，而这个民族的财富来源——海上贸易——取决于海军护卫力量的强弱。商业财富和海军实力被看作是共生共存关系。繁荣的贸易促进海军的壮大，以海关税收的形式为其提供资金，通过输送熟练水手的方式为其提供人力。同时，强有力的海军保卫了已有的商贸渠道，并开发新的航道。对此，没有人比哈弗沙姆勋爵（Lord Haversham）在1707年上议院的演讲表达得更恰当了，该演讲经常被人引用：

> 舰队和贸易之间的关系如此亲密，彼此间相互影响，不可分离；贸易是海员的母亲和保姆；海员是舰队的生命，舰队是贸易的安全保障和护卫，它们加在一起就等于财富、力量与不列颠的荣耀。[12]

伦敦城，最强大的利益集团，把海军当作其保护者。步《联合法案》后尘，这一论调在不列颠舆论中得到重申。1727年的一本小册子简洁明了地提出了这样的论点：大不列颠偿债基金是一场强有力的海上战争，管理得当，在西印度群岛尤其如此。[13]在这点上，海军象征性地表达了民族利益。[14]据估计，当时英国约有1/5的人口依靠贸易和经销谋生。皇家海军也是英国最大的雇主；它不仅雇用了成千上万的海员，还有造船工人以及给海军提供食物的农民和承包商。[15]在1707—1755年期间，英国每年的支出中平均有24%给了海军。鉴于海军处于英格兰人生活的中心地位这一事实，它对民众意识产生影响也就不值得大惊小怪了。正如约翰·布鲁尔（John Brewer）所指出的那样，民众对国家海洋政策的热衷远远超出了对英国海港的码头和账房的关心；几乎所有商业社会的成员都对之心领神会。[16]

海军被视为英国生活方式的终极捍卫者，这种观点在英国社会非常普遍。一本小册子标榜“大不列颠的大好形势，抵御外侮的安全保障备受吹捧，凭借海上实力在天然防御工事基础之上如虎添翼，足以号召每个诚实的公民为保持这份价值连城的福气奉献最热诚的努力”。因此，说英国比其他国家“对海军事务更有好感”是合情合理的。[17]海军与公众之间有广泛深入的文化交流。相比之下，陆军被认为与英格兰人民的利益无关，因为在政治话语中，对于常备军的恐惧，为他们安排房舍和征粮的问题仍然很突出。1745 年的一本小册子指出，常备军总是有助于建立一个贪污的议会和腐败贪婪的政府部门。[18]然而，海军被视为英国贸易、自由和民族生活方式的保护者。因此，海军人员能被赋予英雄地位，在王国各地受到欢迎。海军官员的名声让他们有机会以创造性的方式展现在公众面前。

为海军领导人举行的庆祝活动屡见不鲜；整个 17 世纪海军的规模和重要性日益增强，英国在危难时期一直仰仗海军英雄。与 18 世纪 40 年代的弗农相反，18 世纪较早时期的英雄，约翰·本波上将(John Benbow)、爱德华·罗素(Edward Russell)、克劳兹利·绍维尔(Cloudesley Shovell)和乔治·罗克(George Rooke)都是众所周知的名人。本波死于 1702 年，举国哀悼，“哦，不幸的人民，”一位早期政论家写道，“我们失去了一个比东印度更有价值的人。”[19]有关他战斗事迹的出版物和记叙销售给热情的大众；人们高唱赞歌颂扬他的丰功伟绩。本波的非凡勇气与理查德·柯克比(Richard

Kirkby）和库珀·韦德（Cooper Wade）表现出的懦弱形成鲜明对比。[20]人们建构了一个海军军官应有的形象，这种观念开始流传，尤其是在白厅的厅堂里。在1690年的比奇角海战之后，海军部的第一个想法就是去调查其官员的品行："检查和查询舰队的上将和少将的行动、表现、勇气和行为，连同参与最近同一场交战的任何军舰上的船长、指挥官和军官。"在接下来的报告中，每名军官根据他的行为评级：有个观点得到一致认可，那就是如果那几个特定的官员"与舰队其他人并肩作战，击败敌人，法国人就不会取得胜利，从而可以维护领海权，而这两支部队的许多军官都希望他们要是能更接近敌人就好了"。[21]满足举国上下期望的官员得到了颂扬。克劳兹利·绍维尔海军上将为国捐躯时受到英雄般的哀悼；他于1708年被安葬在威斯敏斯特修道院，配以壮观的大理石纪念碑。[22]威斯敏斯特修道院的绍维尔雕像上写道："所有人为他哀叹，尤其是这个国家从事航海事业的人，对他们来说，他是慷慨的保护人，值得学习的榜样。"[23]海军尚未成为真正的民族象征：它在海洋圈中占有重要地位，但没有进一步发展。

在西班牙王位继承战争之后的和平岁月里，海军逐渐淡出大众视野。然而，1739年与西班牙爆发的战争，1744年与法国的战争，再次将海军及其指战员推上民族意识的前列。18世纪初期最伟大的军官爱德华·弗农上将抓住了机会。鉴于他广受欢迎，可以被认为是英国第一位海军英雄。弗农于

1739—1740 年间在波托韦约和卡塔赫纳大获全胜，人们为他举办了规模空前的庆祝活动，弗农上将被授予国民英雄和爱国者的称号，以表彰他在国内外恢复了民族荣誉并保护了英国的自由和财产。[24]他在一系列海军英雄中殿后：正如《绅士杂志》所描述："三位海军英雄降生以让西班牙受辱，德雷克、罗利、弗农点缀不列颠岛屿。"[25]在接下来的几年中，继之而起的海军军官，其中最著名的是乔治·安森（George Anson）、彼得·沃伦（Peter Warren）和托马斯·马修斯（Thomas Mathews）将军，同样也体现了英国民族如何依赖海军。在入侵恐惧加深的时候，他们是英国防御入侵的光辉典范。他们也象征着侵略性的商业利益。伦敦城让弗农成为自由市民，赠给他自由宝箱；"这是伦敦城对他的功绩不胜感激的证明：他占领波托韦约并摧毁其防御工事，对民族做出了杰出贡献。"[26]

在这些年的冲突中，海军英雄越来越频繁地被称为"不列颠"。这个民族认同是 1707 年与苏格兰联盟的直接结果，但也表明了政论家、作家和制造商如何看待在英国语境中重新界定英雄主义的必要性。由此可见，英国海军英雄的特点与他的"英吉利"前辈有很大的不同。海军军官被视为象征性地表达民族利益，代表着重要的特征。他们纯朴，诚恳，有男子气概，表现了所有的英格兰人性格特质，与法国化的娇气形成鲜明对比。海军领导人能够运用这些英格兰人的民族意识观念，因为他们展现出性格特征——勇敢、富有男子气概和独立——象征着一个理想化的民族性格。[27]勇气首先被看作是军官品行的决定性特征；[28]但是，还有其他更细微的特点。正如弗农上将在1747年发表的一本小册子中所说，海军官员当然应该天生勇气十足，但如下品质也同样必不可少：他应该富有理性，成为自己事业的主人，对荣誉有一定品位。[29]

正是对这种海军领导人的爱国素质的认同，促使苏格兰历史学家约翰·坎贝尔(John Campbell)于1742年出版《海军上将和其他著名英国海员生平》(*Lives of the Admirals and other Eminent British Seamen*)。在这部著作中他强调“不列颠”海军上将的根本性格特征，以海军军官为典型描绘“英国性”的自觉爱国理想。坎贝尔的作品反映了对海军军官的通行观点，并将“将领以及其他海员的性格、行为与个人历史”置于英国历史叙事的中心。英国海军将领精通导航技术，善良，英勇，其中最重要的是，他们都战功赫赫。这本书强调了海军将领的勇气，称颂“为民族事业做贡献的英勇先辈，他们证明了英国在海上的权利。”不过，坎贝尔所做的不止于此，他历数海军将领的功绩来提升民族认同感：这本书成了“最为慷慨的爱国主义类型。因为，认识并随之而来确认我们国家的权利，这是英国人在他们世界里的大生意”。坎贝尔涵盖了早期罗马时代的“不列颠人”；第一部分占第一卷的一半篇幅，涵盖罗马和撒克逊时代，章标题刻意写成“不列颠人的海军历史”，通过“一千七百四十年的交易”追溯英格兰人的民族意识。[30]这种拉长历史的观点应该说相当随心所欲，利用千年前的著名人物，改头换面，赋予他们英国身份。恺撒本人也被纳入其中，因为作者认为公众乐于接受流传已久的英国特征的想法。[31]这部著作在坎贝尔生前印行了三个版本，并译成德语。坎贝尔死后，这套书扩展成八卷，交由其他作者继续创作，共出版六个版本。[32]海军领导人成为被刻意用来塑造人们理解民族性的方式。

正如海军英雄被宣扬为不列颠民族性的标志一样，民族认同解释被用来质疑那些未能达到公众期望的海军领导人。1744 年，地中海舰队由托马斯·马修斯（Thomas Mathews）上将指挥，未能阻止法国土伦中队逃跑。马修斯断然把这次失败归咎于副指挥官理查德·莱斯托克（Richard Lestock）上将，因为后者取消了对法国舰队的追击。莱斯托克对此持有异议，他指出战斗编队的信号是脱离（而不是迎敌信号），他认为这是他要服从的首要职责。[33]这两位上将在国家媒体上唇枪舌剑，他们都试图推卸责任。辩论集中于英国海军上将应该具备什么样的素质。莱斯托克认为，无论在什么情况下，海军将领都应该服从命令。相反，马修斯说，他关心的不是“纪律”，也不是一般的军事规则与条例，而是攻击敌人，确保胜利。马修斯的一位支持者信誓旦旦要“评论某些指挥官的性格”，他写道：“问题是，如果他在上司分配的位置上无所事事，这种遵从命令的行为是否值得称道；还是换种做法更好，即稍加变通，痛击敌人、为国效力？”[34]换句话说，英国海军上将理应英勇无畏，敢作敢当，主动出击。一首民谣声援马修斯：“勇敢的海军上将马修斯航行大海，他有一颗真正的英国心”。[35]马修斯是来自兰达夫的威尔士人，被说成是不列颠人。莱斯托克的支持者提出了一个不同的观点：

> 以无私、坦率和灵魂的高贵，运用他们的天资和才干为国家追求真正的利益；以审慎和勇气克服所有障碍和困难；而纯粹理性、坚韧和军事美德似乎成了他们意志的法则。[36]

在他们眼里，海军将领不是一个头脑发热，未经过思考就发动进攻的人，而是对他收到的命令进行适当考虑，并深思民族利益。

莱斯托克无罪释放，马修斯随后被开除军籍，这可能表明前者的观点得到了最广泛的接受。然而事实正好相反，公众表示他们绝对不同意这一决定。1758 年，一位海军历史学家写道：“一位海军中将不作战而免于罪责，而一位海军上将却因为战斗而被开除军职，对此，吾国吾民断难心服。”在写于次年的《英格兰史》(*History of England*)一书中，尼古拉斯·廷达尔(Nicholas Tindal)记录了“莱斯托克在失望、愤怒的公众眼中如何成为一个罪犯，对他的愤恨和成见与日俱增”。当知道马修斯被定罪时，“公众对这个判决感到震惊”。[37]就公众而言，一个雷厉风行、英勇无畏、行事果敢的海军上将应该受人爱戴，而一名墨守成规的军官，即使是为民族利益考虑，也将遭到诋毁。在这场辩论中，海军军官的性格特征是不变的谈论焦点；事实证明，大胆和积极进取的行动对公众有吸引力。

消费海军英雄

这些人的功绩引起的爱国共鸣达到举国皆知的程度。弗农上将获胜的荣耀甚至掩盖了地方归属感，英格兰、爱尔兰、威尔士、苏格兰和北美洲都为他庆祝。据《伦敦杂志》（*London Magazine*）报道，波托韦约周年庆活动在“英国的大部分主要地区举行，包括爱尔兰”。[38]庆祝活动至少在 54 个城镇举办，庆典由当地商人筹划并捐赠资助。书刊、诗歌和民谣在伦敦书商、印刷品商店和地方报纸上出现。[39]到 18 世纪 40 年代中期，伦敦出版发行数十种报纸，有的每日发行，有的三周一次，有的两周一次。在 174 个英国城镇同时有 381 台印刷机处于工作状态，到 1760 年增加到 35 家地方报纸。随着城市居民识字率的同时上升，这意味着印刷和出版业的读者比以往任何时候都多。据估计，1700—1760 年，商人和工匠的识字率从 60%上升到 85%，而女性识字率则从 30%上升到 50%。[40]到 1746 年，伦敦每周出售 10 万份报纸，估计有 50 万名读者。塞缪尔·约翰逊（Samuel Johnson）估计《绅士杂志》（*Gentleman's Magazine*）的发行量达到 1 万份，其中赞美弗农和安森的销量之高令人目眩。[41]

其他海军英雄则受益于国家宣扬他们事迹的可能性。海军上将乔治·安森环游世界，尤其是俘获西班牙宝船“科瓦东加圣母”（*Nuestra Senora de Covadonga*）号之后，船上的宝藏在伦敦街道上游行，这使他成为民族英雄。[42]关于他环游世界经历的第一份官方历史记录出版于1748年。[43]从1739年弗农获胜以来，海军前线值得欢呼的事迹寥寥无几。安森恢复了英国的民族自尊心；一首诗题为《大不列颠凯旋》（'Great Britain's Triumph'），描述公众满心欢喜"看着满载宝藏的马车穿过伦敦城"。[44]安森1747年在菲尼斯特雷角海战的胜利提高了他在民众心目中的地位，为他赢得了安森勋爵的贵族头衔。记录他探险历程的书无疑大受欢迎。《大众广知报》（*General Advertiser*）推销"在乔治·安森指挥下的南海探险记录"，他们提醒读者，存货不多。[45]《白厅晚报》（*Whitehall Evening Post or London Intelligencer*）刊登了广告，推销安森的网纹印刷版画以及"菲尼斯特雷角"战役的"精确再现"。[46]安森确定，阅读量最多的文献记录了他所有的探险经历，其中充满爱国语言。"我告诉他，大不列颠国王的船只从未被当作贸易船只来对待"，他的叙述方式由此可见一斑。[47]海军官员再次按照"不列颠"特征受到评判。菲尼斯特雷角战役之后，《绅士杂志》在突出位置表彰那位战功赫赫的"正宗英国贵族"。[48]

海军军官的事迹也产生了一大批爱国民谣。到17世纪晚期，民谣已经成为伦敦文学市场上最受欢迎的印刷品："事实上，人们在伦敦市的任何地方游逛，都在街角上听到民谣，或者看到贴在墙上的大幅民谣印刷品。"民谣通过售卖廉价物品的小贩传遍全国各地或者伦敦街头。到18世纪中叶，爱丁堡和格拉斯哥的民谣印刷行业蓬勃发展。民谣也在社会各个层面慢慢传开。“大幅民谣印刷品”是当时最便宜、最流行的文学流派。单页单面印刷只需一便士甚至更少，社会各界都能买得起。这些民谣印刷品便宜，语言简单，叙述线不复杂，配合普通曲调吟唱，经常出现在公共场所、屋顶、酒馆和家庭中。有人演唱民谣时，付费和不付费的旁观者都可以听。结合《圣经》和当地历史，他们在 18 世纪成了适合穷人的读物。事实上，泰莎·瓦特(Tessa Watt)的研究表明，民谣触及所有阶级，从而代表一种“共同的文化”。[49]海军上将弗农在一系列民谣中受到歌颂，其中一例是整整一卷歌曲集。[50]在这些民谣中，弗农被塑造成真正的不列颠人，代表着自由和爱国美德的化身，“真正的不列颠人”和“不列颠复仇者”。同样是赞扬海军，一部名为《不列颠英雄戏剧；或海军上将弗农征服西班牙人》(*The Play of the British Hero*; *or Admiral Vernon's Conquest over the Spaniards*)的热门戏剧因观众过多不得不谢绝部分观众入场。[51]

不仅弗农和安森激发了民谣创作，18 世纪 40 年代的战争向公众展现了许多其他成功的海军将领。无论军官的军衔或出身如何都能出人头地，“全世界都清楚知道，”一位小册子作者写道，“在海军中，许多士官，有的甚至只是一级士官，都已经从最底层升职了。”[52]没有人比海军上将彼得·沃伦更能体现这一点。身为爱尔兰人，沃伦于 1716 年加入海军成为一名普通海员，然后升到红色舰队海军中将。安森和沃伦一起在歌谣中被歌颂，召唤不列颠尼亚女神，激发不列颠民族主义思想：

图 1.1　描绘海军上将乔治·安森的印刷品，1751 年

版权属于英国国家海洋博物馆，PAF3416

高举斟满的酒杯敬安森和沃伦，
他们会在每片天空下追击法国人，
兴高采烈向前航行迎击仇敌，
决心像不列颠人打出勇猛一击。[53]

最后一句话至关重要：不论他们出身如何，他们都是不列颠英雄。另一首诗说：

往昔希腊征服的就是一个世界，
为了不列颠安森将会发现更多，
而沃伦，拥有同等声望的首领，
将把安森发现的所有世界征服。[54]

海军英雄不仅在出版物上获得颂扬。弗农，还有稍逊一筹的安森，他们的事迹大量铭刻在各种文化商品上，包括奖牌、陶瓷、扇子和盘碟。1740—1743 年，有 102 枚奖牌上铭刻了弗农的荣誉，超过了 18 世纪的任何其他人物。[55]伊丽莎白·罗宾逊·蒙塔古(Elizabeth Robinson Montagu)描述了 1742 年的一次农村集市，其中以弗农为主题的文化商品和爱国庆典汇聚一堂：“在另一个摊位上，为了博取英勇的英国青年欢心，摆的是印有海军上将弗农的姜饼；事实上，他在那里以许多形态现身；教区牧师买了刻有弗农像的黄铜烟草塞，将他带回家。”[56]

18世纪上半叶这些商品的生产表明，制造商如何把海军和爱国主义视为“可利用的资源”：爱国主义所产生的利润可想而知。[57]商人看到公然宣扬爱国主义的商品市场有利可图就趁势而上，大发横财，如果保存至今的物品数量能够作为判断标准的话。在这个意义上，爱国主义是商业激励，不过是基于对需求的预期。自17世纪晚期以来，君主和军人在陶瓷制品上获得永生。随后的社会、经济和技术发展向更空前广大的市场开放消费。人口的不断增长和工资水平的不断提高，造就了大众消费市场。更明显的社会流动创造一种以财产来象征和标志每一步社会阶级提升的文化。正如尼尔·麦肯德里克(Neil McKendrick)所说，“消费欲望越来越强，消费能力水涨船高。”[58]随之而来的是市场营销、分销和广告业务的相应进步。在兰贝斯、布里斯托尔和利物浦，尤其是斯塔福德郡的谢尔顿，开始大量生产阿斯特伯里陶瓷、盐釉和代夫特陶瓷的海军英雄纪念陶瓷制品(见图1.2和图1.3)。当人力或材料不足时，陶瓷制造商通过生产国家海军英雄的人物肖像、半身像和大奖章来满足日益增长的公众需求。[59]品质不同的商品价格不等；例如高端买家购买瓷器，而中产阶级只买得起陶器了。1670—1725年，陶器的拥有者数量翻了一番。[60]

图 1.2 和图 1.3　盘子、茶壶与碗，描绘 1739 年夺取波托韦约

版权属于英国国家海洋博物馆，AAA4352，4354 与 4355

图 1.4　纪念摧毁西班牙舰船的奖牌，1742 年

版权属于英国国家海洋博物馆，MEC1133

虽然已经有人对麦肯德里克的“消费革命”观点提出批评，[61]但有一点很明显，物质文化已经成为定义“中间阶层”的决定性物品。中产阶级日益以他们拥有的财产来定义自己：马克辛·伯格(Maxine Berg)指出，大约25%到30%的财富是作为消费品持有的。因此，鉴于这些商品的成本下降，“第一次将它们带入劳动阶级开支的地平线”成为可能。那些追求时尚物品的劳动者穷人加入更广泛的消费者运动中。[62]例如，大量颂扬海军上将弗农、安森和沃伦的奖牌往往由廉价金属制成，做工低劣，但容易激发人们高度的爱国情绪。[63]从专业人士、商人和实业家到普通生意人和工匠等新兴中产阶级，欣然接受了这些

新的消费品以及他们所传达的一切。[64] 正如约翰·斯戴尔斯(John Styles)所指出的那样，购买的商品“在文雅表演中不可或缺，构成礼貌的道具，无论是在餐厅还是在礼堂”。一个人是不是绅士是由他是否拥有“正确”的物品来判断的。[65] 在看似无限多样的设计中，与海军有关的物品特别受欢迎。这些是公然的爱国物品，表明个人身份，允许购买者表达对不列颠政体的忠诚和团结。

从画有海军上将弗农和安森肖像的勋章和陶瓷制品的消费情况中，我们能看出海军英雄在国内的作用。这些物品在全国范围内向各种社会群体销售，女性消费者也可以与海军英雄及其英勇事迹发生关联，如图 1.5 中的扇子。这件物品用于颂扬弗农的勇气，用公然的爱国语言刻了字：

图 1.5 象牙纸扇，印有弗农在波托韦约取胜的画面，1739 年 11 月 21 日，手工上色，1740 年

版权属于英国国家海洋博物馆，OBJ0421

听啊，不列颠大炮雷鸣
看啊，我的小伙子六艘船出现；
每个不列颠人表演奇迹，
以恐惧打击南方世界。
波托韦约在故事中声名远播
现在终于屈从于命运；
弗农的勇气为我们获得荣耀，
他的仁慈证明我们伟大。[66]

颂扬对象不需要指向特定人物。18 世纪 40 年代制造的餐碟不显示某个特定的指挥官，而是用通用人物形象代表海军英雄。[67]海军英雄已经成为不列颠在战争中成功的决定因素，同时也是新生民族身份认同感的决定因素。

图 1.6　绘有海军英雄像的盘子，伦敦，1740—1750 年

版权属于维多利亚与阿尔伯特博物馆，CIRC. 82—1963

海军英雄和民族认同

18 世纪 40 年代，海军英雄已经在英国流行文化中获得重要地位，在其人民中唤起对“不列颠性”的意识。海军上将弗农在 1741 年表示，海军军官长期以来“被另一种眼光看待，我们作为自己而存在的成分无足轻重”。海军将领弗农、安森、沃伦和马修斯从根本上改变了这一点。英国公众越来越认同弗农，即认为海军军官“是大不列颠的唯一自然力量”。[68]海军英雄捕获了公众的想象力，并体现出社会或其组成部分珍视的价值观。海军英雄成为可以构建“不列颠性”的核心，展示出一些构成民族精神的特征：大胆，勇气和成功。在这种背景下，海军英雄在全国各地被消费，见于报纸、印刷品、民谣和各种其他文化商品，情调和设计都充满爱国主义。

在关于“不列颠性”的更广义话语中，海军英雄的形象被重新设定。英雄般的海军军官形象绝不是民族身份认同的唯一应变量，也不是全国普遍存在。不是每个人都买陶瓷或参与“不列颠”事业。弗农后来为他曾经倾力参与创造的态势而感到沮丧。他在 1747 年评论说，“关于海军军官的一般概念是，他们应该有野兽一般的勇气，而不考虑人的良好修养……（这）……在某个布莱克的判断技巧和谈吐以及一个没有一点常识只会打架的白痴之间，一视同仁。”[69]英格兰人不关心一位海军将领是否受到良好的教育，只要他勇敢、大胆，尤其是成功，就可以了。毋庸置疑，海军英雄在战术和象征上都成了民族的保护者。1748年，一位评论员写信给《威斯敏斯特杂志》(*Westminster Journal*)，就海军领导的层面而言，他指出这对民族构成危险：

> 为了什么目的，大英帝国鲜血奔流，财宝耗尽？……我们如何为夺取波托韦约和夷平卡塔赫纳而欢欣鼓舞？……我们如何为安森、沃伦、霍克的行为而兴高采烈！而我们难道不是不止一次为弗农还活在世上而愚蠢地暗自高兴？[70]

不仅民族命运与海军英雄交织在一起；“不列颠性”也是如此。

这些观念将在七年战争期间进一步强化。海军上将约翰·宾(John Byng)未能在1756年拿下梅诺卡岛，上述观念为理解人们对约翰·宾败绩的反应提供了有说服力的语境。约翰·宾愚蠢的行为不符勇敢、有男子气概、成功的英国海军上将形象，他因此遭到攻击。约翰·宾的失败与他的前辈形成鲜明对比。不列颠民族转而关注普通水兵的英勇表现，用玛格丽特·林肯(Margarette Lincoln)的话说就是，“爱国热忱面前的懦夫，与约翰·宾在敌人炮火面前的优柔寡断行为形成鲜明对比”。[71]海军水兵，后来的“水兵塔尔”(‘Jack Tar’)，将成为越来越重要的民族象征。三年后，英国在基伯龙湾(Quiberon Bay)的成功将重新激发英国海军英雄观念。指挥官海军上将爱德华·霍克爵士(Sir Edward Hawke)赢得了赞誉，但他很高兴看到赞美延伸到了他的舰队行列之中。在他的战报中，他宣称"指挥官和他的追随者，20 号出现在法国人后方，以最大的英勇无畏展开行动，交出了真正不列颠精神的最强证明"。[72]18 世纪后期余下的时间以及更久之后，海军英雄的形象在公众意识中依然固定不变。英国文人霍拉斯·沃波尔(Horace Walpole)预期 1743 年时海军上将弗农"寿命要比他的声誉长久"，但事实并非如此。[73]弗农、安森 、沃伦和霍克在 18 世纪 90 年代仍然受到颂扬。

注 释

1. Linda Colley, *Britons: Forging the Nation, 1707–1837* (London, 1992). For her detractors see J. C. D Clark, 'Protestantism, Nationalism and National Identity, 1600–1832', *Historical Journal* (2000), pp. 259–265; J. E. Cookson, *The British Armed Nation 1793–1815* (Oxford, 1997). See also Adrian Hastings, *The Construction of Nationhood: Ethnicity, Religion and Nationalism* (Cambridge, 1997), esp. pp. 60–3; Douglas Hay and Nicholas Rogers, *Eighteenth Century English Society* (Oxford, 1997), esp. pp. 152–67; Helen Brocklehurst and Robert Phillips, ed. *History, Nationhood and the Question of Britain* (London, 2004); Alexander Grant and Keith J. Stringer, *Uniting the Kingdom: The Making of British History* (London, 1995); Peter Mandler, 'What is "National Identity?" Definitions and Applications in Modern British Historiography', *Modern Intellectual History*, Vol. 3, (2006), pp. 272–97.
2. Timothy Jenks, *Naval Engagements: Patriotism, Cultural Politics, and the Royal Navy, 1793–1815* (Oxford, 2006), pp. 6, 291; Jan Rüger, 'Nation, Empire and

the Navy: Identity Politics in the United Kingdom, 1887–1914', *Past and Present*, Vol. CLXXXV, (November 2004) p. 161; Jan Rüger, *The Great Naval Game: Britain and Germany in the Age of Empire* (Cambridge, 2007).

3. Kathleen Wilson, *The Sense of the People: Politics, Culture and Imperialism in England, 1715–1785* (Cambridge, 1995), pp. 22–4, 151–3. See also Kathleen Wilson, 'Empire, Trade and Popular Politics in Mid-Hanoverian Britain: The Case of Admiral Vernon', *Past and Present*, Vol. CXXI, (November 1988), pp. 74–109. Gerald Jordan and Nicholas Rogers, 'Admirals as Heroes: Patriotism and Liberty in Hanoverian England', *The Journal of British Studies*, Vol. XXVII, no. 3, (July 1989), pp. 208–10.
4. M. John Cardwell, *Arts and Arms: Literature, Politics and Patriotism during the Seven Years War* (Manchester, 2004) p. 2.
5. Lawrence Stone, ed. *An Imperial State at War: Britain from 1689 to 1815* (London, 1994), p. 4. Stephen Conway, 'War and National Identity in the Mid-Eighteenth Century British Isles', *The English Historical Review*, Vol. XCVI, (September 2001), pp. 865, 893.
6. Wilson, *The Sense of the People*, p. 23; Stone, ed. *An Imperial State at War*, p. 4; Benedict Anderson, '*Imagined Communities*'; *Reflections on the Origin and Spread of Nationalism* (London, 1983); Colley, *Britons*, p. 5; Clark, 'Protestantism, Nationalism and National Identity', pp. 249–50.
7. Margarette Lincoln, *Representing the Navy, British Seapower, 1750–1815* (Aldershot, 2002), p. 7.
8. *Gentleman's Magazine*, Vol. X (1740), p. 145. Conway. 'War and National Identity', p. 871.
9. Jonathan Swift, *The Conduct of the Allies*, in Herbert Davis, *The Prose Works of Jonathan Swift: Political Tracts, 1711 – 13*, Vol. VI (Oxford, 1951), p. 26. Charles Jenkins, *England's Triumph: Or Spanish Cowardice expos'd. Being a Compleat History of the Many Signal Victories Gained by the Royal Navy and Merchants Ships of Great Britain, for the Term of Four Hundred Years past, over the insulting and haughty Spaniards* … (London, 1739).

10. *Gloria Britannica*; *Or*, *The Boast of the British Seas. Containing a True and Full Account of the Royal Navy of England* (London, 9 April 1689).
11. *Admiral Hosier's Ghost* (London, 1740). *The Charmer*: *A Choice Collection of Songs*, *Scots and English* (Edinburgh, 1752).
12. John Lord Haversham, *Memoirs of … John Lord Haversham*, *from the year 1640 to 1710* (London, 1711), p. 28.
13. *Great Britain's Speediest Sinking Fund is a Maritime War*, *Rightly Manag'd*, *and Especially the West Indies* (London, 1727).
14. Colley, *Britons*, p. 56; Jenks, *Naval Engagements*, p. 4.
15. Daniel A. Baugh, 'Naval Power: what gave the British navy superiority?' in Leandro Prados de la Escosura, ed. *Exceptionalism and Industrialisation*: *Britain and its European Rivals*, *1688–1815* (Cambridge, 2004), pp. 235–57.
16. John Brewer, *The Sinews of Power*: *War*, *Money and the English State*, *1688–1783* (London, 1988), pp. 168–9.
17. *Ways and Means Whereby His Majesty may man his Navy with Ten Thousand able sailors* (London, 1726), p. 2.
18. *A Plain Answer to the Plain Reasoner*; *Wherein the Present State of Affairs it set*, *not in a NEW but TRUE Light*; *in Contradiction to the REASONER*, *who advises the Continuance of a LAND-WAR*, *and doubling our debts and Taxes*, *as the only Means of recovering our Trade*, *remaining Free*, *and becoming Rich and Happy* (London, 1745), p. 27.
19. Sam Willis, *The Admiral Benbow*: *The Life and Times of a Naval Legend* (London, 2010), p. ix.
20. *Daily Courant*, 5 January 1705; Willis, *Benbow*, pp. 313–8; *London Gazette*, 7 January 1703, 19 April 1703.
21. National Maritime Museum (NMM), HIS/3, 'Accounts of the Battle of Beachy Head, 1690, compiled for presentation to the King'.
22. John B. Hattendorf, 'Sir George Rooke and Sir Cloudesley Shovell c. 1650–1709 and 1650–1707', in Peter Le Fevre and Richard Harding, ed. *Precursors of Nelson*: *British Admirals of the Eighteenth Century* (London, 2000), pp. 74–5. See *A*

Consolatory Letter to Lady Shovell (1707), *The Life and Glorious Actions of Sir Cloudesly Shovel* … (London, 1707), and *Secret Memoirs of the Life of the Honourable Sr Cloudsley Shovel* … (London, 1708).

23. Hattendorf, *Precursors of Nelson*, pp. 61, 63, 67, 70, 74.
24. Wilson, 'Vernon', p. 88.
25. *Gentleman's Magazine*, Vol. XI (London, 1741), p. 274.
26. NMM, PLT0187, Gold City of London freedom box presented to Admiral Edward Vernon.
27. Kathleen Wilson, 'Nelson and the People: Manliness, Patriotism and Body Politics', in David Cannadine, ed. *Admiral Lord Nelson: Context and Legacy*, (London, 2005), p. 50
28. See for example, *The Rule of Two: or, the Difference betwixt Courage and Quixotism. Being remraks[sic] on a pamphlet, entitles, An Enquiry into the Conduct of Captain M-n, &c. By Philonauticus Antiquixotus* (London, 1745).
29. Herbert Richmond, *The Navy in the War of 1739–1748*, Vol. 1 (Cambridge, 1902, p. xii).
30. The author acknowledged this step was 'not a little obscure', but suggested even more long-standing characteristics, noting the 'British ancestors' who 'planted this country' and who 'must have come by sea'.
31. John Campbell, *Lives of the Admirals and other Eminent British Seamen* (London, 1742). Francis Espinasse, 'Campbell, John (1708–1775)', rev. M. J. Mercer, *Oxford Dictionary of National Biography* (Oxford, 2004, online edn, May 2006).
32. Campbell, *Lives of the Admirals.*
33. N. A. M. Rodger, *The Command of the Ocean: A Naval History of Britain 1649–1815* (London, 2004), pp. 243–5.
34. *Original Letters and Papers, Between Adm--l M--ws, and V. Adm--l L--k. With Several Letters from Private Hands, Exhibiting Many Particulars Hitherto Unknown of the Transactions in the Mediterranean. With Remarks on, and Answers to the Narrative of the Fleet, from 1741 to 1744. Especially on the Author's Partiality and*

Great Liberties with the Characters of some Commanders … (London, 1744), p. 101.

35. *Admiral Matthew's Engagement Against The Combined Fleets of France and Spain* (London, 1745).

36. *A Narrative of the Proceedings of his Majesty's Fleet in the Mediterranean, and the Combined Fleets of France and Spain, from the year 1741 to March 1744* …, 3rd ed. (London, 1745), p. 1–2.

37. John Campbell, *The Naval History of Great Britain, With the Lives of the Admirals and Commanders, from the Reign of Queen Elizabeth … to the year one thousand seven hundred and fifty eight*, Vol. 4 (London, 1758), p. 270. Nicolas Tindal, *The Continuation of Mr. Rapin's History of England; From the Revolution to the Present Times*, 9 *Vols*, Vol. 9 (London, 1759), pp. 43, 48.

38. *London Magazine*, Vol. IX (1740), p. 558.

39. Richard Harding, 'Edward Vernon', in *Precursors of Nelson*, p. 168. Wilson, *The Sense of the People*, pp. 146, 148.

40. Wilson, *The Sense of the People*, pp. 29–31.

41. Cardwell, *Arts and Arms*, p. 9.

42. N. A. M. Rodger, 'Lord Anson', in *Precursors of Nelson*, p. 180.

43. *General Advertiser*, 5 May 1748.

44. *Gentleman's Magazine*, June 1744, *Great Britain's Triumph*, p. 390.

45. *General Advertiser*, 3 February 1748.

46. *Whitehall Evening Post, or London Intelligencer*, 12 April 1748. See also the *General Advertiser*, 15 April 1748, and *Old England*, 16 April 1748.

47. *Gentleman's Magazine*, June 1744, p. 390. Matthew Craske, 'Making National Heroes? A Survey of the social and political functions and meanings of major British funeral monuments to naval and military figures, 1730 – 70' in John Bonehill and Geoff Quilley, ed. *Conflicting Visions: War and Visual Culture in Britain and France, c. 1700–1830* (Aldershot, 2005), p. 43.

48. *Gentleman's Magazine*, June 1747, p. 272.

49. Tessa Watt, *Cheap Print and Popular Piety, 1550–1640* (Cambridge, 1993),

p. 11. Patricia Fumerton and Anita Guerrini, 'Introduction', and Ruth Perry, 'War and the Media in Border Minstrelsy: The Ballad of Chevy Chace', in Patricia Fumerton and Anita Guerrini ed. *Ballads and Broadsides in Britain, 1500–1800* (London, 2010), p. 1–2, 208; Madden Ballad collection, University of Cambridge Library, 17–19, *The Jolly Roving Tar* (Carlisle), *The Admiral* (Preston), *The Brave Old Admiral* (Lincoln), *Tom Bowling* (Ballingdon); William St Clair, *The Reading Nation in the Romantic Period*, (Cambridge, 2004), pp. 345–8; Angela McShane, 'Recruiting Citizens for Soldiers in Seventeenth-Century English Ballads', *Journal of Early Modern History* Vol. XV (2011) p. 108.

50. *Vernon: Celebrating the Capture of Porto Bello* (London, 22 November 1739); *The Spectre or Admiral Hosier's Ghost* (London, 1740); *Vernon's Glory: Containing Fourteen New Songs, Occasion'd by the Taking of Porto Bello and Fort Chagres* (London, 1740). *A New Ballad on the taking of Porto-Bello, By Admiral Vernon* (London, 1740).
51. Wilson, *The Sense of the People*, pp. 146, 148.
52. *Camillus: A Dialogue on the Navy. Proposing a Plan to render that Wooden Wall, by Means which will both ease and extend our Commerce, the firm and perpetual Bulwark of Great Britain* (London, 1748), p. 10.
53. *Anson and Warren: A Song* (London, 1747).
54. *Gentleman's Magazine*, June 1747, 'On the Admirals Anson and Warren', p. 291.
55. Edward Hawkins, *Medallic Illustrations of the History of Great Britain and Ireland to the death of George Ⅲ*, Vol. 2 (London, 1885), pp. 530–62.
56. *The Letters of Mrs E. Montague, With Some of the Letters of Her Correspondence*, Vol. 2 (London, 1809).
57. Colley, *Britons*, p. 55.
58. Neil McKendrick, 'The Consumer Revolution of 18th Century England' and John Brewer 'Commercialisation and Politics', both in Neil McKendrick, John Brewer and J. H. Plumb, *The Birth of a Consumer Society: The Commercialisation of Eighteenth Century England* (London, 1992), pp. 9, 20–25, 200, 207–208.
59. Captain P. D. Pugh, RN, *Naval Ceramics* (Newport, 1971), p. xiii–xiv; Wolf-

gang Rudolph, *Sailor Souvenirs: Stoneware, Faiences and Porcelein of three centuries* (Leipzig, 1985), pp. 43, 48; Griselda Lewis, *English Pottery* (London, 1956), pp. 74–5; Brian Bicknell, 'Derby Porcelain Factory: Eighteenth Century Portrait Statuettes of military personalities, particularly that of Lord Howe', *Derby Porcelain International Society Newsletter*, No. 28 (May 1993).

60. Maxine Berg, *Luxury and Pleasure in Eighteenth Century Britain* (Oxford, 2005), p. 15, 126–153.
61. For summaries of the attacks on McKendrick's 'consumer revolution' see C. H. Feinstein, 'Pessimism Perpetuated: Real Wages and the Standard of Living in Britain during and after the Industrial Revolution', *Journal of Economic History*, Vol. LVIII (1998), pp. 625–658. N. F. R. Crafts, *British Economic Growth during the Industrial Revolution* (Oxford, 1985).
62. Berg, *Luxury and Pleasure*, p. 219.
63. Pugh, *Naval Ceramics*, p. 7.
64. Berg, *Luxury and Pleasure*, pp. 15, 126–153.
65. John Styles, 'Georgian Britain 1714–1837: Introduction', in Michael Snodin and John Styles, ed. *Design and Decorative Arts: Britain 1500 – 1900* (London, 2001), p. 184.
66. NMM, OBJ0421, Fan with depiction of Vernon's victory at Porto Bello.
67. Victoria & Albert Museum, CIRC. 82–1963, Plate representing a naval hero, London, c. 1740–50
68. *A Second Genuine Speech Deliver'd By Adml Vn. On board the Carolina to the Officers of the Navy After the Sally from Fort Lazara* (London, 1741), p. 19.
69. Richmond, *War of 1739–1748*, Vol. 1, p. xii.
70. *Westminster Journal*, 28 May 1748.
71. Lincoln, *Representing the Royal Navy*, p. 47.
72. Ruddock Mackay and Michael Duffy, *Hawke: Nelson and British Naval Leadership, 1747–1805* (Woodbridge, 2009), p. 79.
73. W. S. Lewis, ed. *The Yale edition of Horace Walpole's Correspondence*, 34 Vols, Vol. 28 (New Haven, 1937 – 70), p. 135. Jordan and Rogers, 'Admirals as Heroes', p. 211.

第二章　伊藤正德，帝国海军与战后日本的国家认同

阿莱西奥·帕塔拉诺[1]

在其77年的历史中，日本帝国海军象征了它所代表民族的成就以及戏剧性的崛起与衰落。随着日本致力于政治、社会和军事机构现代化，海军代表了最高等级民族权力的宣言。20世纪初，像“三笠”(*Mikasa*)号或“金刚”(*Kongō*)号这样的军舰是同时代最优良的海军装备，体现了“现代性的重要方面”，从而象征着日本民族登上世界舞台。[2]在两次世界大战期间，主力军舰中常用的宝塔样式主桅设计特征成为全球知名的日本海军力量品牌标志。在海军辉煌的顶峰，“大和”号战列舰展现的火力令人印象深刻，它充分体现了日本对世界权力秩序的挑战。对日本帝国海军的一项权威研究恰当地指出，1922年在东亚海域巡航的令人敬畏的舰队反映、象征和影响了现代日本的崛起。[3]日本在第二次世界大战中遭受毁灭性的失败之后，一位屡获殊荣的日本小说家选择“长门”号战列舰的历史作为20世纪上半叶民族经验的隐喻，这艘军舰是日本舰队的掌上明珠，它在战争中幸存下来，直到1946年在比基尼环礁核试验期间沉没。[4]

处于战争余波之中，当日本民众听到日本军队在横扫亚洲的攻势中滥用武力和不端行为的消息时，他们遭受的打击和苦难倍增，在国内外对日本皇家军事部门的声誉投下阴影。战后时代人们如何记住海军？它的战前象征意义在多大程度上从民族精神中遮蔽与抹除？是否有战前海军身份的任何元素进入战后日本民族认同？本章调查了战后早期阶段中的上述问题。就何处建立以及如何发生而言，建立民族认同是一个难以界定的过程。例如，在战后的日本，文坛宿将司马辽太郎通过历史小说《坂上的云》(*A Cloud at the Top of the Slope*)，[5]影响了同时代日本公众对日本海军的看法，这部作品最初是在报纸《产经新闻》(*Sankei Shimbun*)连载的系列短篇小说。[6]几十年来，他的小说卖了数千本，为一些电视剧提供了基本情节，并进入各教育层次众多学校的阅读书目。

本章主要关注日本海军叙事，因为它在战后时代有争议的最初几年在新闻和通俗历史领域流行起来。从战争结束开始，在十多年的时间里，作家伊藤正德(Itō Masanori)致力于探讨日本的民族身份和海军在其中的作用问题。伊藤是那个时代最杰出、最著名的国防记者和海军作家之一，其他同事给他起了个绰号，叫“最后一位海军记者”。事实上，伊藤正德不仅仅是一名记者。他以在战前、战中和战后与日本海军及其最高级别军官的特殊接触而闻名，经常获得其他人无法获得的第一手信息。本章介绍了伊藤如何在第一次世界大战的动荡岁月和两次世界大战期间建立自己的声誉。随后，回顾了伊藤从 20 世纪

50年代到1962年去世的职业生涯和对日本海军历史的耕耘。在这些年里，他的读者因其权威性而追捧他的作品。在普遍迷失方向的氛围中，这个国家无条件拒绝日本军事传统及其所代表的东西，伊藤试图回顾日本的海军历史，并以此帮助日本海军在该国的文化遗产中占有一席之地。

报道战前海军

伊藤正德1887年出生于水户（茨城县）的前辖区，这里是颇具影响力的哲学与政治新儒家运动“尊王攘夷”（Sonnō Jōi）的发源地。根据后来对他角色的塑造，伊藤完全接受了他所在地区的历史和传统。他是一个沉默寡言的人，身材高大瘦削。他精力充沛，充满爱国奉献精神，与他拥有相同文化传统、受过良好教育的人也都因为同样的特点而出类拔萃。[7]像他这一代的许多年轻人一样，伊藤成长的十年见证了日本在与两个主要地区大国的竞争中赢得了它的头两次国际实力和地位考验，分别为1894—1895年的中日甲午战争和1904—1905年的日俄战争。全国性报纸上的战争报道和政府宣传中关于朝鲜和中国东北战场以及东海和日本海海军遭遇战的惊人胜利培养了他的自豪感和“爱国主义”。[8]后来的报道指出，他的“爱国主义”所展现的责任感使他在追求知识时培养了好奇心和严格的纪律性。[9]

童年的经历对他产生了深远的影响，影响了伊藤一生的专业风格。正是由于他受过良好教育的背景，他在获得经济学学位和一些初步工作经验后，于 1913 年 12 月获得了《时事新报》(*Jiji Shinpō*)的职位。《时事新报》是当时日本最进步的报纸之一，由颇具影响力的明治思想家福泽谕吉(Fukuzawa Yukichi)于 1882 年创办，以其对日本时事的均衡解读而闻名，认可西方创新和技术在日本的国家成功中的作用，同时又不抛弃日本的传统、价值观和独特文化。[10]

报纸生机勃勃的环境与伊藤的水户出身、明治经历与知识倾向相得益彰。在报社工作期间，他开始专门研究军事和海军事务——这是当时日本新闻业新兴的专业。后者的专业知识对他更有吸引力，因为专业海军要求其成员兼具技术与道德技能，伊藤认为这是在任何特定领域取得成功所必需的。此外，在他看来，为道德正直和技术掌握而斗争一直是日本明治经历的关键属性。对伊藤来说，日本海军在世界舞台上的出现象征着现代日本的成功。[11]最近的学术研究令人信服地表明，对于伊藤这一代人来说，这种感觉并不罕见，他们对该国海军充满信心和尊重，坚信日本海军的领导层通过一系列全面的宣传活动努力造势。[12]1905 年 10 月 25 日，《国民新闻》(*Kokumin Shimbun*)的社论抓住了时代精神，它强调“不付出代价就一无所获，而没有什么地方比海军更能体现这一真理的重要性，我们国家的兴衰都取决于海军”。[13]伊藤对海军的热情和专业兴趣使他成为报纸和杂志专栏的常客。几年后，他对军事主题的分析为他在日本和国外的良好声誉铺平了道路，成为大正时代与后来的昭和时代日本最多产的杰出海军记者之一，他在漫长的职业生涯中一直保持着这一声誉。[14]

伊藤“如椽巨笔”[15]的主要力量在于他能够通过吸引人的写作风格传达对海军的真正热情。系统地使用复杂语言、活动起来无休无止、对细节的关注，这些都成为他受欢迎的标志。作为一名现代记者，他不断了解海军技术和战术领域的最新发展。然而，他也是一个“传统主义者”，并通过在他的文章中使用“旧”汉字来证明这一点。他在“联合舰队”的描述中选择“仁”[16]这个汉字，就是这种情况，这是一个优雅而古老的表意文字，甚至连当时伊藤的一些编辑都不知道。[17]在日语中，伊藤的笔只用一个文字表达就将传统内涵赋予日本现代而强大的舰队。他的风格是老派的，但他选择的主题是现代的，他的文章内容很老练，风格非常引人入胜。他是那个时代人物的完美典范，他的形象展示了一些西方专家所定义的日本“浪漫民族主义”。[18]

他是真正的工作狂，将大部分空闲时间用于阅读、写作历史与战略，背诵外国战舰等级和三角旗清单的细节。[19]他对技术知识的执着让编辑和同事感到震惊，他们经常劝诫他减少工作量，他不以为然，告诉他们说，写各国海军对他来说是一种放松。[20]到第一次世界大战爆发时，他已经在日本新闻界确立了自己的专家地位，对海军事务的精通和理解可与学者相媲美。这是一个特别的优势，因为他可以将自己的专业知识转化为清晰、信息丰富的散文，使广大读者易于理解海军事务。[21]据报道，一个事例既体现他敬业的精神气质，也证明他方法的有效性。1916 年 6 月，日德兰海战的消息传到日本时，伊藤刚刚启程前往北海道度假，这次假期推迟已久。这时伊藤收到一封电报，概述了日德兰战况，显然这是自对马海战(日俄战争的主要海战)以来最重要的海军遭遇战，他毫不犹豫地回到报社总部，着手对这场海战的分析。他没有直接消息来源可资对事件进行深入调查。尽管如此，在接下来的几天里，根据新闻界获得的信息和他的专业判断，他为不同的全国和地区性报纸撰写了七篇有见地的文章。[22]

像伊藤这样对海军事务有奉献精神的人，不可能不被日本海军高级军官发现。到第一次世界大战结束时，他已经在前途无量的日本海军军官群体中建立了一个关系网，这些军官以海军大将加藤友三郎(Admiral Katō Tomosaburō)为中心。加藤友三郎是有影响力的海军大臣(1915—1921 年)，也是在华盛顿海军会议(1921—1922 年)上设计的军备控制系统的日本方面决策者。事实上，正是在报道这次会议时，伊藤与 20 世纪 20 年代签订三个国际海军协定的关键人物有了更密切的联系，包括山梨胜之进上尉(Captain Yamanashi Katsunoshin)和野村吉三郎上尉(Captain Nomura Kichisaburō)，他们后来都成为海军大将。[23]他与海军关系的性质是互惠互利的。伊藤先生知识渊博，乐于表达海军的观点，而且他处于接触大量受众的合适位置。[24]反过来，他的海军关系使他能够获得第一手信息，以从事记者活动。这意味着他经常比同事“领先一步”，并使他能够获得“轰动一时的独家新闻”，例如，他是第一个报道日本同盟体系即将发生变化的人，当时英日同盟解散，转而支持四国条约（美、英、日、法）。[25]

20世纪20年代和30年代的国际海军会议对伊藤的事业发展有三个重要意义。第一，这些会议是重要的媒体事件，为媒体对代表团成员的连续采访、私人对话与会晤设立了舞台。这些机会巩固了他与海军官员们的关系网，这些人后来成为“条约派”而为人所知，其中包括后来的海军大将山本五十六（Admiral Yamamoto Isoroku）。第二，他与这些有影响力的人物建立的互信关系没有随着时间消退，他从20世纪50年代和60年代初出版的书中获益，书中充满了大量战时的个人回忆，他们把伊藤当作“老朋友”和讨论争议事件的专家。他和海军的关系也为他接触档案证据提供了便利。[26]第三，会议期间的新闻报道使伊藤名声大振，使他成为国内外军备控制事宜方面的顶级评论家。就像一些杰出的观察者后来提出的那样，在研究第一次世界大战与第二次世界大战之间太平洋地区国际关系的众多学者中，“伊藤先生”的名字耳熟能详，备受尊敬。[27]

战时经验回顾

第二次世界大战之后，伊藤主要为日本的《产经新闻》（*Sankei*）工作，而《产经新闻》的档案馆里关于伊藤正德的文件中，涉及伊藤第二次世界大战期间记者经历的记载并不多。显而易见的是在太平洋战役的余波中，伊藤正德的专业背景直接涉及并关切日本现代历史中海军崛起所代表的那些东西，这样的背景让他在调查战争中更有争议的事件时处于理想位置。战前，他曾经对军备不足状况下日本的处境问题提出一些观点。战后，东京特别法庭揭露日本军队对亚洲军事征服中的暴行，由此日本民众产生与日俱增的迷茫，对此，伊藤的任务是着眼于探求“错在哪里”。[28,29]

实际上，在1945年日本战败后的二十年里，日本出版了大量具有不同学术价值的多卷本战争史。但是，伊藤身兼记者与学者双重身份，撰写的书籍位居最早呈现富有洞察力的实战操作叙述的书籍之列，尽管有时缺乏连续性。特别值得一提的是，伊藤的表现风格戏剧化而有力，这表明了伊藤与该主题的个人联系以及接触广大读者的明确意愿。[30]他的著作深入探析战前日本军事领导人的心理，解释决策失败以及战术与战略误判的根源。通过这样做，这些作品反映了伊藤作为局内人的个人心路历程。

伊藤的战后作品时常跨越专业议题与个人情感之间的微妙界限，这使得它们不同寻常。它们建立在详细的研究基础之上，权威可靠，同时又富有戏剧性，铿锵有力。举例来说，据说触动他决定写《联合舰队的覆灭》(*The End of the Imperial Japanese Navy*)的最主要冲动，来自他第二任妻子的离世。这本书也是他最成功的著作之一。这种姿态，特别显示出了他个人的丧妻之痛与军方的失败及其所包含的沉重人类代价之间的同一，准备写这样一本书也代表了他要以理性的方式来治愈这两方面的创伤。[31]在此书引言中，伊藤自己定下了基调，解释了日本人心中对联合舰队的怀恋，而他对许多战事正酣时逝去的朋友铭记在心，深表敬意，这样的情感迫使他重新考虑自己不愿写这本书的初衷，当初他因为诸如日本军队战败之类的主题难以下笔而裹足不前。[32]他与成千上万日本人怀有相同的情感，他们要么自己打过仗，要么家人是战场上死亡的300万士兵之一。他希望能够与这些人一起分享自己追问过后的结论，将其作为缅怀和追忆死者的方式。书中开头几行就凸显出这本书的叙述特色：

> 我们语言的罗马化进程或许终有一天会实现，但是象形文字书写的“联合舰队”(*Rengo Kantai*)将会一直牵动日本人的心灵，就像海军大将东乡平八郎(Admiral Heihachirō Tōgō)的名言一样。他在对马海峡之战一触即发时的战报中写道：“敌人已经出现在眼前；联合舰队将勇往直前，将其歼灭。海浪虽高，但天气晴朗。”还有著名的Z信号：“国家沉浮，在此一战；齐心协力，破釜沉舟。”这句话家喻户晓。[33]

伊藤著作中的散文见识不凡而又通俗易懂，给那些对日本海军历史较近阶段感兴趣的外国学者留下了深刻印象。在1963年对《联合舰队的覆灭》英文译本的评论中，剑桥研究员、官方第二次世界大战皇家海军历史学家斯蒂芬·罗斯基尔上尉

(Captain Stephen W. Roskill)评论说，这本书的优势在于它“通过日本人的眼睛”对战争生动有趣的描绘以及“对他的同胞所犯错误的坦率评论”。[34]罗斯基尔上尉自己就是一名老兵，是在海上服役多年的直接指挥员(line officer)，1943 年 7 月在所罗门群岛附近海域与日本海军作战。他继续写道，认可伊藤“对普通日本水兵的勇气和毅力当之无愧的敬意，尽管遭受了可怕的损失，他们的战斗精神从未丧失”。[35]在他对这部著作的主要批评中，罗斯基尔上尉间接地承认了伊藤的核心观点。在对日本海军战略缺点和误判的详细分析中，伊藤认为有一个关键问题几乎没有被注意到，即海军在冲突的大部分时间里都没有采取适当的护航措施。[36]这取决于这样一个事实，个人和才智的生命与斗争使日本海军成为国际知名的“民族图腾”，这对这部著作的主题而言处于核心地位，而海军战略的地位无法与之相比。1960 年 12 月，伊藤的文学成就和战时军事事件的出版活动达到了顶峰，当时他成为久负盛名的菊池宽奖(Kikuchi Kan Prize)的第九位获得者。该奖由日本顶级月刊《文艺春秋》(*Bungei Shunju*)颁发给对日本社会做出杰出贡献的个人。伊藤于 1946 年开始在该刊发表他的研究成果。[37]

伊藤的作品具有很高的专业可信度，但他不是一个“客观”的观察者，尤其是在 20 世纪 40 年代末和 50 年代幻想破灭的战后日本读者眼中。然而，他的观点对公众有吸引力并受到好评，因为它们试图深入揭示军队对日本人民的“背叛”机制。对伊藤来说，海军并非无罪。[38]他没有疏于批评这样一个事实：早在日本海军代表团 1936 年 1 月退出《第二次伦敦海军条约》(the Second London Naval Treaty)谈判之前，海军实施裁军条约的意图就已失去动力。谈判失败仅几个月后，“大和”(*Yamato*)号战列舰就在吴市建成下水，对此进行的初步研究表明，这是“日本打算废除条约”的标志。[39]同样明确的是，伊藤没有为他认为日本海军在日本戏剧性失败中应承担的两项最重大责任找借口。其一，当国家走向战争之时，海军高级指挥部没有旗帜鲜明地对东条将军和他的军国主义派系提出反对。其二，日本结构上存在弱点，对西方列强进行持久战的能力与信心不足，而海军对此轻描淡写。[40]同伊藤一样，一些日本民众感觉受到了欺骗，他们习惯于昔日的成功与宣传，对军队领导者有绝对信心，伊藤颇有见地的评论表达了他们发自肺腑的背叛感。在一段传达这种情感的文字中，伊藤承认：

> (……)海军知道日本会输掉与美国的任何战争，本来应该表现出人们期望领导人应有的勇气，并接受屈辱，以保护国家免于失败。这样的牺牲将证明海军值得人民的高度尊重和信任。[41]

尽管有了这样的批评言论，伊藤还是觉得日本的战略责任更沉重地落在了帝国军队肩上。这是因为，那些行动起来阻止战争升级的海军将领，他们向伊藤展现了日本传统的主要表现形式，这种传统曾经给日本带来过尊敬与地位。伊藤明确地强调了这一点并解释道：

> 死亡在战争中不可避免，但不能毫无意义地追求它。日本海军的基本原则是避免任何没有生存机会的行动。(……)这一传统一直延续，直到日本意识到战争已经失败时，采用了需要神风特攻队(Kamikaze Special Attack Force)和回天鱼雷(kaiten)的战术。[42]

在伊藤看来，海军大将山本是最具代表性的海军人物之一。山本是伊藤的密友，也是他笔下最出色的人物。山本是个“固执”的人，还是赌徒兼花花公子。他同样是一位不惧冒险的军官，懂技术，检测战术问题时一丝不苟。山本不同意战列舰在海战中战术优势的保守教条观点，并且是表达担忧“日本在持续一年以上的战争中没有获胜机会”的人之一。[43]直到1939年，他在海军省的职位上，与时任代理大臣的海军大将米内政光(Yōnai Mitsumasa)和海军少将井上成美(Inoue Shigeyoshi)一起，全面反对日本与德国和意大利结盟。

伊藤以丰富细节与趣闻轶事描绘了这位海军大将进入20世纪30年代后期日益紧张的日本政治气氛的艰难旅程，几乎是为了使这位军官随后的行动合法化。山本首先是日本海军的一名军官，发动战争的决定一旦作出，他就留在自己的岗位上(作为联合舰队总司令)，并将精力投入准备能够让日本在战争中占据上风的行动。山本面对两难处境，要么接受羞辱，承认自己缺乏面对与美国海军的旷日持久对抗的能力，要么在孤注一掷的考验中争取胜利，他选择了后者。

从这方面来看，伊藤似乎想要表明，海军大将山本是日本海军传统的化身。他是一名专业人士，受过为国家筹划和指挥战役的训练，是天皇的忠实仆人，骁勇的战士。他后来在战争中的行动，还有许多其他前线指挥官的行动，都证明了这些品质，即使日本人显然是“失败球队的投手”，他和他的许多同事也没有失职。[44]山本活着、战斗和死去，都恪守武士道，这种精神贯穿鸭绿江（1895 年）、对马海峡（1905 年）、珍珠港（1941 年）和中途岛（1942 年）。1943 年他的悲剧性殒命，加之其整体形象——精明强干且意志坚定的军官，能讲一口流利的英语，深知海军航空等新技术带来的革命性影响，同时又秉承武士道价值观——这些特质交织，自然使他成了日本人心目中终极英雄的化身。

通过站在海军一边，伊藤的战争叙述试图提出更具争议性的结论。日本海军未尝不是踵武先辈，起初反对战争，最终不遗余力地进行战争。日本铸成大错，数百万人为此付出了代价。谁应该为这一戏剧性的垮台负责呢？在伊藤的印象中，答案不能仅仅落在武装部队的肩上。正如他所说，“（……）联合舰队永不复返。它的存在和成就现在只是历史一页，历史将证明，丧失联合舰队的罪责必须归咎于日本自身，而不是摧毁它的敌人”。[45]同时，通过凸显海军的品质，伊藤试图拯救日本的部分尚武精神，摆脱战后更广泛的集体排斥。

塑造战后国家军事认同

除了战争史之外，伊藤还以另外两种方式为塑造关于日本战后军事身份的讨论和重构战后公众对帝国历史的记忆做出了贡献。首先，作为记者和军事分析家，他积极参与20世纪50年代初期有争议的国防辩论。特别是在1954年1月[46]和7月，[47]当建立自卫队之前的论战展开时，他撰写了两个系列的报纸文章。每个系列各由七期组成，出现在保守派报纸《产经新闻》上。这些文章回答他认为关系到日本军事机构之未来的核心问题。这两个系列发表的时机都经过精心挑选，为公众辩论提供了及时的条件。1月系列报道出现时，政党关于立法定义新军队性质的协商进入最后阶段。7月的文章旨在对日本防卫厅和日本自卫队的成立进行深入评论。[48]那时，伊藤是他那一代"权威"的日本军事分析家，其地位在许多方面可与战前英国的巴兹尔·利德尔·哈特爵士(Sir Basil Liddell Hart)相媲美。对于在全国性报纸上关注他的专栏的日本读者来说，伊藤在他的领域里是经验丰富的大师，他对日本军事传统有第一手了解，这得益于他与业内人士的友谊和相熟。

在这两个系列中，他只是部分参与了当时保守派与更信奉自由主义的务实派之间持续不断的争辩，保守派由一些颇受争议的人物牵头，例如前外务大臣重光葵(Shigemitsu Mamoru, 1943—1945年、1954—1956年)、鸠山一郎(Hatoyama Ichirō,

后来任首相，1954—1956 年）和岸信介（Kishi Nobusuke，1957—1960 年任首相），自由务实派以首相吉田茂（Yoshida Shigeru，1948—1954 年任首相）为首。为新军队的地位设想的拜占庭法律模式是他们争议的核心。[49]伊藤试图将公众注意力的焦点转移到一个国家与其武装部队之间的基本关系上。他认为这是一个核心问题，他担心由于盟军占领期间进行的社会和教育改革以及战败创伤所产生的军事敏感性，这个问题将得不到解决。[50]他的论点有两个方面。一方面，他强烈反对许多同时代的人，他们强调与过去不加批判和绝对的决裂。军国主义蒙蔽了日本战前的战略算计，但日本的军事传统并不总是弥漫着 20 世纪 30 年代后期的极端主义。[51]武装部队的存在和维持也不被视为侵略性民族主义的表现，这是日本人民和政治家越来越普遍的看法。[52]事实上，对日本现代历史的更深入分析表明，在 20 世纪之交，该国已经能够在国防的自然需求和建立适当的军事机构之间取得恰当的平衡。因此，伊藤驳斥了一种似乎是主流的观点，即日本重建武装力量的唯一途径是摒弃战前制度。[53]公然失忆并非解决方案，重新审视才是解决之道。

这种考虑导致了第二个问题，在伊藤看来，这是一个更根本的问题。他将军队视为由社会创造并维持的产物。日本也不例外，他在同胞身上察觉到关于国防重要性的认同危机，这可能是一个致命的弱点，破坏新部队的精神。[54]出于这个原因，在 7 月的文章中，他赞同保守倾向，谈论“自卫军”（Jieigun）而不是“自卫队”（‘Jieitai’），[55]使用日语中通常用来定义军事组织的

“军”字。[56]通过大量引用日本、美国和英国的历史，伊藤认为，军队的效力不仅仅取决于他们的装备和兵力水平。[57]

重新评估过去的经验以及武装力量在日本崛起成为国际强国过程中所发挥的作用，是战后日本恢复社会赋予其武装力量的信任感、尊重感以及社会价值意识的关键一步。[58]反过来，这些品质对于培养军队的战斗精神和效能至关重要。日本需要向其“民族英雄”求助，从他们的行动中汲取灵感和教导，以重建其军队的道德规范。[59]

伊藤为提升日本战后对其军事历史的敏感性所作的第二个主要贡献与上述论点交织在一起，他积极游说实现这一论点。在接下来的几年里，也就是他职业生涯的最后岁月，他将笔和精力投向一场运动，以重新诠释日本的现代海军经验并重建国家的自豪感。他相信 1905 年对马海战是日本的决定性军事成功和现代国家建设进程中的标志性时刻，他和志同道合者联手将其带回公众意识。他奋力重塑人们对“三笠”战舰的回忆。[60]

看来，1955 年 9 月 24 日写给另一家报纸《日本时报》（*Nippon Times*，现为 *Japan Times*）编辑的一封信，点燃了复兴和保护东乡海军上将旗舰的进程。这封信是由一位名叫约翰·鲁宾（John S. Rubin）的英国人写的，他是英格兰北部巴罗因弗内斯（Barrow-in-Furness）人，他不久前从日本访问横须贺（Yokosuka）回来，目睹这艘前无畏舰处于废弃状态。鲁宾在信中解释说，从 1900 年到 1902 年，他在家乡的维克斯（Vickers, Sons and Maxim）造船厂船坞看到这艘船完工并下水，被这艘遗弃军舰的状况深深感动，它对日本人所代表的意义恰如“胜利”(HMS *Victory*)号之于英国人。[61]这封信发表后，该报收到了大量读者来信询问这艘船的信息。这给了伊藤的老熟人山梨海军大将合适的机会，他当时履新日本海军协会(日本海军的退伍军人协会)主席，向鲁宾先生解释了情况，为该舰的修复蓄势待发。

山梨海军大将认识伊藤，是在召开海军限制级会议的那段忙碌日子里。这位海军大将属于战前条约派的资深退役军人，他们于1952年9月中旬与其他200名前海军军官一起利用代代木(Yoyogi，东京市中心)前海军博物馆的设施成立了该协会。该协会的其他创始人包括海军大将野村吉三郎、海军中将佐藤正三(Sakonji Masazo，代理副主席)和海军大将泽本赖雄(Sawamoto Yorio，据报道是该组织的主要发起人)。[62]对他们所有人来说，伊藤不仅仅是一个熟悉的名字，他的个人倾向、著作和专业地位使他参与“三笠”号行动具有决定性意义，即使并非不可或缺。

他们的期望没有落空。伊藤全心投入这场运动，并私下活动筹集修复“三笠”号的资金。与此同时，他定期在《产经新闻》发表关于战列舰重要性的纪念文章，以保持关注的焦点。[63]横须贺市的当地日本政要都全程参与其中。极具影响力的美国退役海军军官的参与也极为重要，其中最著名的是海军五星上将切斯特·尼米兹(Chester Nimitz)和海军上将阿利·伯克(Arleigh Burke)，他们欣赏日本海军在战争期间作为敌人的英勇表现，战后为日本海上自卫队(JMSDF)的组建做出了贡献。他们为修复军舰筹款不遗余力。到1959年春天，横须贺的美国海军代表向横须贺市长赠送了约9.1万日元。很快伊藤与其他海军爱好者以及前军官筹集款项就与之相当。一大批老兵，在力所能及的经济范围内，尽可能地做出了贡献。[64]

伊藤关于“三笠”号战舰的文章是按照类似于他写自卫队系列文章的思路构建的。他写这篇文章是为了激励日本人应对他们对民族认同核心组成部分的心理排斥状态。伊藤对“三笠”号大书特书，专注于与战舰历史相关的两个主要方面。一方面，他强调了日本海军在日俄战争中取得成就的普遍特征，展示证据说明在对马海战中将领和部署的军备如何受到全世界的赞誉，堪称战术才华和无可挑剔执行力的教科书式范例。[65]另一方面，他强调了联合舰队在屏障日本免受俄罗斯对日本领土的威胁方面所发挥的关键作用。[66]在这一时期，对“冷战”激化及其对日本后果的担忧日益普遍，海军战胜波罗的海舰队的形象间接地成为安全保障和鼓舞人心的来源。在这方面，伊藤将东乡的“三笠”号与英国皇家海军“胜利”(HMS *Victory*)号和美国海军“宪法”(USS *Constitution*)号相提并论，因为它对日本的国家认同、军事传统和国际角色具有决定性价值。出于这个原因，他指出，这艘战列舰应该像英国和美国的战列舰一样，成为一个引以为豪的公众记忆场所。他的话并没有被置若罔闻，直到今天，他强调的特征仍然是舰上展览的核心，上述三艘舰船按比例重建的模型以及它们各自三位指挥官的肖像占据了中心空间。[67]

结　语

1966年，日本庆应义塾大学(Keio University)前校长、日本著名经济学家小泉晋三(Koizumi Shinzō)教授在评论“三笠”的修复时，凝练地总结了伊藤的观点，他强调强大的前无畏舰象征着：

> 人民的最大责任，当他们的独立受到威胁时，人民要献身于保卫自己的国家。60年前，日本面临着一场生死攸关的危机。但是，由总司令东乡海军大将率领的联合舰队取得了巨大胜利，解除了国家危机。我认为这将表明日本人是什么样的人。这场胜利不仅归功于我们海军人员的杰出服役，还归功于日本人民组建、培养和支持如此强大的海军。[68]

回到本章开始的出发点，关于海军在战后日本重建国家认同的早期阶段所扮演的角色，伊藤的经历能告诉我们什么？伊藤是才华横溢的作家和权威记者，他向日本公众讲述海军故事，海军历史与现代日本的成就密不可分。他对海军的描绘不仅仅是借鉴抽象的思想。他持之以恒将海军的成功与官兵的品质以及组织的成就联系起来。出于这个原因，他探究海军大将山本、东乡等重要人物的生平，以提供一个背景。他用它们来详细说明：勇气、尊重权威、献身于军队与国家等价值观，所有这些观念都被认为是日本“民族精神”的一部分，它们如何与掌握技术技能等现代品质相辅相成，共同使日本在战前时代崛起并脱颖而出。在一个排斥过去及其所代表尚武遗风的国家，伊藤向读者提供了“民族英雄”，并解释了为什么他们应该被视为“民族英雄”。

他的成功取决于三个因素。首先，他被认为是一个权威的声音。两次世界大战之间，他声名鹊起，他与海军的关系在其中起到重要作用。其次，他是战后时代第一个从“局内人”角度介绍日本海军历史的人，交出知晓内情的独家作品，真实而极富戏剧性。简而言之，他的故事让人感觉很权威，同时得益于引人入胜的写作风格。最后，他将海军经历的叙述当成自己个人的事情。他将这场战争描述为需要深入调查的事件。他质疑集体失忆的逃避心理，提出理解日本的战时经验，而不是隐瞒，尽管他的焦点仍然主要局限于日本在行动中的失败。在这方面，他的著作仍然以日本人民是“受害者”而非“侵略者”的观点为中心，对战时暴行和屠杀行为等难题三缄其口。

最重要的是，伊藤为拯救日本战前决定性标志之一的“三笠”号做出了贡献。1962 年，这艘军舰从废弃的破铜烂铁变成了一座博物馆，赋予日本战后第一个军事身份的象征。随着修复的完成，“三笠”号成为伊藤在他的文章和书籍中所陈述之品质的实物体现。几十年来，战时经历的创伤使日本的军事身份问题退入日本公共议题的边缘，在此背景下，“三笠”号是海军对国家历史做出贡献的恒久例证。这艘战舰的前无畏舰线条旨在陈述过去的战绩和使其成为可能的品质。也许并非巧合，自纪念舰船开放的那天起，桅杆上就一直飘扬着"Z"信号旗。这是东乡海军大将在驶入对马海战战场时使用的信号旗。它所附的信息具有真正的纳尔逊意味，上面写着"帝国命运定于此战，人人全力以赴"；这是一场持续至今的国家认同之战。

注　释

1. Japanese names are given with family names preceding first names. In bibliographical references, names of Japanese authors are given according to western practice.
2. The subject of the evolving relationship between ' man and machine ' at the beginning of the twentieth century and how naval power embodied it is well explained in Jan Rüger, 'The Symbolic Value of the *Dreadnought*', in Robert J. Blyth, Andrew Lambert, and Jan Rüger (eds.), *The Deadnought and the Edwardian Age* (Farnham, 2011), p. 15.
3. Charles J. Schenking, *Making Waves. Politics, Propaganda, and the Emergence of the Imperial Japanese Navy, 1868–1922* (Stanford, 2005), p. 223.
4. Hiroyuki Agawa, *Gunkan Nagato Syōgai* (*The Life of the Battleship Nagato*, 3 Volumes, Tokyo, 1982–1st Ed. 1975).
5. Ryōtarō Shiba, *Saka no Ue no Kumo* (*A Cloud at the Top of the Slope*, 8 Volumes, Tokyo, 2010–1st Ed. 1968).
6. The book, which is regarded to date as a key source of information for Japanese people on the Russo-Japanese War, dealt with the adventures of AkiyamaYoshifuru and Saneyuki, two brothers serving in the Imperial Army's cavalry and in the Imperial Navy respectively. Saneyuki, the younger of the two, was the master tactician

behind the victory at the Battle of Tsushima, and Shiba's engaging account did much to strengthen perceptions of the Meiji Navy. Isao Chiba, 'Shifting Contours of Memory and History, 1904–1980' in David Wolff, S. G. Marks, D. Schimmelpenninck ven der Oye, J. W. Steinberg, Y. Shinji (eds.), *The Russo-Japanese War in Global Perspective-World War Zero, Volume II* (Leiden, 2007), pp. 374–375. For an appreciation of the impact of Shiba's literary production on Japan's contemporary culture and society, cf. Hidehiro Nakao, 'The Legacy of Shiba Ryotaro', in Roy Starrs (ed.), *Japanese Cultural Nationalism at Home and in the Asia Pacific* (Folkestone, 2004), pp. 99–115; Donald Keene, *Five Modern Japanese Novelists* (New York, 2003), pp. 85–100.

7. Biographical data on Itō Masanori is included in Katsumi Usui, Naosuke Takamura, Yasushi Toriumi, Masaomi Yui, *Nihon Kindai Jinmei Jiten* (*Japanese Modern Biographical Dictionary*, Tokyo, 2001), p. 95. Editorial Department, 'Saigo no Kaigun Kisha Itō Masanori' (*The Last Navy Journalist: Itō Masanori*), *Sankei Shimbun Tōkyō Honsha Chōsabu: Itō Masanori* (Sankei Shimbun Archive, Tokyo Headquarters: Itō Masanori, hereafter SSAIM), 7 May 1962, p. 106. All articles consulted at the SSAIM appeared in daily or weekly publications of the Fujisankei group unless otherwise noted. The author wishes to express his gratitude to Dr, James E. Auer, Vanderbilt University, and Mr. Satō Hisao, Sankei Shimbun Archive, for granting access to the multi-volume archival materials concerning Itō Masanori.

8. The conflicts with China and Russia constituted two major moments in the construction of Japan's modern national identity. They contributed to the establishment of Japan's modern media industry, receiving capillary coverage due to considerable public interest. In various fashions, and with different objectives, governmental and military authorities, newspapers and artists, all sought to use these events to 'whip up the nation's fighting spirit'. On the Russo-Japanese War, cf. Naoko Shimazu, *Japanese Society at War* (Cambridge, 2009). For an overview of the role of the media in shaping perceptions of the First Sino-Japanese War, S. C. M.

Paine, *The Sino-Japanese War of 1894–1895: Perceptions, Power and Primacy* (Cambridge, 2003); the impact of the wars on the development of the Japanese media industry is documented in Foreign Press Centre Japan (FPC), *Japan's Mass Media* (Tokyo), pp. 11–12.

9. Editorial Department, 'Go Getsu Nijū Nana Nichi no Tamayo Yomigaere: Senkan Mikasa to Itō Masanori' (*Reviving the Spirit of 27 May. The Battleship Mikasa and Itō Masanori*), SSAIM, June 1959; Editorial Department, 'Setsu Setsu to Kaigun wo Omou' (*Learning with Passion about the Navy*), SSAIM, 6 June 1962, p. 21.
10. FPC, *Japan's Mass Media*, p. 11.
11. Editorial Department, 'Seishin de Musubareta Ai' (*An Affection Held by a Strong Spirit*), SSAIM, 20 February 1961. Department, 'Go Getsu Nijū Nana Nichi no Tamayo Yomigaere. Senkan Mikasa to Itō Masanori', June 1959.
12. Schencking, *Making Waves*, pp. 107–136; Schencking, 'The Politics of Pragmatism and Pageantry', pp. 21–37; Charles J. Schencking, 'Navalism, Naval Expansion and War: The Anglo-Japanese Alliance and the Japanese Navy', in Phillips Payson O'Brien, *The Anglo-Japanese Alliance, 1902–1922* (London, 2004), pp. 122–139.
13. Quoted in Schencking, *Making Waves*, p. 107.
14. The volumes in the *Sankei's* archive corresponded to the period from 1951 to 1962 and contained some 1, 121 articles, distributed among various daily and weekly, national and local publications. In almost all cases, the articles presented war-related issues which Itō subsequently developed in his books.
15. *Fude no chikara* (literally, 'the power of the pen'), quoted in Sōkichi Takagi, 'Kaigun to Itō Masanori' (*The Navy and Itō Masanori*), SSAIM, 22 April 1962.
16. Ren as in Rengō Kantai.
17. Editorial Department, 'Saigo no Kaigun Kisha Itō Masanori', p. 105.
18. Ian Buruma, *Wages of Guilt. Memories of War in Germany and Japan* (London, 1994), p. 34.
19. In pre-war Japan, it was rather common, not only among those who had a passion

for naval matters, to know the names of entire Japanese classes of capital ships by heart. Warships' names like *Mikasa*, *Nagato*, *Hiei* were true national icons that almost everyone knew.

20. Editorial Department, 'Saigo no Kaigun Kisha Itō Masanori', 106; Editorial Department, 'Setsu Setsu to Kaigun wo Omou', p. 21.
21. Editorial Department, 'Nihon no Senshi Shitsu: Itō Masanori' (*Japan's Military History Section: Itō Masanori*), SSAIM, 5 September 1960, pp. 82–83.
22. Ibid., p. 82.
23. Itō's informed assessments and characterisations of the main protagonists of the naval treaties are still employed by leading Japanese scholars on the subject. For instance, cf. Sadao Asada, *From Mahan to Pearl Harbor. The Imperial Japanese Navy and the United States* (Annapolis, 2006), pp. 54, 70, 73.
24. Reportedly, at the Washington Naval Conference (1921–1922), Itō was one of the few who confidently 'predicted' the IJN's request for a 70 per cent ratio for its fleet vis-à-vis the Royal Navy and the US Navy, whereas the *Washington Post*, for instance, claimed that Japan intended to ask a little over 60 per cent. Itō's grasp and contribution to the circulation of information at the time of the conference and of the 1927 Geneva Conference is well documented in Ian Gow, *Military Intervention in Pre-war Japanese Politics: Admiral Katō Kanji and the 'Washington System'* (London, 2004), pp. 115, 130, 140–141, 164.
25. Editorial Department, 'Setsu Setsu to Kaigun wo Omou', p. 21.
26. On this matter, cf. Itō's interview with Admiral Kurita Takeo concerning his controversial decisions on 25 October 1944, during the battle of the Leyte Gulf, Masanori Itō, *The End of the Imperial Japanese Navy* (trans. by Andrew Y. Kuroda and Roger Pineau, New York 1962), pp. 177–179.
27. Editorial Department, 'Itō Masanori Shi' (*Mr Itō Masanori*), SSAIM, 4 April 1962. Reportedly, he was on good terms with journalists and editors from popular foreign publications such as the *Morning Post* and the *New York Times*, and leading naval journalists with expertise in Pacific Affairs, like Hector C. Bywater. 'Nihon

no Senshi Shitsu: Itō Masanori', p. 82; Itō, *The End of the Imperial Japanese Navy*, *pp*. 7–8.

28. From the second half of the 1950s to 1962 (the year in which he died), Itō published widely on the subject of Japan's wartime military history. His main works were *Rengō Kantai no Saigo* (*The End of the Combined Fleet*, Tokyo, 1956); *Gunbatsu Kōbō Shi* (*A History of the Rise and Fall of the Military Cliques*, 3 Volumes, Tokyo, 1958); *Teikoku Rikugun no Saigo* (*The End of the Imperial Japanese Army*, 5 Volumes, Tokyo, 1959 – 1961); and *Rengō Kantai no Eikō* (*Glories of the Combined Fleet*, Tokyo, 1962).
29. Louis Allen, 'Notes on Japanese Historiography: World War II', *Military Affairs*, Vol. 35 (1971), p. 134.
30. Ibid. A reviewer of the English version of his works defined his style as 'racy, succinct, and never dull'. Jesse B. Thomas, 'The End of the Imperial Japanese Navy by Itō Masanori, Roger Pineau, Andrew Y. Kuroda', *Military Affairs*, Vol. 26 (1962–63), p. 180.
31. Editorial Department, 'Seishin de Musubareta Ai', 20 February 1961.
32. Itō, *The End of the Imperial Japanese Navy*, p. 2.
33. Ibid.
34. In this context, Captain Roskill's comments seem particularly relevant, as his scholarly understanding of naval history was informed by his experience as a former naval officer. On this subject, Jonathan Steinberg pointed out that he had the right blend of intellectual, literary and moral qualities which made his naval scholarship unique 'for Roskill had served in the navy he studied (i. e. The Royal Navy)'. Jonathan Steinberg, 'Admiral of Fleet earl Beatty: The Last Naval Hero. An Intimate Biography, by Stephen W. Roskill', *The English Historical Review*, Vol. 98 (1983), p. 834.
35. Captain Stephen W. Roskill, RN (Ret.), 'The End of the Imperial Japanese Navy by Itō Masanori, Roger Pineau, Andrew Y. Kuroda', *International Affairs*, Vol. 39 (1963), p. 644.

36. For an effective overview of Japan's wartime convoy protection problem, cf. Euan Graham, *Japan's Sea Lane Security, 1940–2004: A Matter of Life and Death?* (London, 2006), pp. 63–89.

37. Editorial Department, 'Itō Masanori Shi', 4 April 1962.

38. Itō, *The End of the Imperial Japanese Navy*, pp. 10–11.

39. Ibid., p. 3.

40. Ibid., pp. 19–20, 216–228. Inter-service disputes and military factionalism in Japan is also comprehensively treated in Itō's three-volume work *Gunbatsu Kōbō Shi*. The volumes go to great length to explain the historical roots of military cliques, each volume covering the Russo-Japanese War, the interwar period, and the Pacific War, respectively.

41. Ibid., p. 221.

42. Itō, *The End of the Imperial Japanese Navy*, pp. 173–174.

43. Ibid., p. 11.

44. The expression was used by Admiral Kurita in an interview he gave to Itō. Ibid., p. 179.

45. Ibid., p. 228.

46. The series was titled: *Kokubō no Kadode ni Okuru* (*A Present for the Setting Out of the National Defence*). The first instalment appeared on 1 January 1954.

47. This second series was significantly titled: *Jieigun wo Mukaete* (*Greeting the Self-Defence Military*), and the first instalment appeared on 4 July 1954, three days after the inauguration of the JSDF.

48. From September to December 1953, Prime Minister Yoshida Shigeru sought the cooperation of the Reform Party to amend the existing 'Safety Agency Law' in order to create Self-Defence Forces to protect the country from external aggressors. A special committee was instructed to study the various legal, constitutional and economic ramifications of the amendment of the existing laws and, by the beginning of January 1954, the new bills were nearly completed. Eventually, they were submitted to the Diet on 11 March 1954 with the Japan Defence Agency (JDA) and the

Japan Self-Defence Forces (JSDF) officially inaugurated on 1 July 1954. James E. Auer, *The Post-war Rearmament of Japanese Maritime Forces, 1945 – 1971* (New York, 1973), pp. 98–99.

49. The political struggle between these forces revolved around three main issues. First of all, Article 9 of the constitution, which conservative revisionists wanted to amend because it had been imposed by the United States. The second element of contention concerned the role of defence production in Japan's economic reconstruction. Thirdly, the two camps harboured very different visions of the functions of the institutions responsible for defence and security policy making. For an in-depth analysis of the debate, cf. Richard Samuels, *Securing Japan: The Securing Japan. Tokyo's Grand Strategy and the Future of East Asia* (Ithaca, 2007), pp. 29–37.

50. Itō Masanori, 'Rikkoku no Seishin Wasuruna' (*Forgetting the Spirit of National Law*), SSAIM, 1 January 1954; Itō Masanori, 'Guntaiwa Kokumin no Sanbutsu' (*The Military as a Product of the Society*), SSAIM, 8 January 1954.

51. Itō Masanori, 'Kyōhei to Gunkokushugi no Betsu' (*On the Question of a Strong Army and Militarism*), SSAIM, 8 July 1954.

52. Itō Masanori, 'Kokumin no Kokubō wo Satoru Koto' (*The Awakening to Nation's Defence*), SSAIM, 9 July 1954.

53. Ibid.

54. Itō Masanori, 'Guntaiwa Kokumin no Sanbutsu' (*The Military as a Product of the Society*), SSAIM, 8 January 1954.

55. Jieigun (Self-Defence Military). It must be noted that the series were published after the official creation of the Self Defence Forces.

56. Hatoyama, Kishi and other conservative politicians used the term Jieigun to emphasise the autonomous character they wished to give to the Japanese post-war military. Samuels, *Securing Japan*, p. 35.

57. Itō, 'Guntaiwa Kokumin no Sanbutsu', 8 January 1954.

58. Itō, 'Kokumin no Kokubō wo Satoru Koto', 9 July 1954.

59. Ibid.; Itō, 'Guntaiwa Kokumin no Sanbutsu', 08 January 1954.

60. Editorial Department, 'Saigo no Kaigun Kisha Itō Masanori', 7 May 1962, p. 106; Editorial Department, 'Senkan Mikasa to Itō Masanori', June 1959.

61. Peter C. Smith, 'A Naval View of Anglo-Japanese Relations', *Mainichi Shimbun*, 28 May 1998. HMS *Victory* was moved to dry dock No. 2 in Portsmouth's Royal Naval Dockyard in 1922 to be better preserved in her Trafalgar glory. In Japan, the Mikasa Preservation Society (Mikasa Kai) was established in 1924 to restore the battleship which had been severely damage during the Great Kantō Earthquake of 1923 and to transform it into a memorial ship. The inaugural ceremony was held on 12 November 1926 in the presence of the Prince Regent Hirohito. Mikasa Preservation Society, *Memorial Ship Mikasa* (Yokosuka, 2007), p. 20. For an overview of the memorial ship and its exhibits, cf. the association's official website, http://www.kinenkan-mikasa.or.jp/index.html (the website is only in Japanese language). For an English description, cf. William M. Powers, 'Mikasa: Japan's Memorial Battleship', *US Naval Institute Proceedings*, Vol. 102 (1976), pp. 69-77.

62. Hanji Kinoshita, 'Echoes of Militarism in Japan', *Pacific Affairs*, Vol. 26, 1953: 3.

63. For instance, cf. Itō Masanori, 'Gaikokuwa imamo Kinensu' ([*An Event*] *Commemorated Even Now Abroad*), SSAIM, 27 May 1956; Itō, 'Sekai Kūzen no Senshō' (*An Unprecedented Victory Worldwide*), SSAIM, 26 May 1959.

64. Editorial Department, 'Mikasa Kanjō de Zōtei Shiki' (*On the Deck of the Mikasa the Presentation Ceremony*), SSAIM, 1959 (unspecified date).

65. Itō, 'Gaikokuwa imamo Kinensu', 27 May 1956.

66. Itō, 'Sekai Kūzen no Senshō', 26 May 1959.

67. Author's visit to the memorial ship *Mikasa*, 16 August 2007. For details on the exhibition, cf. Mikasa Preservation Society, *Memorial Ship Mikasa*, 25; also http://www.kinenkan-mikasa.or.jp/siryou/index.html, accessed on 20 July 2008.

68. Quoted in Mikasa Preservation Society, *Memorial Ship Mikasa*, p. 28.

第三章　皇家海军，海盲与英国民族身份

邓肯·雷德福[1]

引　言

多年以来，皇家海军一直被看作英国的第一道，事实上也是唯一一道国家防线。在人们眼中，它是一个独具风格的组织，确保了英国的自由，特别是议会的自由，它使英国免受暴虐的欧洲人的侵扰。海军、国家、民族之间所铸就的这种关联一直持续了多年，这个过程创造了许多英国作为不败之国的神话，比如战胜西班牙无敌舰队，也展现了英国的雄心壮志——开放，成功，且自由。这种自由的获得并不仅仅依靠海军能够击败对手的防御实力，还依靠着海军的象征意味，或者其象征之外的东西。比如，它并不是将军或国王手下能够威胁议会的常备军队，因此，从英国政治角度看，皇家海军是完全无害的。

但是在 1884 年，英国爆发了大范围的恐慌，人们纷纷进行猜测。他们害怕皇家舰队无力保卫英国和国家利益。因此，当时的自由政府被迫在舰队的防御设施上增加投入。1884 年的

恐慌同样是一个开端，在这段时期，海军力量开始成为英国政治中的重要力量。议会颁布了法案，即 1889 年的《海军防御法案》(Naval Defence Act)，第一次也是唯一一次，认为英国海军至高无上。首相若反对执政党要求，即对海军进行高投资，那他就可能被迫辞职——正如 1893 年格拉德斯通(Gladstone)所经历的一样。不信任投票的产生意味着政府没有充分考虑海军投入对英国国力的挑战，正如 1909 年那次一样。然而，这只是海军至上主义所存在的一个短暂时期。

20 世纪 80 年代前期，出现了一个术语——“海盲”，用来描述之后困扰英国的难题，即任何个人或政府都无法接触到海事问题。海盲，毫无疑问，与海事还有海军问题相关，而且人们必须意识到从海军的角度来看，和从贸易角度来看海盲，是非常不同的。也就是说，防御，特别是海军防御，在 20 世纪已经和公众意识脱节了。这是否意味着现在海军组织更难影响政治进程了呢？答案是肯定的也是否定的。很显然海军正在十分努力地寻找能引起公众共鸣的信息，以获得政府的注意，但防御体系之外的海军机构并非不处于上述状态。如今的公众还有政治家或许并不十分关注防御体系或海军，但他们十分关注其他领域的政府活动——国民医疗服务体系(NHS)在政治上不容置疑的地位在许多方面类似于维多利亚时代晚期和爱德华七世时期的政治家和公众对海军的态度。在 1884 年的恐慌发生之前，民众也不是对海军全然不感兴趣——除非是在发生抢占头条的、带有丑闻色彩的灾难时，如 1871 年英国皇家海军“船长”(HMS *Captain*)号的沉没——民众对海军漠不关心，在第一次世界大战与第二次世界大战之间的时期也越来越明显，在1945年后成了一种大众化趋势。

这一章将会探讨从1884年到两次世界大战之间时期海军因英国民族身份概念而得以受益的公众与政治影响。这样的身份概念并不仅仅限于安全方面，即以想象中英国作为岛国所能获得的保护。本章同样会探讨人们对海军不感兴趣的时期，这种无兴趣在维多利亚后期与爱德华七世时期随海军的突起而出现，但由于“不列颠性”之构建的转变，这两个时期公众的漠不关心也存在很大不同。本章还涉及了海军是如何与这些不断发展的观念结构相互影响、相互作用的。

1884年之前对海军漠不关心的现象

一场围绕海军效率与力量的政治与公众论战风波，曾于1884—1914年之间在英国迅速蔓延。为了全面理解海军主义和海军对英国社会与英国身份的影响，了解这场风波之前的平静时期是非常必要的。1870年到19世纪80年代中期，被称作著名的“维多利亚海军的黑暗时代”，这句话出自奥斯卡·帕克斯(Oscar Parkes)1966年的《英国战列舰》(*British Battleships*)中，它所体现的主题在罗杰(N. A. M. Rodger)的由三部分组成的作品——《水手之镜》(*Mariner's Mirror*)[2]中进行了深入的探讨。帕克斯选用了这个句子来描述这样一段时期，这段时间里海军所面临的科技不确定性和经济压力空前绝后。虽然帕克斯和罗杰作品的一些重要内容已经被紧随其后的海军历史学家修订，但正如约翰·比勒(John Beeler)所指出的，1870—1884年“在很大程度上……仍然是一个‘黑暗时代’”。[3]

1870—1884年这段时间不仅仅是史学上的“黑暗时代”，同样也是当时大范围的民众——实际上是政治上的——对皇家海军漠不关心的时期。人们感觉中的“英国堡垒”胜利心态，是在19世纪50年代后期和60年代初期对堡垒的狂热之后出现的，它与早期的步枪志愿兵运动一起，为海军政策与管理的停滞时期奠定了基调，只有在人们对其漠不关心的状态下，这种停滞政策才是合理的，这种漠不关心状态是当时海军的真实处境。[4]直到1888年，菲利普·科伦布(Phillip Columb)针对英国国防提出了“深海”政策，这项政策使政治和舆论的天平开始朝着皇家海军这方面倾斜，这个过程最终导致了1889年《海军防御法案》的通过和海军主义的诞生，海军主义成为大范围公众政治论战中的一个部分。

然而，这个论点不太准确。图3.1中的数据明显显示了人们对海军意兴阑珊，这在1870年到19世纪80年代中期十分普遍。事实上，从1870年到1880年之间有六年的时间，在调查的杂志中没有任何一家发表关于近期海军事件的文章，有九年的时间，在分析的20种杂志中，只有两篇或稍多的关于海军事宜的文章。在其中的四份杂志中，《布莱克伍德爱丁堡杂志》(*Blackwood's Edinburgh Magazine*)和《十九世纪》(*Nineteenth*

Century)在1870年到1890年期间的九年时间中显示了对海军相关文章的最大兴趣。但是，在1888年，这四份杂志唯一一次都发表了关于海军事宜的文章，这种感兴趣的程度归因于又一次对战争的恐惧。这段时期的出现，是由于法国的海军行动和英国海军结构的紧缩引起了人们新的焦虑。[5]通过比较可以看出，同一时期的同等杂志中，每年至少会有两本发表关于英国军队以及相关政治策略的文章，除了1872年和1873年，这两年没有关于军队的文章发表，1874年只有一篇。

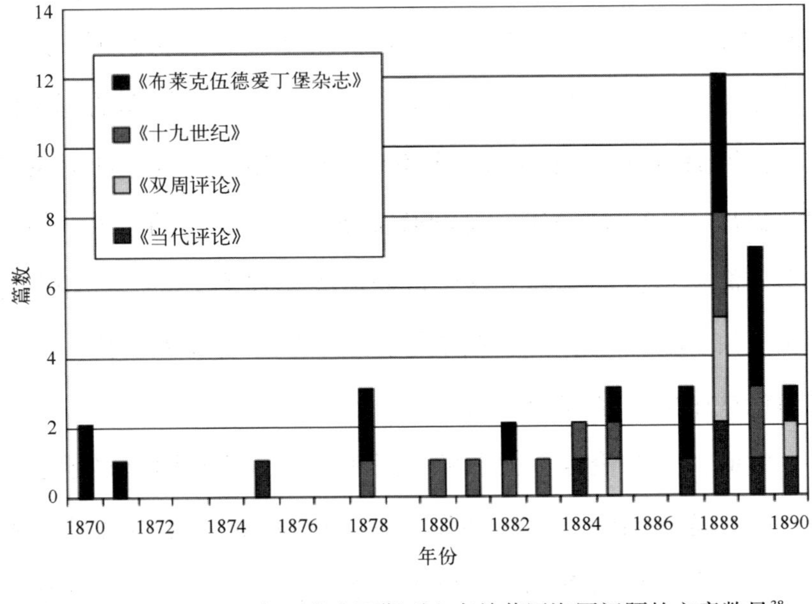

图3.1　1870—1890年四种主要期刊上有关英国海军问题的文章数量[38]

另一方面，1888年有关英国陆军和皇家海军的文章激增，这表明，首先，海军的“蓝色海洋”论点与陆军的“不列颠要塞”或“砖瓦”思想之间正在进行一场意识形态之争，以赢得公众的支持。这种分析得到了一些历史学家的支持，他们认为，蓝色海洋战略学派的发展击败了自19世纪60年代初以来更容易被接受的关于建立庞大陆军和要塞以保护英国免受入侵的军事论点。只有蓝色海洋学派取得胜利，才有可能在政治上推动《海军防御法案》的制定。[6]

这种观点是错误的，因为，有人认为从19世纪60年代到80年代，陆军和海军之间为争夺英国战略的核心和灵魂进行了一场思想斗争，而1888年菲利普·科伦布的贡献是海军的转折点，激发了公众对皇家海军十多年的冷漠之后的热情，这种说法其实是不准确的。1859年后的要塞建设计划耗资巨大，尽管作为一个岛屿的现实防御手段可能令人难以理解，但将其视为公众焦虑时期的过度保险，与革命战争和拿破仑战争时期的要塞建设阶段——马特洛塔如出一辙，会更有成效。[7]事实上，约翰·比勒（John Beeler）明确驳斥了“不列颠堡垒”学派军事战略背后有任何政治力量的说法。[8]

媒体与广大民众对海军状况不感兴趣的根本原因似乎并不在于他们认为海军不重要；不在于他们支持英国陆军的普遍观念，即认为陆军是国防中的中坚力量；也不在于他们的英国特性，民族身份，所有的这些都与皇家海军没有密切关联。相反，是因为他们没有意识到海军的资金、设备或是效率问题。

从19世纪70年代到80年代早期，英国人一直对皇家海军的军事实力与效率满怀信心。1870年，《绅士杂志》（*Gentleman's Magazine*）的读者确信“它不会辜负英国读者的期望，人们会发现我国任何具有海上作战的能力的海军分支都仍领先于美国”。[9]英国《泰晤士报》(*The Times*)对皇家海军的描述为“无须多言，这支海军力量能够席卷海洋，战胜世界上任何海军军队”，而且认为“我们拥有一支强大的舰队，配备有出色的水手”。[10]政客还有媒体，经常反复宣称海军的实力与效率都毋庸置疑。更重要的是，在海军军官中存在着这样一种普遍观念，即当他们发表关于海军效率的声明时，人们大多可以按表面意思理解。正如《蓓尔美尔公报》(*Pall Mall Gazette*)指出，当第一任海军上将戈申(Goschen)：

> ……从大会上起身，宣布海军所具有的完美效率，其实力和面对世界上任何联合舰队胸有成竹的备战状态，人们信任他：正如他期待的那样。[11]

政治上对皇家海军优越性的表述不仅局限在自由党这一派，保守党同样大肆宣扬英国海军力量至高无上的地位。1876年，乔治·亨特(George Hunt)在迪斯雷利(Disraeli)的保守党担任内阁的海军大臣时，《利物浦水星报》(*Liverpool Mercury*)告知读者“下议院反复声明我们的海军军舰充足，力量强大，足以保卫英国海域，不仅可以抵挡任何海军力量，而且可以与任何能为人所知的现代联合舰队相抗衡”。[12]

总的来说，海军人气颇高，但这种人气也并不特别。人们对海军事务如此这般的兴趣很快就不那么浓烈了。事实上，很难不去想这段时期人们对海军的这种普遍态度，大部分倚仗于特拉法尔加战役(Battle of Trafalgar)的伟大地位，还有纳尔逊(Nelson)持久且广受欢迎的英雄形象。[13]作祟的是英国海军的自满，而不是人们的不感兴趣。1884 年和后来第一次世界大战时期出现的恐慌，并不是由于人们突然开始关注海军事件，而是与人们对海军信心与依赖的动摇有关，他们曾经对海军实力深信不疑。

为什么海军又变得重要了

为什么英国人在 1884—1914 年间对他们的海军如此痴迷，原因之一就是它在帝国国防中扮演了重要角色，并与人们对民族荣誉与国家力量的感知息息相关。这个领域包含了对海军至高无上的狭隘信仰，就像 1909 年《每日邮报》(*Daily Mail*)上刊登的——"对英国来说，海军要么至高无上，要么彻底毁灭，没有中间选项",[14]或者像《晨邮报》(*Morning Post*)中更加洗练的分析，同样是在 1909 年，围绕海上力量与大英帝国，它指出，"每个人都知道，如果海军不再绝对至高无上，所向披靡，帝国将走向灭亡，大英帝国将不再是世界强国。"[15]然而，海军作为强大实力与地位的象征这种观念一直也饱受争议，不仅在于保守党和自由党之间，党内也存在着这种争议。格拉德斯通式绝对孤立的外交政策(避免与外国牵连)与早期帕默斯顿(Palmerston)的"派遣炮舰"态度格格不入。[16]

皇家海军与广大政治社会之间的第二种极端强劲的相互作用，在于海军在保卫家国岛屿中起到的作用。英国国防政策的基础基于这样一种理念，作为岛国，如果拥有一支强大的海军镇守海关，拦截敌舰，那么英国会免于敌对势力的侵略。岛屿的中心地位之于英国，而后之于英国人的心灵，都是根深蒂固的。莎士比亚(Shakespeare)将英国的岛屿(特别是英格兰岛)称作“银色大海之上的权杖之岛”，称海洋为“政权之墙”。[17]几个世纪之后，人们对莎士比亚这种象征意象的信仰，让皇家海军得到了大量的政府资金投入，这种优待时常引起陆军及其拥护者的强烈嫉妒。这种情形在众多历史事件中得到了加剧，这意味着，除了名称，皇家海军比陆军得到了更多来自议会的监管。因此海军传承着一种角色，即被看作传统的议会保卫者，也是英国的保卫者，然而陆军，由于较多的皇家赞助和薄弱的议会监管，被当作了压迫的工具，例如17世纪50年代出现的克伦威尔军团(Cromwell's military junta)以及暴虐政权培育出的欧洲应召军人。[18]

事实上，海军作为英国的第一道也是最后一道防线的这种印象是如此地深入人心，以至于一些作家若要想在故事中虚构英国遭到入侵的情节，他们需绞尽脑汁想出具有说服力的方法来解释皇家海军缺席的原因——常用的策略是声称海军被引诱到别处，已远离英国领海，或者有一种新奇的武器(往往不作具体说明)使舰队陷入了困境。事实上，英国的陆军和它的支持者做出了各种各样的努力，来动摇民众与政客的一种信念，即皇家海军能确保(国家)安全，比如说，1904 年、1907 年和 1913 年发起的入侵调查，他们这样做不仅仅能振陆军之威，而且还能导致资金从对海军的投票转入对陆军的预算中。

人们对岛国地位和海军的观念让英国免受大陆式的压迫与专政，这也解释了人们为什么从 19 世纪 80 年代早期到第二次世界大战结束期间反对修建英吉利海峡隧道(Channel Tunnel)。[19]针对各种隧道修建计划的拥护者，最普遍的控诉就是，修建隧道将会终结英国的岛国性质，它依赖海上力量来确保安全。再者这种隧道将需要大陆规模的军队，或许还要依靠征兵制，这不仅仅是对这些专制大陆的模仿，还是对英国传统自由的挑战，代价十分昂贵。[20]简言之，英国人喜欢安全的环境，这种安全的环境可以让陆军规模保持在很小的范围内，使之不足以对民众与议会形成威胁。

当然，另一方面，随着贸易的发展，就岛国安全问题，英国在经济战役中变得更加脆弱，这对英国经济和政府所依赖的贸易产业造成了阻碍。这个问题在 19 世纪变得恶化，随着《谷物法》的终结和自由贸易的发展，英国越来越依赖进口食物。19 世纪 80 年代，90 年代，还有 20 世纪的几场辩论都围绕粮食短缺这个专题展开；1905 年，皇家专门调查委员会对这个问题进行了调研并向议会作了报告。正如海军上将费希尔(Admiral Fisher)所指出的那样，英国害怕的应该是饥饿而不是侵略。海军建造方案反映了贸易保护不可或缺的地位——从这段时间到第一次世界大战期间，海军造船方案的主要对象是巡洋舰，而非战舰。

海军也投射出了独特的英国气质——区别于英格兰，威尔士，苏格兰，乡村，郡，或市。这要归功于英国岛屿统领一切的特性。在这样一段时期，当地方主义——亦即人们对地方和市的骄傲成为普遍现象之时，通过城市里拔地而起的令人印象深刻的建筑，我们能看出市民的骄傲，身份与成就，海军崛起于这些地方身份之上，成为极具不列颠性的机构。关于海军作为不列颠性的代表，一方面体现在海军战舰以英国郡县命名，比如安特里姆(Antrim)、卡那封(Carnarvon)和罗克斯堡(Roxburgh)，或以城市命名，比如伯明翰(Birmingham)、诺丁汉(Nottingham)、都柏林(Dublin)和加的夫(Cardiff)。这些名称不仅让海军在那些原本与其联系较少的地区获得了地方认同感，还成为将英格兰人、苏格兰人、威尔士人和北爱尔兰人紧密相连的纽带。同样的，船的名字强调了海军与英国的帝国身份，用来强化英国与"海外各国"的联系，这样的名字有皇家海军战舰"澳大利亚"(HMS *Australia*)号，皇家海军战舰"新西兰"(HMS *New Zealand*)号，皇家海军战舰"马来亚"(HMS *Malaya*)号和皇家海军战舰"好望角"(HMS *Good Hope*)号。

为什么海军不再重要了

英国人需要稍许的驱策来展现他们对海军的兴趣，从民众与政治上来看，现在的海军并不太重要，海军是怎样走到这种境地的呢？我们已经分析过，在1884—1914年间，各政治党派都以不同的方式认同海军至高无上的地位，大家都难以想象英国会丧失海上霸权，除非发生“最反常的极端事件”。[21]

事后诸葛亮令人赞叹。它允许人们(包括历史学家)回头看，分辨出在何时何地出了问题——至少理论上是这样。然而，要准确指出皇家海军在何时丧失了影响民众与政治观点的能力，人们很难找到单独的答案，总会喊出一声“哎呀”，紧接着发出这样的劝告：如果作了不同的决定，那么所有的事情早就让人满意了。相反，是一系列的事件蚕食了海军(还有它的拥护者们)对人们的影响力。

路易斯·布莱里奥特(Louis Blériot)于1909年飞越了英吉利海峡，在许多人看来，似乎从这之后海军的国防角色开始弱化。一种能穿越海峡的实用型飞行器被研发出来，并且受到了大肆鼓吹，其中当然包括《每日邮报》(*Daily Mail*)。它写道：

> 然而现在，我们不得不认识到一个事实，一种并不昂贵的小型机器，能够被大批量生产上百台，它能够跨越海峡，实现蒸汽轮船无法做到的事情。英国的岛国性已经消失。[22]

布莱里奥特的壮举引发了人们对未来末日战争的想象，“从天而降”如雨点般的飞行器将英国摧毁。当然，英国民众习惯了将战争看作“遥远的存在”。齐柏林硬式飞艇的威力在第一次世界大战的前期阶段让人感到畏惧，这足以危及这样一种观念，即海军是英国自由的终极捍卫者，但实际上战争期间的空袭经历比想象中更糟。

人们对海军以及它在国防中的角色发生了态度上的转变，这种转变在战争期间不断发展。随着英国在1922年的《华盛顿海军条约》(Washington Naval Treaty)中承认了与美国海军处于相同地位，英国海军绝对至高无上的地位也走向了终结。但是民众与政府只是进行了微不足道的评论——不像1909年的海军恐慌那样。同时，部分由于第一次世界大战时期遭遇空袭的经历，英国人在第一次世界大战与第二次世界大战之间的这段时期对突发性灾难式的空袭充满恐惧。这种恐惧在灾难小说中得到了强化，这些小说描写的是在空中进行的未来战争，作者们刻画了惊悚的细节和想象中的空袭后果，预言了城市的毁灭，遍地的废墟与政府的坍塌，[23]与阿瑟·柯南道尔(Arthur Conan Doyle)1914年的描写相呼应，他写道，由于难以控制的潜艇战争，英国落没了。[24]轰炸机和英国民众可能遭遇的空袭激发了广泛的裁军运动，20世纪30年代后期，和平保证联盟(the Peace Pledge Union)将战略轰炸作为其主要议题。[25]政客们的公共发言使人们对战略轰炸的关注与日俱增，斯坦利·鲍德温(Stanley Baldwin)随之创造出了那句名言“轰炸机总会飞过”。[26]英国第一海务大臣甚至把对小镇的轰炸描述为“令人作呕的非英国作战方法”。[27]笼罩着所有民众的这种恐惧促成了“一场支持裁军的心照不宣的公共运动”，是轰炸机，而不是由于海军的衰弱造成的侵略或者饥饿，扮演着“最具恐吓力的武器”[28]的角色。轰炸机与空袭的威胁使得先前皇家联合海军和英国的岛国性质所提供的安全担保变得无足轻重。围绕 1940 年夏天事件的宣传与神话证实了这一观点，当时海军在防止海上入侵方面的作用被从历史中抹去，转而支持空战，由于那个“喷火之夏”对空中力量和空中武器的严重限制，这意味着英国皇家空军实际上无法阻止入侵部队。[29]

1949 年后的核战争威胁进一步加强了海军在国防中无足轻重的形象。事实上，传统的战略轰炸尽管恐怖，但并不像事前人们想象中的那么严重，核战争确保毁灭可以从空中降临，并且达到战前人们对空中战役所预言的程度。1945 年 8 月，《泰晤士报》评论道：

> 设计和建造大型轰炸机，用它们来携带越来越重的高性能炸药，这让空中力量成为最残暴的战争武器之一。如今英国与美国科学家对原子弹的完善使得它更威猛更恐怖。[30]

毫不意外，空军参谋部表示，英国的短期与长期抵抗姿态，应为防止战争而存在，英国军事方面要组织研发核武器并且提供一种传统的震慑物——不出所料，这种震慑物最好要由英国皇家空军轰炸机部队提供并进行适当的二次装配。[31]

这种情形实际上是皇家海军的灾难，让其在未来战争的国防中毫无用武之地。人们认为未来战争可能非常短，在极短或一瞬间引发灾难，海军与英国都来不及部署策略，对敌人进行传统的施压。一场“超级闪电战”将会在英国降临。[32]武装力量方面对此的回应是，要发展备用策略，这种策略在 1952 年的“断脊战争”(‘broken backed war’)概念出现时达到高潮。有观点认为，当核打击第一次出现后，传统战争仍然会持续一段时间，这段时间里双方都进行军队的重新组织与武装，为接下来的相互投射核武器做好准备。对海军来说非常重要的是，海洋将是“断脊战争”的重要场所，主要抵御潜艇与鱼雷的威胁。[33]热核武器的发展激发了这样一种论调，在长时间的经济战中，传统的海洋作战方法已不可能继续抵御大陆上的敌人。1955 年的《斯特拉斯报告》(*Strath Report*)单刀直入地评估了热核攻击为英国带来的影响，1200 万人口死亡，其他 400 万人严重受伤，战争地带的幸存人员无法获救，受伤人员也无法获得医疗援助。[34]在这种战略环境中可以很容易地看出，民众会如何忽略海军以及海上力量在冷战或激战中能够起到的作用，他们更倾向于关注核战争带来的末日场景。在政治方面看来，海军也不是优先级，内阁国防委员会和后来替代它的国防与海外政策委员会谈论海军事务的次数也屈指可数，他们都将更多的精力放在陆军与皇家空军的需求上。

直到 1939 年，人们对科技变化的感知造就了未来空中战役的可能性，而 1949 年之后的未来核战争的真实性从根基上动摇了英国人对安全的看法，岛国性质与强大的海军曾经是安全的保障，海军是造就强盛英国的一部分这种形象也发生了改变。这种变化的中心，毫无疑问，是去殖民化和大英帝国的终结。显而易见，没有了帝国网络，丧失了远方的领土与殖民地来抵御依靠武力或威胁来达到目的的竞争对手，海军作为英国海外利益的守护者的这种看法逐渐消失，英联邦作为替代也未能引起英国民众与政府的兴趣。政治上，军事上，还有经济上都转向欧洲也并没有激起广大英国人的关注，如今的争论，关于那些真切存在过的军事防御，并不围绕海军展开，它们主要关于英国陆军与空军以及它们在抵御德国时所发挥的力量。

同时，对于使用武力的可接受性，民众与政界的看法也发生了改变。第一次世界大战之前的海军主义时期，英国人以极端爱国的方式来处理国际关系，认为战争是政治的工具，这种观念在“能结束所有战争的战争”经验中逐步消退。相反，追求集体安全与裁军成为民众参与的强大新兴领域。另外，自 19 世纪 90 年代中期以来曾经出现的公众卫士，英国海军霸权观念的捍卫者——海军联盟，在紧接着的第一次世界大战后期，便不再提倡英国海军的至高无上，而是倡导裁军与集体安全。[35]第二次世界大战之后，直到 20 世纪 50 年代后期，反核运动大获支持。尽管 20 世纪 60 年代到 80 年代期间，核裁军运动的重要性确实有所下降，但在决定用三叉戟导弹取代北极星导弹以及美国巡航导弹在英国国土上建立基地前，该组织重新焕发了活力。[36]除了要裁军的政治决定以外，显而易见的是第二次世界大战之后，近来越来越多的人不支持在外交政策中使用武装力量，这种政策的可接受性从民众对近期涉足伊拉克与阿富汗战争的反对声中可见一斑——然而支持武力战争的民众也居高不下。[37]

这个问题还涉及地理政治学。民族身份(让英国人感觉像英国人)明显包含地理因素——英国是一个岛国的观念：权杖之岛。地缘政治思想反对将英国构建为海上贸易网络中的岛屿，其中最值得注意的是哈尔福德·麦金德(Halford Mackinder)在20世纪初作出的分析，他在分析中对比了“世界岛”“中心地带”“近海岛屿”和“离岛”。因此从这个角度看，大陆承诺的想法远不止是曾经莱茵河上的军队(BAOR，英国驻联邦德国莱茵军)和如今已解散的第二代战术空军(2nd Tactical Air Force)或德国皇家空军(RAF Germany)；政府和民众也转移了视线，不再将英国看作是全球贸易网络的中心枢纽(或者，在1945年以前的时期，是中心枢纽)，而将其视为欧洲贸易与政治体制中有时不太受欢迎的合作伙伴，在这个体系中，全球视野、海事问题，更具体地说，海军在英国安全中的作用，无法在任何有意义的层面吸引公众或政治家的注意。

海军还会再次变得重要吗

海军在政治上不再那么重要了，这并不是什么新鲜事。危机时期，形形色色的政客都倾向于用钱财补地洞(想想纳尔逊时期的马特洛塔，或者19世纪60年代早期帕莫斯顿的华而不实建筑；至于更现代的版本，可以想想当前对宣传中的不列颠战役“胜利”的崇拜）而不是去投资一个选民看不见的舰队——这不像堡垒和后来头顶上的战斗机。然而在19世纪60年代中期到1884年期间，民众对海军政策的淡漠态度不应该看作是他们的无兴趣——至少和今天的情况不一样。相反，这种态度是人们对海军力量怀有绝对深厚自信的表现。当这种假想中的力量迅速遭到公开质疑时，随之而来关于“海军的真相”的恐慌在1884年的《蓓尔美尔公报》（*Pall Mall Gazette*）中报道出来，这并不是人们对海军兴趣的突然觉醒，而是民众信心的动摇，他们曾经理所当然地相信海军的至高无上和皇家海军在政治中的重要性，这也为人们对皇家海军与海军政策的兴趣空前提高埋下了伏笔。

事实上，19世纪和20世纪初的恐惧与海军主义，与其说是人们兴趣的觉醒，不如说是人们对海军已有信心的动摇，但是今天人们心中已经没有了需要皇家海军这种根深蒂固的信念，这才是问题的中心。这并不意味着海事方面的战略依据是不合理的，而是它与如今的公众和政客们关系不大。1914年之前海军主义与海军需求之类的信息充斥在人们心中，如今同样的信息却不再能够引起民众与政客们的关注了；观众们的兴趣已经发生了变化。然而，没有大量的新研究来调查当代人们对海军的态度，历史学家很难说出未来什么样的信息能引起人们的共鸣。进行跨学科研究，并与当前民族身份根基相结合，显然是现在唯一的出路。

维多利亚晚期以来，关于过去皇家海军与英国国家认同的关系的评断会引起未来的相关讨论，它十分清晰地展现了身份认同与地位易变的本质。英国国家认同已经改变，而且未来还将不断变化，向那些关注焦点已转移的民众抛出陈词滥调并不能改变英国人对海军的感知。

注 释

1. Research for this article was supported by funding from the Leverhulme Trust. The author would like to place on record his appreciation of the support given by the Leverhulme Trust.
2. Oliver Parkes, *British Battleships*, 2nd edn. (London, 1966), p. 230; N. A. M. Rodger, 'The Dark Ages of the Admiralty, 1869–1885', *Mariner's Mirror*, Vol. 61 (1975), Vol. 62 (1976).
3. John Beeler, *Naval Policy in the Gladstone-Disraeli Era 1866 – 1880* (Oxford, 1997), p. 3.
4. Norman Longmate, *Island Fortress: The Defence of Great Britain 1603 – 1945* (London, 1991), pp. 361 – 369; Roger Parkinson, *The Late Victorian Navy* (Woodbridge, 2008), pp. 10 – 12, 102; Edward M. Spiers, *The Late Victorian Army* 1868–1902 (Manchester, 1992), pp. 229–30.
5. Arthur J. Marder, *British Naval Policy, 1880–1905: The Anatomy of British Sea Power* (London, 1940), p. 126–132.
6. Longmate, *Island Fortress*, pp. 361 – 369; Parkinson, *The Late Victorian Navy*, pp. 10–12, 102; Spiers, *The Late Victorian Army*, pp. 229–30.
7. Beeler, *British Naval Policy*, pp. 23–24.
8. John Beeler, 'Steam, Strategy and Schurman: Imperial Defence in the Post-Crimean Era, 1856–1905', in Greg Kennedy & Keith Neilson (eds.) *Far Flung*

Lines: Studies in Imperial Defence in Honour of Donald Mackenzie Schurman (London, 1997), pp. 29–30; John Beeler, *Birth of the Battleship: British Capital Ship Design 1870–1881* (London, 2001), pp. 89–91.

9. 'Alabamas of the Future', *Gentleman's Magazine*, Vol. 4 (1870), p. 195.
10. *The Times*, 3 August 1870.
11. *Pall Mall Gazette*, 21 April 1874.
12. *Liverpool Mercury*, 7 March 1876.
13. Andrew Lambert, 'The Magic of Trafalgar: The Nineteenth-Century Legacy', in David Cannadine (ed.), *Trafalgar in History: A Battle and its Afterlife* (Basingstoke, 2006), pp. 155–174.
14. *Daily Mail*, 17 March 1909, p. 6.
15. *The Morning Post*, 17 March 1909, p. 6.
16. Nor is it strictly accurate to consider naval spending in this period as a straight Conservative/Liberal difference; the Liberal Party of the time was riven with factions: traditional Whig, former Peelite Torys (refuges since the repeal of the Corn Laws), Liberal Imperialists and Radicals. Of these groups normally the Radicals are singled out as being against naval spending, but inreality they frequently supported the need for a Navy-just not the Navy other people wanted.
17. William Shakespeare, *Richard Ⅱ*, Act 2, Scene 1.
18. David Reynolds, *Britannia Overruled. British Policy and World Power in the 20th century* 2nd edn., (Harlow, 2002), p. 50; N. A. M. Rodger, *The Command of the Ocean: A Naval History of Britain, 1649–1815* (London, 2004), pp. 578–579.
19. For an interesting history of the British relationship with the idea of a Channel Tunnel see Keith Wilson, *Channel Tunnel Visions* (London, 1994).
20. *The Times*, 1 January 1890; J. L. A. Simmons, 'The Channel Tunnel. A National Question', *The Nineteenth Century*, Vol. Ⅺ (1882), pp. 663–4; Albert V. Tucker, 'Army and Society in England 1870–1900: A Reassessment of the Cardwell Reforms', *Journal of British Studies* Vol. 2 (1963), pp. 120; cf. David

French, *Military Identities: The Regimental System, the British Army and the British People, c. 1870–2000* (Oxford, 2008), pp. 232–233, 234, 248; Edward M. Spiers, *The Army and Society 1815–1914* (London, 1980), pp. 221–222.

21. Kenneth L. Moll, 'Politics, Power and Panic: Britain's 1909 Dreadnought "Gap"', *Military Affairs* Vol. 29 (1965), p. 136; G. H. S. Jordan, 'Pensions not Dreadnoughts: The Radicals and Naval Retrenchment', in A. J. A. Morris (ed.) *Edwardian Radicalism 1900–1914* (London, 1974), p. 163.

22. 'The Meaning of the Marvel', *Daily Mail*, 26 July 1909, p. 6.

23. The works of L. E. O. Charlton and P. R. C. Groves are a case in point, examples include: P. R. C. Groves, *Our Future in the Air: A Survey of the Vital Questions of British Air Power* (London, 1922), and *Behind the Smoke Screen* (London, 1934); Jonathan Griffin, *Glass Houses and Modern War* (London, 1938); L. E. O. Charlton, *War From the Air* (London, 1935), *War Over England* (London, 1937), and *War From the Air* (London, 1938). The fear of aerial warfare must also be considered in the light of the World War I experience of chemical weapons, see Tim Cook, 'Against God-Inspired Conscience: The Perception of Gas Warfare as a Weapon of Mass Destruction, 1915–1939', *War & Society* Vol. 18 (2000), pp. 47–69.' Consider also aspects of the plots of H. G. Wells's *The Shape of Things to Come* (London, 1933) or *The Time Machine* (London, 1895). See also Williamson Murray, 'Strategic Bombing: The British, American, and German experiences', in Williamson Murray and Allan R. Millett (eds.), *Military Innovation in the Interwar Period* (Cambridge, 1996), p. 102; I. F. Clarke, *Voices Prophesying War, 1763–1984* (London, 1966), p. 170.

24. Arthur Conan Doyle, 'Danger!', *Strand Magazine*, Vol. XLVIII (1914), pp. 12, 16, 17, 18.

25. In conversation with Mr William Hetherington, archivist for the Peace Pledge Union; all of the surviving material from the Peace Pledge Union for the interwar period relates to air warfare only. This author is indebted to Mr Hetherington for the advice and assistance he provided.

26. Keith Middlemas & John Barnes, *Baldwin: A Biography* (London, 1969), p. 736; Philip Williamson, *Stanley Baldwin* (Cambridge, 1999), pp. 47, 305–306.
27. The National Archives, ADM 116/2827, PD 04/058/32 1SL minute, 13 April 1932.
28. Tami Davis Biddle, *Rhetoric and Reality in Air Warfare: The Evolution of British and American Ideas about Strategic Bombing, 1914–1945* (Princeton, 2002), pp. 102, 103. For a discussion on the perception of the threat of starvation due to unrestricted submarine warfare during the interwar period see Duncan Redford, *The Submarine: A Cultural History from the Great War to Nuclear Combat* (London, 2010), pp. 136–142.
29. See Anthony J. Cumming, 'The Warship as the Ultimate Guarantor of Britain's Freedom in 1940', *Historical research*, Vol. 83 (2010), pp. 165–188, which won the Institute of Historical Research's Sir Julian Corbett Prize in Modern Naval History in 2006; Anthony J. Cumming, *The Royal Navy and the Battle of Britain* (Newport, 2010)
30. *The Times*, 8 August 1945, p. 4.
31. Simon J. Ball, *The Bomber in British Strategy* (Boulder, 1995), pp. 23–5. See also Eric J. Grove, *Vanguard to Trident: British Naval Policy since World War II* (London, 1987), p. 33.
32. H. G. Thursfield (ed.) *Brassey's Naval Annual 1947* (London, 1947), p. 111.
33. Grove, *Vanguard to Trident*, p. 84.
34. The National Archives, CAB 134/940, HDC(55)3, The defence implications of fallout from a hydrogen bomb.
35. Duncan Redford, 'Collective Security and Internal Dissent: The Navy League's Attempts to develop a New Policy towards British Naval Power between 1919 and the 1922 Washington Naval Treaty', *History*, Vol. 96 (2011), pp. 48–67; Duncan Redford, 'Keep Watch: The Navy League in the Interwar Period', *Trafalgar Chronicle*, Vol. 21 (2011), pp. 191–205.

36. Paul Byrne, *The Campaign For Nuclear Disarmament* (London, 1988), pp. 45–7, 51; Martin Ceadel, 'Britain's Nuclear Disarmers', in Walter Laqueur and Robert Hunter (eds.), *European Peace Movements and the future of the Western Alliance* (Oxford, 1988), p. 218; see also Ruth Brandon, *The Burning Question: The Anti-Nuclear Movement since 1945* (London, 1987), p. 60; James Hinton *Protests and Visions: Peace Politics in* 20th *Century Britain* (London, 1989), p. 165; Richard Taylor, 'The Labour Party and CND 1957 to 1984', in Richard Taylor and Nigel Young (eds.), *Campaigns for Peace: British Peace Movements in the Twentieth Century* (Manchester, 1987), p. 120; Richard Taylor, *Against the Bomb: The British Peace Movement, 1958–1965* (Oxford, 1988), pp. 91, 105, 112.

37. BBC news 'Polls find Europeans oppose Iraq war', dated 11 Feb 2003, http://news.bbc.co.uk/1/hi/world/europe/2747175.stm accessed on 27 Oct 2010; BBC news ' "Million" march against Iraq war', dated 16 Feb 2003, http://news.bbc.co.uk/1/hi/uk/2765041.stm accessed 27 Oct 2010; *The Guardian*, '60% think Iraq war was wrong, poll shows', dated 20 Mar 2007, http://www.guardian.co.uk/world/2007/mar/20/iraq.iraq accessed 27 Oct 2010; Anon, 'Majorities of the Americans and Britons Believe the War in Iraq Was a Mistake', Angus Reid Public Opinion Poll, dated 26 August 2010; Anon, 'Opposition to Military Mission in Afghanistan Reaches 60% in Britain', Angus Reid Public Opinion Poll, dated 20 Oct 2010.

38. This graph does not include articles that were about foreign forces, articles of a historical nature, or those giving a narrative of contemporary campaigns.

第二部分

海洋与区域身份认同

第四章　有如同舟共济的船员：现代墨西拿的海洋和身份认同

朱塞佩·雷斯蒂福

城市和海洋

对于一个海运场所而言，只有位置上的便利是不够的；[1]随着港口城市的辉煌崛起，对于居住在港口并感知到与海洋有着密切联系的人们来说，身份认同也十分重要。本章将考察墨西拿现代早期的情况，探讨其复杂的社会结构，非线性特征及其与海洋的关系。

墨西拿被称为“西西里岛（Sicily）的大门”，“黎凡特（the Levant）的必经之路”，“地中海（Mediterranean）东西部之间的大门”：人们常常用“门”这个词来定义墨西拿，这反映出墨西拿连续数百年作为入口点的身份。“porta”和“porto”就是门和港的意思：在拉丁语和罗曼语中，这两个词具有相同的词根，[2]而墨西拿与“porta”和“porto”之间有着密不可分的关系。如果墨西拿是一个“门”，那么它也是一个“通道城市”，是整个地区的门槛，同时，也是一道旋转门和一条通道，通往更广泛的城市结构，这种城市结构自中世纪以来建立于欧洲和地中海。

并不是所有居住在地中海港口城市的人都像墨西拿的人们一样受附近港口和大海的影响。不是所有生活在一个伟大港口城市的人都有着同样的“国家认同感”。如果说现代地中海港口城市居民之间存在一定程度的亲和力，那么这种亲和力则是在地中海港口城市与“世界主义”之间的联系中产生的。[3]在一个国际化的地中海港口城市，在不同的居民之间是否有可能同时存在差异和统一？

像一艘船上的船员，他们的生命彰显着不同的作用，墨西拿的居民即使有不同的出身和身份，但他们都生活在同一条船上——他们的城市。1518 年，为了向信函圣母小堂(the Chapel of Santa Maria della Lettera)捐款，共有 88 名墨西拿居民(均为商人)决定对所有出口到佛兰德(Flanders)、布拉班特(Brabant)和英格兰(England)的商品征税。为了筹集这笔款项，只要是“任何外国人”的商品都要缴税——这是个明显的例子，显示了定义一个人与其他群体身份的对立。然而对于墨西拿人来说，理由很简单：信函圣母(Madonna della Lettera)是墨西拿的保护者，因此只有她能“改善我们的状况”。如果商业进展顺利，就会有收益，那么这些收益的一部分将用于此教堂。[4]

所有商人，无论其出身或身份，都要像他们在 1518 年时所做的一样，选择采取行动，这个事实让墨西拿——地中海水域中的一个海滨城市——成为一个理想的观测点，用来观察有着不同语言、传统和起源的社区是如何相处的。显然，地方政治和宗教当局总是试图给人们强加一个明确的意料之中的身份；侨民最好根据自己的“国家”来定义他们的身份。这个管理完善的世界非常受地方权力代表的青睐，因此不能偏离其行政秩序。然而，城里的许多外国人都明白，这种刻板的规定是虚无缥缈的，想象中他们身居其中并与之有着密切联系的社会将是多元开放并且容易适应的。[5]例如，居住在墨西拿的加泰罗尼亚人，他们形成了一个具有强烈身份色彩的外国团体。

像墨西拿这样的城市的身份并没有受到历史学家考察，尽管他们致力于分析政府、国家和个人身份之间的联系。[6]因此，从大量描述民族建设和集体情感民族化的学术研究分析中发掘这种新模式很有必要。

> 这些概念范畴过于全球化，宽泛，对地方现实漠不关心，无法了解他们的异质性……一方面，现在与过去过于相似，另一方面，混淆了每个案例的独特性，通常将其限制在一个统一的过程中——如果加个标签——那就是国家建设。[7]

地中海海滨城市以其自身的历史性可以为学者们提供分析范畴，帮助他们理解在前民族主义时代人口的集体身份。[8]这类话题越来越重要，因为许多现代民族国家对于争取更大的区域自治，甚至从自己的群体内部独立出来的呼声越来越大。随着像墨西拿这样的地中海海滨城市被纳入民族国家，它们为研究

图 4.1　无名氏，墨西拿全景，出自 16 世纪版画，1740 年，私人收藏

城市如何被整合进更大政治实体的历史进程提供了路径，同时也揭示了这些城市对整合的抵抗以及本土文化在民族国家化进程中遭遇的阻力。这种抵制也涉及语言竞争。在现代世界，语言同一性被认为是国家间文化和身份的显著特征，与此不同，近代早期地中海的海洋世界是一个多语言空间，在这里遇到和驾驭多种语言是常态，决不会失衡或迷失方向。近代早期地中海的港口城市是一个语言巴别塔。除了一小部分的语言中介，大多数沟通是通过多种语言或使用“通用语言”实现的。对这种语言类型的独特应用是出于贸易目的……这种言语类型一般没有书面形式或特定标准。[9]这就导致近代早期地中海成为一个多语言社会，其中语言差异是一个根本且司空见惯的特征。[10]

特别是西西里岛有多语言文化，在16世纪最为突出，当时西西里语、托斯卡纳语和西班牙语在日常交流层面和正式的文学文化中都是共存的。掌控这些语言对于思维、行动和成功玩转各个层次的西西里社会来说都是很重要的一部分。每次在西西里语、托斯卡纳语和西班牙语中所做出的选择，都具有不同的社会–政治内涵，揭示了这个地中海岛屿居民的务实意识。[11]

西西里港口城市不仅是一个“礼堂”，而且是一个观察台，观察人们社会身份是否一致，是否很好地团结在一起，人们是如何就总体感觉和与海洋的关系来界定自己的，政治和宗教当局是如何影响身份认定过程的以及海洋在形成集体认同感方面发挥了什么样的作用。墨西拿的地方权威层面尤为重要，至少在1678年之前，这个城市将自己当成是一个准共和国，这是西西里王国内海事制度的巅峰。

来自城市的精英们成了市政领导，“市政官员”（‘giurati’）或参议员，他们不蔑视与外国商人密切的商业关系，因为这样可以从粮食管理中获得不明朗的利益。此外，“市政管理当局”（‘giurazia’）——或参议院——可以监督移民，给予在城市居住的外国人以公民身份，他们需要在这住满一年、一个月、一个星期外加一天。公民身份也可以通过与墨西拿女性结婚或被表彰以特定资格来获得。这样的公民身份准则可以为城市提供各种技能水平的人才，同时为吸引外国商人提供了足够多灵活的机会。[12]上层社会与新来的国外移民结婚也不再稀奇；自诺曼时期以来，外国人和墨西拿人之间已经有过联姻。[13]富有或贵族出身的外国人利用这些婚姻策略可以进入当地的机构并分享他们的文化态度，而劳动阶层可以依靠城市对技能和劳动力的需求来获得准入资格。对于从事贸易的人来说，与西西里经济网络中更受青睐的竞争对手过招的最佳方式就是成为它的公民。因此，获得公民身份特别重要，它带来了无可争议的特权。

另一方面，流亡到西西里岛的中产阶层移民，他们具有良好的经济状况并且从事商业活动，没有享受到特别的优待，因此迫切需要与社会快速融合。为了摆脱初期的劣势，避免报复行为并且充分利用能得到的一切政治支持，他们必须采取不同的方法。其中一种是运用他们的专业能力，特别是与专属领域相关的能力。1530 年，墨西拿成立了丝绸协会（the Silk Guild），创始人中有三名外地商人：一名威尼斯人，另外两名分别来自卢卡(Lucca)和佛罗伦萨。

图 4.2　贾科莫·德尔·杜卡，商人回廊，墨西拿，1599 年

作为一个海峡两岸的港口城市，墨西拿长期以来一直是地中海贸易和经济接入点，从历史的角度来看，外商的存在是一个长期因素。墨西拿市政府并没有对外国商人采取特殊的政策，而是在来航(Leghorn)和热那亚(Genoa)之间走了一种中间路线。外国人对海峡两岸来说是一种“相对陌生的人”：其中的

一部分人自诺曼时期以来一直居住在墨西拿，其他人最近才来到这里，但他们相处起来相当容易。这些早期“资本家”的优势是他们的行动自如，这让他们能够利用任何可以带来高利润的商品货物流转，并随着地中海经济潮流的变化而进入和退出这些流转。

这些经济代理人也促进了都市环境中不同物品的流入和流出，从而增加了墨西拿社会的丰富性。这种现象在艺术和建筑领域尤其显著。

城市，海洋和市政宗教

把城市看作一个单独的实体，从微观历史学的角度来看，我们可以发现一个与世界主义现象有关的边缘因素——总能看到居无定所的流浪汉在船上爬上或跳下。地中海是那些四处游荡、背井离乡、身份不明的流浪者的家园。然而，如今墨西拿那些有组织的外国群体似乎还能与原来的地方和文化保持联系。他们的根绵延整个大海，大海可以在任何时候带他们回“家”。这一现象可以在许多墨西拿群体中看到，比如来来往往的比萨人、佛罗伦萨人、加泰罗尼亚人和热那亚人。可以推测，城市中存在的其他外国人群体——希腊人、拉古萨人、英国人和比斯开人都有着类似的海事身份。事实上，对地中海港口城市这些团体的研究是一个富有前景的研究领域。

国家团体是有组织且具有强烈身份色彩的团体，与当地社会交织在一起。与此同时，无论是在竞争中还是作为当地社会的一部分，这些移民社区实行不同形式的市场管理，并寻求与当地社会的共同利益，以求繁荣发展。这方面最明显的共同点是海洋，它支撑着墨西拿的命脉——贸易。

是海洋，把墨西拿居民像一艘船的船员一样凝聚在一起。“市政宗教”是将所有人视为“同一艘船上的船员”的方法之一，对宗教日的认同和回忆海事的仪式，让人们团结一心忠于他们的土地。因此，是“市政宗教”而不是一般的宗教团体，构成了集体和多重身份的一部分。西皮奥尼·瓜拉西诺(Scipione Guarracino)提出了这一点：

> 民众信仰基督教可能会削弱城市的爱国主义。但事实是，宗教如此强大，以至于占据了主导地位。与其说宗教广场及其建筑物与基督教的普遍性有关，不如说它们是城市的一部分。[14]

墨西拿的“市政宗教”、爱国主义、海洋和身份之间的这种联系也可以在许多当地的仪式中看到。

城市爱国主义是一个事实；城市铸成了典型的政治统一体，西方中世纪城市无疑就是这种情况。市政爱国主义毫无疑问是广泛使用的意识形态，是由统治阶级有意创造的，其内容一般由他们决定。这个问题与其影响力的意识形态性质无关，是它所发挥的力量在城市社会中起到了统一的作用。[15]在16世纪，有一种借助圣母神迹来创造墨西拿神话的倾向，而圣母正是这座城市的主保圣人。关于这座城市的一整套传奇和圣母玛利亚(Virgin Mary)的保护是墨西拿文化和宗教身份的基础。墨西拿的信函圣母(Santa Maria della Lettera)似乎是一种“全球本土化”象征：在地中海，圣母玛利亚远近闻名，“超越了人们活了大半辈子的实际空间”。[16]

一方面，信函圣母的庆祝活动将墨西拿的信徒与更广阔的世界连接起来，并且让城里的外国人也参与进来。同时它也与困扰当地居民的问题有关。作为沿海城市的成员，墨西拿公民和居民游走于地中海的商业网络。当处于紧张的危急时刻时，身陷险境的海员们请求上帝援助。但最重要的是，当谈到生存问题时，墨西拿当地居民和外国人会站在统一战线。由于地理和历史结构原因，墨西拿很容易陷入饥荒的困境，粮食短缺将每个人都团结在一起，无论是本地人还是外国人，是神迹救了他们。西西里诗人范恩安托(Vann'Antò)唱道：“面包是将我们好兄弟连接在一起的纽带，好兄弟会互帮互助。”[17]这首诗被收录在一本作品集中，作品集名为《银船》(‘U Vascidduzzu’)，这艘小船，让人想起还愿船——至今依然存在——这是一个发生在16世纪的故事。

多亏一只载满食物的船只的到来解救了墨西拿的饥荒，因此自16世纪以来墨西拿每年都会进行纪念。最重要的海上庆典之一是“Vascidduzzu”(“Vascelluzzo”，小银船)的游行，紧跟着基督圣体节(*Corpus Domini*)的礼拜游行队伍之后，在这个庆

图 4.3　加泰隆教堂(Annunziata dei Catalani Church)前的银船(“Vascidduzzu”)

朱塞佩·马蒂诺摄影

典中，宗教与流行元素密切联系在一起。[18]游行的组织者是水手兄弟会的成员。他们的总部设在靠近海边的救港圣母堂。航行之前和从海上返回时，水手们会跪在救港圣母神像前祷告，以确保这个地方成为他们敬拜基督的场所。因为圣母玛利亚是他们航行的保护神，所以水手们与她分享他们的航行利润；甚至兄弟会的旗帜也使用宗教意象来代表对水手和船只的保护以及墨西拿的宗教和海事身份的连接。

这种旗帜也是自豪的象征。兄弟会总是希望比其他人(如渔民)更加出色，尽管这些渔民在这座城市的海上生活中扮演重要角色：墨西拿海峡的金枪鱼渔业和普罗旺斯的沿海水域是盐渍鱼最丰富的来源。[19]1575 年，救港圣母兄弟会的创始人建造了“银船”（‘Vascelluzzo’）：一条长约 1 米的三桅船，木质结构表面覆盖着精致的银雕，是实实在在的帆船再版。这个小帆船有三支桅杆，支撑着装有头发的圣物盒，依照传统，圣母用它来捆扎给墨西拿居民的一封信。墨西拿居民和当局通过这种方式向曾赐予其谷物的圣母表示衷心和感恩。[20]就其宗教方面来看，“银船”是指送信圣母的奇迹。船上固有的其他图案则具有世俗起源。[21]

纵观历史，已有大批外国人参观过墨西拿，包括远至北欧的人，但它本质上是地中海的一个港口城市。其文化和传统基本上来自地中海。在地中海国家，海事还愿供品或“还愿物”很常见。海员，在海上旅行的人以及他们的家人们，当身陷危险时，都会向圣母玛利亚或神明供奉还愿物，希望得到神的援助，或仅仅作为感谢。海事还愿供品往往是油画或船舶模型。人们通常将这些供品留在供坛上或挂在墙上，目的是代求亲人在海上得到保护，或表达在海上离奇生存下来的感激之情。在基督教中，还愿物的传统由来已久，但最初的罗马天主教向教会捐赠船只模型的传统也为 16 世纪斯堪的纳维亚、英国、德国和荷兰的教会所采纳。在地中海国家，从 15 世纪开始，感恩船模型作为一种对祷告得到回应的感恩表达而得到广泛传播，并发展成为一种流行文化。[22]

圣母玛利亚的中保（Mediatrix）者与保护者的形象，在航海祷文中占据核心地位。她与海洋世界的关联根植于中世纪寓言与象征体系——既是引航的“海洋之星”（stella maris），又是普度众生的“救赎之船”。如果由于圣母的干预，海面平静，水手们的生命就会安全。墨西拿(Messina)文化中的这种象征主义及其物质表达体现于著名艺术家安东内洛·达·墨西拿(Antonello da Messina)的画作《被钉在十字架上的基督》(‘Christ Crucified’)，并以俯瞰港口的大门为名。安东内洛的作品现藏于伦敦的英国国家美术馆(National Gallery)，画面中基督受难的背景是平静的大海；这是因为场景中出现了圣母玛利亚。[23]同样的象征也可以在墨西拿的港口找到，在那里所谓的“海洋剧院”或“宫殿”(‘Palazzata’)的一扇门被称为“海洋之星”(‘Stella Maris’)。那座独特的1英里(1.6千米)长的建筑是在1622年人们沿着海港建造的。第二年，这座建筑的一扇门献给了圣母玛利亚，并被称为“星之门”(‘Porta Stella’)，因为圣母被宣布为“海洋之星”(‘Star of the Sea’)。[24]

共同的地中海身份主要通过人际交往、宗教、传统和流行的节日来表达。公共空间提供了社会论坛，以促进日常的互动、休闲，同时也提供了公众的不同观点。在这个社会的演变和认同过程中，节日构成了一个关键因素，可能有各种各样的起源。[25]墨西拿的节日既庆祝人民，也庆祝体制政治当局。对于后者来说，节日代表了“权力的工具”，展示了城市的重要性和伟大，特别是对外国人来说。但节日也提供了一种让当地人参与公共庆祝活动的方式。1606年是饥荒和饥饿的一年，市政官员对试图通过海峡的满载谷物的船只采取海盗行动。除了这次突袭，他们还组织了游行来赢得民众的喜爱。[26]

对于墨西拿这样的海洋城市来说，城市的独特性是至关重要的，墨西拿想要凸显它与海洋的关系，即使在很大程度上它处于国际化的背景下。地方政治当局相当重视改善公共空间的任何手段；除了建筑物外，还有大量的节日装饰品，代表了这个海港城市的海洋历史。当地所谓的《快报》(*Ragguagli*)，描述了由拱门、临时喷泉和小船营造的场景，展示了这种创作中平民大众共同的灵魂。1535 年，在市民为皇帝查理五世访问墨西拿所做的各种准备中，艺术家波利多罗·达·卡拉瓦乔(Polidoro da Caravaggio)的作品脱颖而出。他设计的拱门建在海关大桥附近，拱门上装饰着平静海面上的海神画像。[27]

在以墨西拿(Messinese)宗教节日为特征的虔诚的和庆祝胜利的人工制品中，有一个尤为特别：为圣母升天节创造的“桨帆船”(‘Galley’)。[28]“桨帆船”第一次被提到可以追溯到 1571 年，因为编年史不断报道这个昙花一现的人工制品的存在。[29]

“桨帆船”作为一个人工制品象征着与墨西拿海洋历史的联系，它成为城市最重要庆典的重要特征。此外，象征性的桨帆船以类似于真船的方式建造。当真正的桨帆船的意义被记住时，桨帆船的象征意义就变得重要了；几个世纪以来，它一直是地中海的女王。墨西拿的桨帆船模型坐落于马耳他圣约翰广场，以广场上的大理石喷泉为基座，因此决定了它的大小。[30]作为升天庆典的一部分，它的特殊作用是提供来自在庆祝活动中燃放的烟花。桨帆船的船头也安装了大炮，用来发射炮弹。船上还用贝壳制成的喇叭、鼓和号角发出刺耳的模拟军乐声。

城市的军事团体认为“桨帆船”代表了西西里的桨帆船，属于奥地利的唐·约翰(Don John)舰队，从墨西拿出发参加勒班陀战役(the Battle of Lepanto)。然而，商业团体将其视为当地海事团体的世俗象征，他们是西西里最活跃、最进取的海事团体，统治着海峡，在长达数个世纪里，是西西里王国海军的骨干。有时，墨西拿人不只是建造一艘“海军机器”，而是建造两艘桨帆船，第二艘在帝国大门外的宽阔广场上。建成时，它象征性地以麦穗装饰。[31]这为节日带来了宗教色彩，与圣母、海洋、谷物和日常面包有关。此外，它将海洋与城市的身份、城市身份与地中海文化联系起来。同时，与地中海的其他港口城市相比，这座城市也想突出自己的独特之处。

16 世纪，墨西拿城将其雄心壮志放在了海上，想要唤醒人们对地理和历史起源的意识。这种欲望在“海神喷泉”(Fountain of Neptune)中变成了素材，参照了异教神话和墨西拿科学家弗朗西斯科·莫罗利科(Francesco Maurolico)的学问。这座雕塑被委托给米开朗基罗(Michelangelo)的学生乔万安杰洛·蒙托索里(Giovannangelo Montorsoli)，他在 1553—1557 年间完成了这座雕塑。喷泉被放置在港口，在略带异味的喧嚣之中创造了一个艺术的绿洲。在海神雕像的脚下是斯库拉(Scylla)和卡律布狄斯(Charybdis)的形象：这两个怪物被锁住了，海神把他们送到了城里，在那里海神被任命为海峡之主。蒙托索里利用海神来代表墨西拿在整个海峡领域至高无上的权力。作为回报，海神被看作是把海峡的政府委托给了墨西拿城，墨西拿城是西西里岛总督辖区的首府。这座喷泉向墨西拿的公民和外国人传递了一个明确的信息：真正的财富来自海洋，由于其独特的地理和历史特征，人们可以在海峡和这个港口获得财富。[32]

结　语

墨西拿和海洋的关系在接下来的一个世纪里发生了变化。17 世纪，向大西洋转移的经济活动引起了地中海地区的危机，给这个海上城市带来了灾难。[33]经济周期的变化是巨大的，墨西拿的经济视野并没有扩展到地中海以外，即便其城市国际化人口的民族多样性不成问题。最后，我们可以看到这个地中海城市的居民在近代早期如何面对一个没有或不允许建立简单、线性社会身份的世界。墨西拿的外国人可以认为他属于他原来的“民族”，同时也参与了这个城市自我认同的过程，这反过来又把他与大海联系在一起；他会说好几种语言；他可以成为自己家庭的重要一员；他可以参与不同形式的组织和思想阐述；他有时会想改变自己的宗教信仰。换句话说，他可以体验到 20 世纪被“现代性”社会科学家认为是“反动”的所有特征。在最近的研究中，这些特征再次被检验，以询问它们是否构成地中海城市和海洋社会特征的社会凝聚力和力量的要素。未来研究的问题是，它们是否有助于观察我们更“先进和现代的”社会。[34]

注　释

1. Giovanni Botero, *Delle cause della grandezza e della magnificenza delle città* (Venice, 1588; reprinted Rome, 2003). See also Ruggiero Romano, *Paese Italia: venti secoli di identità* (Rome 1997), p. 101.
2. Predrag Matvejevic, *Mediterranean: A Cultural Landscape* (Berkeley, 1999), pp. 159–160.
3. Henk Driessen, 'Mediterranean Port Cities: Cosmopolitanism Reconsidered', *History and Anthropology*, 2005, 16: 1, p. 130.
4. Cajo Domenico Gallo, *Annali della Città di Messina*, volume 2 (Messina, 1758), pp. 469–471. Gallo also provides a copy of the autograph preserved in the files of the notary Girolamo Mangianti 'in the dead Notaries Archive' of Messina.
5. Anthony Molho, 'Comunità e identità nel mondo mediterraneo', in Maurice Aymard and Fabrizio Barca (eds.), *Conflitti, migrazioni e diritti dell' uomo: Il Mezzogiorno laboratorio di un' identità mediterranea* (Soveria M., 2002), p. 32.
6. Stefan Berger, Mark Donovan and Kevin Passmore, (eds.), *Writing National Histories: Western Europe since 1800* (London, 1999). For a critical review of the 'nation building' historiography, see Eric J. Hobsbawm, *Nations and Nationalism since 1780: Programme, Myth, Reality* (Cambridge, 2004), especially the *Introduction.*
7. Clifford Geertz, *Mondo globale, mondi locali: Cultura e politica alla fine del ventesimo secolo* (Bologna, 1999), pp. 82–83.
8. Manuel De Landa, *A New Philosophy of Society: Assemblage Theory and Social Complexity* (London-New York, 2006), p. 111.
9. Conrad M. B. Brann, 'Lingua minor, franca & nationalis', in Ulrich Ammon (ed.), *Status and Function of Languages and Language Varieties* (Berlin-New York, 1989), p. 378.
10. Eric Dursteler, 'Speaking in Tongues: Language and Communication in Early

Modern Mediterranean Port Cities', Paper presented at the Mediterranean Maritime History Conference, Izmir, Turkey (5–7 May 2010).

11. Bernardo Piciché, 'Prudenza e poliglossia nel Cinquecento siciliano', in Roberta Morosini and Perissinotto, Cristina (eds.), *Mediterranoesis. Voci dal Medioevo e dal Rinascimento mediterraneo* (Rome, 2007), p. 193.
12. Carmelo E. Tavilla, *Per la storia delle istituzioni municipali a Messina tra Medioevo ed età moderna*, volume 1, *Giurati, senatori, eletti: strutture giuridiche e gestione del potere dagli Aragonesi ai Borboni* (Messina, 1983), pp. 19, 21 and 41.
13. Andrea Romano, 'Stranieri e mercanti in Sicilia nei secoli XIV-XV', in Andrea Romano (ed.), *Cultura ed istituzioni nella Sicilia medievale e moderna* (Soveria M., 1992), p. 90; Domenico Ligresti, *Sicilia aperta (secoli XV-XVII): Mobilità di uomini e idee* (Palermo, 2006), p. 290; Domenico Montuoro, 'I Cigala, una famiglia feudale tra Genova, Sicilia, Turchia e Calabria', *Mediterranea*, n. 16, 2009, p. 294.
14. Scipione Guarracino, *Mediterraneo: Immagini, storie e teorie da Omero a Braudel* (Milan, 2007), p. 65.
15. Marcel Roncayolo, *La città: Storia e problemi della dimensione urbana* (Turin, 1988), pp. 53–54. The affection for some institutions, for a certain event, or for a sports team for example, still continues today.
16. Hobsbawm, 'Nations', pp. 46–47.
17. 'Paneche siamo uniti bei fratelli/fratelli che si aiutano l'uno con l'altro': Vann'Antò, see Giovanni Antonio Di Giacomo, *U vascidduzzu* (Milan, 1986).
18. Carmelina Gugliuzzo, 'Holy Ship: the "Vascelluzzo" of Messina during the Modern Age', in Harriet Nash, Dionisius Agius and Timmy Gambin (eds.), *Ships, Saints and Sealore: Maritime Ethnography of Mediterranean and Red Sea* (Malta 2012); Giulio Conti and Giordano Corsi, *Feste popolari e religiose a Messina* (Messina, 1980), pp. 19–21.
19. John H. Parry, *The Discovery of the Sea* (Berkeley, 1981), p. 65.
20. Placido Samperi, *Iconologia della gloriosa Vergine madre di Dio protettrice di*

Messina (Messina 1644; reprinted Messina, 1990), p. 61.

21. Caterina Ciolino, 'L'arte orafa e argentaria a Messina nel XVII secolo', in *Orafi e argentieri al Monte di Pietà. Artefici e botteghe messinesi del sec. XVII* (Palermo 1988), pp. 119-121.
22. Sjoerd De Meer, *The nao of Matarò: a medieval ship model*, http://www.iemed.org/dossiers-en/dossiers-iemed/accio-cultural/mediterraneum-1/documentacio/anau.pdf (last accessed 5 June 2013)
23. Margarita Russell, *Visions of the sea* (Leiden, 1983), p. 86.
24. Cajo Domenico Gallo, *Annali della Città di Messina, Capitale del Regno di Sicilia*, volume 1 (Messina, 1756), p. 278.
25. CarmelinaGugliuzzo, *Fervori municipali: Feste a Malta e Messina in età moderna* (Messina, 2006), p. 2.
26. Saverio Di Bella, *La rivolta in età barocca come problema storico e giuridico: Messina e la Spagna nel 1612*, in Mario Tedeschi (ed.), *Il Mezzogiorno e Napoli nel Seicento italiano* (Soveria M., 2003), p. 41.
27. Cola Giacomo D'Alibrando, *Il Spasmo di Maria Vergine: Ottave per un dipinto di Polidoro da Caravaggio a Messina*, Barbara Agosti, Giancarlo Alfano and Ippolita di Majo (eds.), (Naples 1999), p. xxi. See also André Chastel, 'Les entrées de Charles Quint en Italie', in *Les fêtes de la Renaissance II: Fêtes et céremonies du temps de Charles Quint* (Paris, 1960).
28. Gugliuzzo, *Fervori*, pp. 60-62.
29. Giuseppe Arenaprimo, *La Sicilia nella battaglia di Lepanto* (Palermo, 1893; reprint Vincenzo Caruso, ed., Messina, 2011), pp. 44-45.
30. Giuseppe Pitré, *Feste patronali in Sicilia* (Palermo, 1870-1913; reprinted Palermo, 2001), pp. 125-126.
31. Rodolfo Santoro, 'Le "machine" navali di Messina', *Archivio Storico Messinese*, 47 (1986), pp. 49-73. See also Orazio Turriano, *Ragguaglio della festa celebrata dalla Nobile, Fedelissima, ed Esemplare Città di Messina* (Messina, 1729), p. 22.

32. Nicola Aricò, *Illimite Peloro: Interpretazioni del confine terracqueo* (Messina, 1999), pp. 28–32. Between 1547 and 1557, Giovanni Angelo Montorsoli sculpted two major public fountains in Messina, one dedicated to the city's legendary founder, Orion, the other to the god of the sea, Neptune. See also Sheila Ffolliott, *Civic Sculpture in the Renaissance: Montorsoli's Fountains at Messina* (Ann Arbor, 1984).

33. Enrico Pispisa and Carmelo Trasselli, *Messina nei secoli d'oro. Storia di una città dal Trecento al Seicento* (Messina, 1988), p. 544.

34. Molho, 'Comunità', p. 36.

第五章　船舶、河流和海洋：17世纪伦敦海洋社区的空间概念

理查德·布莱克莫尔[1]

纵观历史，海员的生活经历一直受到各种空间的影响，最显著、最重要的是海洋空间——这是一个早期现代时期称为“海洋利用者”所专属的世界。[2]这一空间定义了海员的职业活动，并且对于他们身份的形成也至关重要。尽管显而易见，但海员并非一生都待在海上，其他空间在塑造他们的海事身份上也起到了重要作用：例如船只的有限空间，拥有自己的内部布局；港口和海岸的沿海空间，作为连接、过渡和启程的节点；海员家乡社会中的各种空间（在欧洲社会中，如家庭、教区、村庄、城镇或城市等）。本章将探讨这些空间的内涵和特征，特别是它们之间的联系和张力，以便理解海洋空间在伦敦早期现代海洋社区特定群体身份形成中的作用以及其与其他空间的关系。

伦敦桥（London Bridge）下游的郊区教区为研究各种海洋空间之间的关系提供了一个有益的切入点。从16世纪到19世纪，伦敦东部和泰晤士河下游的河畔教区是英国最大的海洋社

区，大批英国海员的岸上生活与经历集中于此。伦敦作为欧洲和大西洋世界最大港口之一，航运业的迅速扩张推动了这些教区从16 世纪中期的小村庄发展成了 17 世纪中期的庞大教区。[3]考察这一形成期，我们可以追溯出一些对英国海员长期具有影响的观念。伦敦也颇具独特性，与荷兰阿姆斯特丹(Amsterdam)或法国拉罗谢尔(La Rochelle)等西欧大港不同，它距离海洋较远。泰晤士河作为锚地的规模是伦敦在英国海外贸易中取得主导地位的重要因素之一，而伦敦作为英格兰乃至1603 年起的英格兰、苏格兰、爱尔兰三王国的金融和政治中心也起到了关键作用。这样的地理位置使陆地与海洋之间没有明显的分界，河流既属于陆地也属于海洋，是一个夹杂在两者之间的空间，二者在此交汇、渗透。因此，泰晤士河及其沿岸的教区成了一个大熔炉，不同的空间特性在此相遇，相互影响，并在形成独特的海洋身份过程中得到调和。

海　洋

在海员的身份认同中，海洋与陆地的二元对立一直占据核心地位，因此在近代早期海洋空间的概念化方式很值得探讨。马库斯·雷迪克(Marcus Rediker)认为，相比于他在研究 17 世纪和 18 世纪大西洋资本主义体系发展时所探究的关键因素社会冲突，对人与自然冲突的具象化在海员和海洋世界的浪漫化中发挥了重要作用。[4]学者对“大西洋世界”的研究大多聚焦于海洋空间中的人际和社会关系，对海洋空间的研究也多如此。比如，伯恩哈德·克莱因(Bernhard Klein)将海洋视为跨文化相遇的场所，在这里优越和服从的理念不断被创造、越过和颠覆；菲利普·斯坦伯格(Philip Steinberg)则探讨了社会从资源和权力的角度构建海洋空间的不同方式。[5]

尽管这些观点为理解海洋空间在历史中的重要性提供了有趣且有价值的视角，但要探讨海员的身份与经历，我们必须回到人与自然的冲突，这在他们与海洋世界的关系中起到了重要作用。雷迪克(Rediker)虽然提醒历史学家不要将海员和海洋过度浪漫化，但同样重要的是，我们需要认识到海员自身也将这种与自然的冲突视为其身份认同的核心。

对于早期现代的海员而言，海洋虽然是捕鱼、贸易或海军服役的职业来源，但通常被认为是危险的，甚至是敌对的。这种观念在海洋社区之外也十分流行，体现在许多当时的艺术作品中(见图 5.1)。作为本性暴力之物，海洋的概念涵盖了所有的自然现象，构成了罗伯特·希克斯(Robert Hicks)所谓的“海景”。葡萄牙作家马丁·科尔特斯(Martín Cortés)的专著《航海的艺术》(*Arte de Navegar*)是第一部翻译成英文并出版的航海著作，他提到，“风在拉丁文中被称为‘Ventus’，因为它强烈且暴烈”。[6]英国高等海事法院(High Court of Admiralty)会经常使用诸如“逆风与暴风雨”或“极端暴风”等词语，通常用来解释船只为何延误或货物为何受损，这些词语生动地再现了海员所经历的恶劣环境。[7]在法律文件中和海员的遗嘱中频繁出现“海洋危险重重”这样流传甚广的说法，表明他们深知航海旅程的内在风险。[8]

图 5.1　扬·波塞利斯(Jan Porcellis)《汹涌大海上的英国船》(*English Ships in a rough sea*)(c. 1606—1610 年)，BHC0810

版权属于英国国家海洋博物馆，格林尼治

值得注意的是，伦敦海员在遗嘱中提及即将开始的航程时，多数是在前往印度洋的长途、危险的航行之前立下的。[9]这表明他们对不同海洋空间有着更为复杂的理解，这一点也在 17 世纪 30 年代末关于巴西航行的海事法庭证词中有所体现。[10]船长威廉·特里德尔(William Triddell)表示：

在海员们看来从里斯本(Lisbone)到巴西(Brazeel)航程危险重重，对于英国人来说，这是不寻常的航程，

> 也是损害健康的……由于气候原因导致的流感或传染，巴西之行无疑比直布罗陀(Streights，亦即地中海)之行更加危险。

特里德尔继续解释道："从里斯本到直布罗陀的海上危险比到巴西更多，但就气候而言，巴西之行的生命危险更大。"[11]另一位海员罗伯特·科尔科尔(Robert Collcoll)将巴西描述为"根据所有人的说法……是一个不自由且非法的港口……因疾病以及法国和荷兰的战船而非常危险。"[12]这表明海洋并非一个同质的空间，但对海洋的认知融合了当地的自然条件以及区域多样性的政治和社会框架。

尽管如此，绝大多数资料中并未体现出这种详细的理解，海洋危险的刻板印象似乎成为所有海员与海洋关系的基础，无论他们航行到何处。尤其是在面对和克服海洋的暴力与危险时，强调了早期现代海员的阳刚之气。尽管许多研究证明，认为早期现代海员都是男性或海上环境简化了性别问题的假设不切实际，海洋仍被主要视为男性的领域。[13]1628 年，海员向议会提交的请愿书中写道："他们经历了许多危险和困难以及无数绝望的冒险，其他人无法与之相比。"[14]17 世纪 30 年代一首流行的民谣《为钱航行》(*Saylors for my money*)将海员描绘成在海上面临危险，而其他人则在陆地上安全、舒适地入眠。[15]民谣中唱道，"航海者必须有颗勇敢的心"，因为"我们的呼喊需要体力"，"在狂风怒海中"面对死亡；副歌部分"在海上的风吹雨打”唤起了早期现代海员对海洋环境缺乏控制的感受。[16]亚历山德拉·谢泼德(Alexandra Shepard)认为，传统父权体系之外的男性会根据现实环境和社会背景来确立自我身份，而对海洋危险的强调或许反映出海员生活的特定环境中产生的另一种男子气概。[17]

由于海洋的危险性、流动性及渗透性，大卫·斯图尔特(David Stewart)认为，“海洋上极易出现鬼魂”；海员在海洋上生死攸关，因此海葬仪式尤为重要。[18]在这些情况下，海洋往往呈现宗教或精神的一面，这也在威廉·鲍尔(William Ball)的日记中体现，他记录道，当一位年轻水手去世时，他们“将其葬于广阔的海洋墓地”，他反复使用这个表达。[19]事实上，海洋经常被视为上帝天意的自然表达，比如“上帝主宰”“上帝赐来的好天气”和“凭上帝的恩典顺利航行”等词语，都会在遗嘱中和航海契约中出现。[20]17 世纪 40 年代为水手编写的祈祷文中包含了平安航行的祈祷以及遭遇风暴时的祷告，与《约拿书》(Jonah)有相似之处，但很难想象海员们一边拼命拯救自己的船舶，一边背着这些笨拙拗口的言辞和自我赎罪的祷告经文。[21]甚至有助于把握海上环境的航海技术也是这种宗教模式的一部分，特别是据说上帝“发现”罗盘并赐予人类，正是为了让人类穿越海洋。[22]

船舶

尽管海洋从物理和象征意义上包围了海员，但他们的经历更多地被航行船舶上的狭小空间所界定。船一直是航海生活最具象征性的形象之一，在早期现代英国，船提供了海洋世界的无处不在的视觉所指，如讨论海事的小册子上反复出现船的图形。[23]这或许更多是当时印刷实践的结果，而非有意的视觉文化元素，但表明普遍认可船是海洋的象征。在 17 世纪 20 年代至 30 年代，查理一世（Charles Ⅰ）试图将船这一象征与王权直接联系起来，力图将“国王的和平”（*pace Domini Regis*）扩展至他的王国之外的海域，但最终未能成功。[24]为此，他发行了庆祝其制海权的代币，一面是船舶图案，一面是自己的肖像（见图 5.2）。还建造了装饰着王室象征的巨大战舰“海上主权”（*Sovereign of the seas*）号，并由剧作家托马斯·海伍德（Thomas Heywood）撰写小册子向公众阐释其寓意。[25]

显然，这艘船是查理在那场最终失败的政治运动中用来显示海上权力的象征；当时，“国之船”也成为一种引起共鸣的隐喻。[26]船本身就具有一般性和特殊性；正如当时有句谚语说“小船灵活，中船缓慢，大船笨重”。[27]举一个更加具体的例子，1628 年，船长梅森（Captain Mason）夸赞他的船“间谍”（*Spy*）号航行非常顺畅，“它偷走了船长和船员的心”，这表明海员和船之间建立起了十分亲密的关系。[28]

图 5.2　庆祝查理一世“制海权”的代币（1630年），MEC0846

版权属于英国国家海洋博物馆，格林尼治

在格雷格·丹宁（Greg Dening）对“邦蒂”（*Bounty*）号的研究中，他认为“空间以及描述的空间语言造就了船。空间与它所展示的权威以及它所包含的关系密不可分”。[29]举一个很说明问题的例子，船员通常在桅杆前，而军官则在桅杆后，这种分布可能是“前桅水手”这一词源的由来，意指普通船员。[30]船尾与船员的地位联系在一起，船上的某些区域被挑选出来作为更重要的地方，比如大舱和后甲板舱室；只有在必要情况下，高级船员才会不做这种区别，比如在“约拿”（*Jonas*）号上，船只状况很糟糕，所以高级船员不得不离开他们的客舱，睡在货舱中。[31]东印度公司（East India Company）船长理查德·斯旺利（Richard Swanley）因企图占用通常为公司代理人保留的大舱而受到批评。[32]后来，斯旺利成为海军军官，但他被指控将女性带上船。一名水手指证说他“看见斯旺利船长与这些女人在舱里跳舞狂欢”；另一个水手补充说，“乡间流传着关于斯旺利船长的歌”。[33]斯旺利的行为广为人知，这表明即使是地位较高的军官，船只也依然是一个缺乏隐私的公共空间。然而，这可能很平常，阿曼达·弗莱瑟（Amanda Flather）指出，当时公共与私人之间的界限并不明确，大多数人会与家人和仆人共享私人空间。[34]

正如约翰·麦克（John Mack）所说，船既体现了技术空间，也体现了社会空间。除了船上空间的等级划分，船上生活的社交礼仪也围绕着特定的地点展开，其中主桅最重要。[35]当一名海员在海上死亡时，其遗物会在主桅“拍卖”，所得款项通常交给死者的妻子和家人，这一传统有时也适用于在海上去世的乘客。[36]一些重要文件会张贴在主桅上，以供船员查看。例如，1640年，马里兰（Maryland）议会下令，任何船只或其他船舶抵达时，警长需登船并将关于关税的公告挂在桅杆上；有时，桅杆周围的区域也用于举行宗教仪式。[37]在威廉·鲍尔（William Ball）的船上，桅杆是显眼的惩罚场所，有水手被指控为“搬弄是非”，绑在桅杆上，舌头涂上焦油，以儆效尤。[38]此外，海盗船“瓦伦丁”（*Valentine*）号的船员们因船长的暴力而发生叛乱，他们在船上立下规定，凡是拿着剑或类似武器攻击船员的人，无论是谁，都应被钉在桅杆上。[39]因此，船不仅仅是穿越海洋空间的技术设备，它本身也带有特殊的空间意义，反映了船员社群的社会结构以及船上仪式活动的重要性。

海洋空间因其本质上的危险和不可预测性，被视为与陆地空间截然不同，而航海经历的“亲身体验”也因此塑造了定义海上生活的文化和行为规范。在这一时期，“海上的习俗与秩序”这一短语频繁出现，既指一种难以完全复原的航海文化，也指一种准法律框架，包括 13 世纪起草的《奥莱龙法典》(Laws of Oléron)，作为法律性的规范，到 16 世纪和 17 世纪时已被广泛接受。[40]这些“习俗和秩序”至少在原则上规范了海上行为，从船员职责到涉及多艘船的行动，还包括航海技术用语。正如这一时期出版的各种航海术语词典所示，这些术语变得越来越复杂，成为航海经验的重要标志。[41]这种习俗文化被航海者广泛采纳，在遗嘱的要求中最为显著，例如，尼古拉斯·摩根(Nicholas Morgan)要求“若可能的话，按照基督教的方式下葬，若不行则按照海洋的风俗习惯下葬”。[42]然而，这些习俗也是强制执行的，暴力在维护“习俗和秩序”及船上社会等级制度中起到了关键作用，但这一暴力同样受习俗限制。根据多份海事法庭的证词，水手长有权“惩罚和纠正”任何行为不当或玩忽职守的水手，至少有些水手也支持以暴力作为纪律手段。[43]

这些行为规范被用来界定谁属于海洋社区，同样重要的是，也界定了谁不属于该社区。1648 年，国会海军上将沃里克伯爵(Earl of Warwick)试图对不服从命令的海员实施军事管制，结果引发了叛乱和纷争，因为(根据敌视沃里克的保皇派新闻报道）“众所周知，海员极其厌恶受到陆军的礼仪和纪律束缚，他们认为这‘违背了海上的习俗准则’”。[44]因此，陆地社会被视为一种释放，既摆脱了船上生活的身体束缚和危险，也摆脱了为应对不可控的海洋而施加的严苛社会结构和行为规范。正如谢丽尔·弗里（Cheryl Fury）在讨论伊丽莎白时代的海员时所评论的那样，“海员、麻烦和上岸休假之间似乎有种永恒的联系。”[45]例如，1642 年 5 月，泰晤士河船东公司港务局（Trinity House）通过了一项“关于不守纪律的海员的法案”，原因是“每日都有关于海员不守纪律和缺乏责任心的投诉，他们既不愿在出发前留在船上，也不愿在回到港口后守船”。[46]许多评论家，尤其是海军军官，认为海员天性放荡不羁，无法适应陆地的行为规范，因为他们完全属于海洋空间。[47]

这是社会普遍认可的刻板印象。流行民谣《为钱航行》唱到“没有人比水手更自由”，“他们不在乎王冠”，尽管马克·海尔伍德（Mark Hailwood）已经展示民谣歌手歌颂一系列职业的“自由”本质，包括搬运工、鞋匠和铁匠等职业。[48]另一句歌词描写了水手在岸上的狂欢：“酒商和酒馆侍者/因我们而赚得金钱。”[49]这种无纪律行为的刻板印象可能也受到水手们上岸后所处的社会环境的影响。移民伦敦的年轻人数量很高，其中大概也包括海员。[50]一份渔民学徒登记册显示，1639—1650 年间签约的 157 人中，只有 49 人（约占 31%）来自伦敦或其周边地区。[51]因此，许多海员很可能是远离家乡的移民，并且可能与英国大部分地区规范的社会行为脱节。

河　流

在危险的海洋空间中的生存经验、船上生活所要求的行为规范以及与陆上生活的鲜明对比，顺理成章地成为早期现代海员身份的核心。然而，在现实中海陆生活之间这种区别可能并不像文化观念中那样截然分明。泰晤士河虽然显然与海洋不同，但在许多方面与海洋密切相连，成为海员所处的两个分隔世界之间的纽带，把开放海洋的意涵带到了内陆的伦敦。有人曾描述这条河是“已知世界中最适合航行的河流”，凸显了航海活动在决定泰晤士河地位中的重要性。[52]因为其作为锚地的重要性，伦敦桥下游的泰晤士河属于海事法庭扣押船舶的管辖范围，这暗示着不仅在概念上，而且在法律技术上，这条河主要被视为海事空间。[53]

正如海事管辖问题所示，这一空间由伦敦桥划分，对于航海界人士而言，伦敦桥是海洋世界的边界。它不仅是物理上的屏障，阻止远洋船只进一步驶入上游，也成为概念上的分界，标志着航海界人士自我定义的空间界限。1642 年 1 月，英国内战爆发，一群水手加入了五名议员的队伍，查理一世离开伦敦后，他们凯旋返回威斯敏斯特（Westminster）。不久之后出版了一本小册子，来为水手的举动辩护，称“我们出现在桥上，这在英国历史中前所未见”。[54]这表明伦敦桥对海员而言是一个重要的边界，但与大多数边界一样，它也起到了连接点的作用。

圣马格纳斯角(St Magnus Corner)位于伦敦桥的北端，长期以来一直是销售航海手册和其他海事书籍的站点。1561年，休·艾伦(Hugh Allen)在此售卖科尔特斯的《航海的艺术》(*The Arte of Navigation*)，在艾伦之后，约翰·塔普(John Tapp)接手售卖海事书籍，直到1631年去世，之后乔治(George)和约瑟夫·赫洛克(Joseph Hurlock)继续从事这一行业。[55]

在这些航海手册的序言中，常常会直接向海洋社区发言，尽管这些手册也可能面向那些更偏学术而非实用的人群。[56]大卫·沃特斯(David Waters)认为，水手们大概率不会用上这些，但近代历史学家指出，沃特斯过分强调了沿海"领航员"和远洋"导航员"之间的区别以及他认为在此期间两者之间的转变。[57]实际上，圣马格纳斯角成为促进航海技术发展的网络中心，并吸引了众多海员参与其中。来自赫尔(Hull)的船长卢克·福克斯(Luke Fox)曾拜访约翰·塔普的商店，在那里结识了地球仪制造商托马斯·斯特恩(Thomas Sterne)以及数学家亨利·布里格斯(Henry Briggs)和约翰·布鲁克(John Brooke)，他们一同探讨了福克斯1633年为寻找西北航道(North West Passage)而计划的航行。[58]伦敦桥因此不仅是一个连接和分隔的界限，也是知识传递的地方，航海知识通过它传递给那些需要穿越海洋的人。

在伦敦桥以下的泰晤士河下游"伦敦港池"(Pool of London)锚地停泊，改变了船舶空间。考古学家基思·马克尔罗伊(Keith Muckelroy)认为船舶空间是完全封闭的社区，但这种观点实际上罕能符合实际。[59]船只经常彼此护航，船员们登上彼此的船，共享信息，一起喝酒。艾普丽·李·哈特菲尔德(April Lee Hatfield)认为，这些船只在早期美洲殖民地时期起着"聚集点"的功能。[60]只有在极少数长途航行中，船只才会与其他船只断绝联系，而船只离开港口的时间也自然有限。即使如此，除了这些接触外，海员在海上的活动大多局限于船只的空间，并且到达外国港口后，船员也要求待在船上，违者会受到惩罚，这表明原则上还是会遵守这项规定，即使实际上没有。[61]回到本国港口后，船上的社群却变得非常开放，泰晤士河的锚地让船只成为社交场所。比如，水手大卫·普赖斯(David Price)曾登上停泊在泰晤士河的"独角兽"(*Unicorn*)号，与船员一起喝酒，扰乱了船上的工作，直到被船长约翰·古德莱德(John Goodlad)发现并驱逐下船。[62]同样，当约翰·里普(John Ripp)和托马斯·布利克(Thomas Bleaker)准备出售他们的船时，在船上举行拍卖之前，船东、船员和潜在买家一起用餐和喝酒。[63]

正如船舶在泰晤士河抛锚后有所改变，船员在登上河畔教区时也发生了变化，伦敦大多数海员当不出海时在这些教区中居住。有迹象暗示这样一个概念，亦即，这些教区主要是女性空间，与海洋的男性世界形成对比。查尔斯·萨尔顿斯托尔(Charles Saltonstall)的《航海指南》(*The Navigator*)序言中提到海员的妻子"如何在沃平(Wapping)家中的纺车上纺线"。[64]一个更引人遐想的证据是，在 17 世纪 50 年代政权更迭的空白期，一副讽刺图画扑克牌中的红心杰克，画的是激进的议会党人牧师休·彼得斯(Hugh Peters)展示“沃平主妇为古老的伟大事业献出的缝针和顶针”。[65]这些证据虽不宜过度解读，但至少表明像沃平这样的河畔村落主要属于海员家庭的空间，这与家庭生产相关联，她们以此养家糊口，而丈夫和父亲在海上工作。

然而，这种对家庭的重视在一定程度上瓦解了海洋和陆地的两极化性质，凸显了海员经常与陆地社会和陆地空间相连的事实。正如教区登记册所示，大量的海员结婚生子，跨越了海陆差异的概念界限，与陆上的人建立了紧密关系，并遵循了陆地社会的行为和社交规范。[66]在教区，海员的生活因婚姻状况而有所不同，已婚男性无须许可即可在岸上过夜，而单身男性则需获得许可。[67]然而，在泰晤士河教区没有成家的水手也经历了船员分离和重组的过程。虽然有证据显示有些船员会在不同的航程之间连续航行，尤其是船上高级船员群体，但是大多数船上的具体成员在不同航程中波动。[68]在水手的遗嘱中表明了密切的社会关系，所谓的遗嘱执行人员和管理人员均来自当地社区，在其他的法律文件中，水手会指定其他行业的人作为他们的担保。[69]这些关系涉及大量的信任和责任问题。因而，船上社区将这些教区分隔为片段，在这里船员也是丈夫、父亲和朋友，直到他们与新船员一起再次去海上。但是，至少对于职业海员来说，在经历这个过程的时候，他们没有丢失或放弃海洋文化和身份认同；相反，他们的出现使这些教区变成了空间，像海陆相遇的河流。

酒馆作为社交的重要公共场所，在船员社区形成和分散过程中扮演了重要角色。酒馆的命名也表明这些教区与远洋航行的直接联系，如拉特克利夫十字（Ratcliffe Crosse）的船舶酒馆（Shippe Taverne），在这里船长约翰·怀特（John White）与助手杰明·鲍登（Benjamin Bowden）签约一起航行；还有位于塔街（Tower Street）的海豚酒馆（the Dolphin），在这里约翰·琼斯（John Jones）曾召集船员准备大西洋航行。[70]这种联系不断加深，它们是 16 世纪末、17 世纪初期这些教区发展的主要催化剂。约翰·斯托（John Stow）在 1603 年发表的伦敦调查显示，造船厂刺激了东部教区的发展。斯托写道：

> 近年来，从拉特克利夫（Ratcliff）几乎到波普勒（Poplar），甚至到布莱克沃尔［Blake wal（Blackwall）］，造船工人和（大部分）其他海事人员为自己建造了许多宽敞而结实的房子以及供水手们居住的小屋。[71]

海员的遗嘱也印证了这一说法，在其遗嘱里经常会提到他们在这些教区对土地、房屋、码头和“住宅”的所有权。[72]正如 1623 年制作的德特福德（Deptford）图显示，造船厂主导了教区布局，构建了村庄的主要群落，并形成中心，道路由此向外辐射（见图 5.3）。[73]斯托还记载了，塔楼边圣凯瑟琳教区（St Katherine）曾经是“海盗和海贼的绞刑刑场，他们会被挂在低潮线处，直至三次潮汐淹没他们”，绞刑架后来被移走，新的街道沿河而建，成为“运粮船水手的住所”，一直延伸至拉特克利夫。[74]

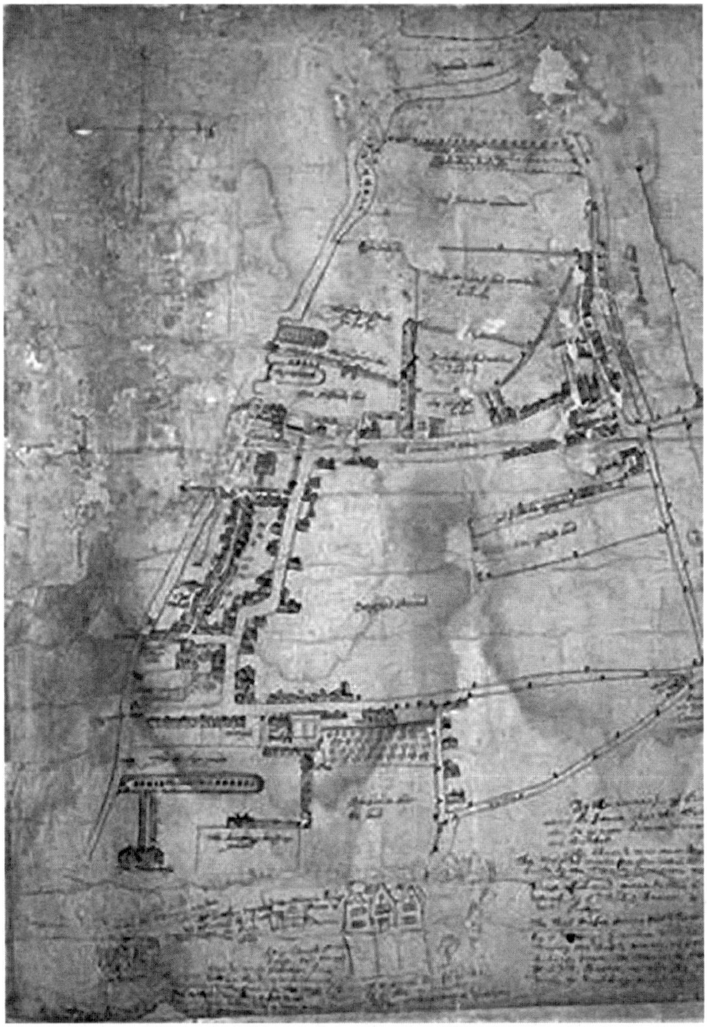

图 5.3　德特福德，约翰·伊夫林(1623 年)制作，MS 78629 A

大英图书馆理事会。图中矩形结构是船坞

这些教区也催生了大量的让航海成为可能的实用技术与物质文化。海上商人以及造船工人和填缝工人也经常出现在教区记录中，女性也经常通过家庭关系参与了陆上的海事活动，例如，船长彼得·迪德(Peter Didd)从敦刻尔克(Dunkerque)写信给他的妻子，让她给他买一个新的锚索并给他送过来。[75]英国海军部的支付记录包括向伊丽莎白·戴维斯(Elizabeth Davis)购买的吊床和向伊丽莎白·希尔(Elizabeth Hill)购买的导航仪器——这两人都是寡妇——以及向海丝特·莱瑟兰德(Hester Leatherland)购买其丈夫生产的铁制品。[76]教区与海洋世界互相影响，正如它们反过来又受到由它们发展而来的海洋活动影响。在莱姆豪斯(Limehouse)的一次街道考古发掘中，发现了来自德国、法国和西班牙的陶器以及西班牙硬币，考古学家推测这些可能是私掠活动中的战利品，当然也可能是贸易带来的；同时还挖掘出一块加勒比珊瑚，可能曾被用作船舶的压舱物。[77]

这些零星遗物成为一次又一次穿越海洋空间的物质痕迹：即使身处内陆，这些教区居民的海上职业依然把海洋世界带到了家乡。不过，这种影响也有其阴暗的一面。米德尔塞克斯和平会议(The Middlesex Sessions of the Peace)曾起诉了奥尔盖特圣波多尔夫教区(St Botolph's, Aldgate)的水手托马斯·特雷斯科特(Thomas Trescott)，

因为他是涉嫌在街头拐走儿童的贩子之一，人

> 们称之为幽灵，并且他企图诱骗贫困寡妇温妮弗雷德·贝利(Winefred Baily)的女儿以及桑普森·沃克(Sampson Walker)的佣人，以虚假借口将他们带往巴巴多斯(Barbadoes)。[78]

这一事件让我们再次回到最初的论点——海洋一直以来都是跨文化交流和社会冲突的空间。由于靠近泰晤士河，且有大量海员居住，这些教区不可避免地成为跨文化交流和冲突的发生地。在这种情况下，它们不仅是大西洋经济的一部分，海员积极参与其中，同时也面临困境。

结　语

近代早期的海员将海洋空间和陆地空间的文化区别视为其身份的重要组成部分，甚至是最重要的部分，因为这是他们职业的根本基础。面对海洋的危险，使得他们的男子气概与那些陆上职业形成鲜明对比；海上生活也有着不同的社会规则，这也许解释了为何人们如此频繁地对水手持有刻板印象，认为他们无法适应陆地生活。然而，虽然文化的重要性不能被否认，但这种二分法不应全盘接受：陆地和海洋相互影响，在海员生活中密不可分。陆上社会的态度，如对自然界的宗教解读，影响了海员对海洋的理解；他们依赖于航海事业，并通过家人和朋友与陆地社会联系，也使这两个截然不同的世界得以相互交融。伦敦并不是唯一；所有港口或沿海地区都是海陆交会地。不过，伦敦的情况尤为明显，因为伦敦的大都市地位、航运业以及其与海洋的地理距离使泰晤士河沿岸的教区成为一个过渡空间。早期现代伦敦海员的身份是由船舶、河流和海洋共同决定的。

注 释

1. I would like to thank the Arts and Humanities Research Council for financially supporting my PhD research, upon which this chapter is based; the British Library and National Maritime Museum, for permission to reproduce images; Dr David Smith, my supervisor, and Kristen Klebba for commenting on drafts; and the participants of the Sea and Identity Conference in Exeter, September 2010, and the Geography of Ships roundtable at Royal Holloway, March 2011, for their suggestions.
2. The National Archives (hereafter TNA) HCA 13/59, depositions of John Swift, 13 February 1643 [/4], MosesHardinge, 26 February 1643 [/4] and John Baker, 13 April 1644.
3. Ralph Davis, *A Commercial Revolution: English Overseas Trade in the Seventeenth and Eighteenth Centuries* (London, 1967); Ralph Davis, *The Rise of the English Shipping Industry in the Seventeenth and Eighteenth Centuries* (Newton Abbot, 1971); Kenneth Andrews, *Ships, Money & Politics: Seafaring and Naval Enterprise in the Reign of Charles I* (Cambridge, 1991), ch. 1.
4. Marcus Rediker, *Between the Devil and the Deep Blue Sea* (Cambridge, 1987), p. 57.
5. Bernhard Klein and Gesa Mackenthun, 'Intoduction: The Sea is History', in Bernhard Klein and Gesa Mackenthun, eds., *Sea Changes: Historicizing the Ocean*

(London, 2004), pp. 1–12, esp. pp. 2–4; Bernhard Klein, 'Staying Afloat: Literary Shipboard Encounters from Columbus to Equiano', in Klein and Mackenthun, eds., *Sea Changes*, pp. 91 – 110; Philip Steinberg, *The Social Construction of the Ocean* (Cambridge, 2001). For a good recent overview of the 'Atlantic World' see Nicholas Canny and Philip Morgan, eds., *The Oxford Handbook of the Atlantic World c. 1450–1850* (Oxford, 2011).

6. Robert Hicks, 'The Ideology of Maritime Museums, with Particular Reference to the Interpretation of Early Modern Navigation' (Unpublished Ph. D. thesis, Exeter, 2000), p. 118–20; Martín Cortés (trans. Richard Eden), *The Arte of Navigation* (1561, references to 1596 edition), fo. 50v. Unless otherwise stated, all printed primary sources were published in London.
7. See, for example, the depositions of Nathaniel Bradd, 24 April 1643, and Thomas Chapman et al., 7 August 1643, TNA HCA 13/118; TNA HCA 30/855, fo. 717r.
8. Quoting the will of Symon Hitchcock, TNA PROB11/179, proved 19 August 1639.
9. For wills mentioning East India Company voyages, see TNA PROB 11/147 (17 October 1625, 22 November 1625), 149 (27 June 1626), 150 (31 October 1626, 7 November 1626, 9 November 1626), 152 (29 November 1627, 4 December 1627), 153 (21 January 1629[/30]), 154 (24 November 1628, 25 November 1628), 156 (17 July 1629, 13 November 1629), 157 (19 January 1629[/30]), 158 (14 September 1630), 163 (8 May 1633, 14 May 1633), 164 (17 August 1633, 9 September 1633, 10 September 1633, 13 September 1633, 16 September 1633, 4 October 1633, 15 October 1633), 168 (22August 1635, 27 August 1635), 174 (5 August 1637), 175 (8 September 1637), 177 (21 August 1638), 181 (20 December 1639), 182 (30 January 1639[/40]), 184 (10 September 1640, 12 October 1640), 185 (25 February 1640[/1]), 186 (22 June 1641), 187 (3 September 1641), 190 (18 July 1642).
10. TNA HCA 13/58, depositions of JohnLimbery, 21 May 1642, Peter Andrews,

21 May 1642, George Dauie, 21 May 1642, Robert Collcoll, 26 May 1642, Thomas Squibb, 26 May 1642, William Triddell, 18 June 1642, and Thomas Reynolds, 21 June 1642.

11. TNA HCA 13/58, deposition of William Triddell, 18 June 1642.

12. TNA HCA 13/58, deposition of Robert Collcoll, 26 May 1642.

13. Linda Grant de Pauw, *Seafaring Women* (Boston, 1982); Margaret Creighton and Lisa Norling, eds., *Iron Men, Wooden Women: Gender and Seafaring in the Atlantic World, 1700–1920* (Baltimore, 1996); Suzanne Stark, *Female Tars: Women Aboard Ship in the Age of Sail* (London, 1998).

14. TNA SP 16/102, fo. 141r.

15. M. P., *Saylors for my Money* (c. 1630). For similar ballads, see anon, *The Couragious Seaman* (1690) and anon, *The Undaunted Mariner* (c. 1664–1703).

16. M. P., *Saylors for my Money*, lines 10–11, 18 and 37.

17. Alexander Shepard, *Meanings of Manhood in Early Modern England* (Oxford, 2003), p. 11.

18. David J. Steward, 'Burial at Sea: Separating and Placing the Dead in the Age of Sail', *Mortality*, 10 (2005), pp. 276–85, at p. 278.

19. William Ball, 'Might and Would Not', printed in Nelson P. Bard, ed., 'The Earl of Warwick's Voyage in 1627' in N. A. M. Rodger, ed., *The Naval Miscellany*, Vol. V (London, 1984), pp. 15–93, at pp. 30, 50.

20. TNA PROB 11/159 (3 February 1630[/1]), 173 (27 March 1637), 174 (25 July 1637), 190 (3 December 1642); for an example of a charter-party, see HCA 30/851, fo. 471r. See Sarah Parsons, 'The "Wonders of the Deep" and the "Mighty Tempest of the Sea": Nature, Providence and the English Seafarers' Piety, c. 1580–1640' in Peter D. Clarke and Tony Claydon, eds., *God's Bounty? The Churches and the Natural World* (Saffron Walden, 2010), pp. 194–204.

21. T[homas] S[wadlin], *A Manual of Devotions, suiting each Day* (1643), pp.

386–93; anon, *A Supply of Prayer for the Ships of this Kingdom* (1645).

22. E. g. Thomas Blundeville, *M. Blundeville his Exercises* (1597), fo. 33v; Robert Norwood, *The Sea-mans Practice* (1637), sig. A2v, p. 106.

23. Examples include Robert Mansell, *A True Report of the Seruice done vpon Certaine Gallies* (1602) and Richard Polter, *The Pathway to Perfect Sayling* (1605).

24. National Maritime Museum (hereafter NMM) LEC/5, fo. 4v.

25. Counters include NMM MEC0864, MEC0865, MEC0866, MEC1428, and MEC1429. For the *Sovereign*, see NMM BHC2949; Thomas Heywood, *A True Description of his Majesty's Royall and most Stately Ship* (1637).

26. Early Modern Research Group, 'Commonwealth: The Social, Cultural, and Conceptual Contexts of an Early Modern Keyword', *Historical Journal*, 54 (2011), pp. 659–87, at p. 674.

27. *Moderate Intelligencer*, 97 (7–14 January 1647), p. 6.

28. *Calendar of State Papers, Domestic Series, of the Reign of Charles I*, 1628–9 (London, 1859), p. 161.

29. Greg Dening, *Mr Bligh's Bad Language: Passion, Power and Theatre on the Bounty* (Cambridge, 1992), p. 19.

30. Henry Mainwaring, *The Sea-mans Dictionary* (1644), p. 2; TNA HCA 13/59, depositions of Moses Hardinge, 26 February 1643[/4], Jonathan Harris, 11 March 1643[/4], John Howcrafte, 26 March 1644, and Thomas Orrell, 27 April 1644.

31. TNA HCA 13/59, deposition of Richard Medcalfe, 16 February 1643[/4].

32. M. L. Baumber, 'An East India Captain: The Early Career of Captain Richard Swanley', *Mariner's Mirror*, 53 (1967), pp. 265–79 at p. 270.

33. TNA HCA 13/60, depositions of William Ayliffe, 18 September 1645, George Haward, 3 October 1645, and Samuell Hawett, 12 November 1645.

34. Amanda Flather, *Gender and Space in Early Modern England* (Woodbridge, 2007), esp. pp. 68–73.

35. John Mack, *The Sea: A Cultural History* (London, 2011), p. 138.

36. TNA HCA 13/52, fo. 205r; HCA 13/54, fo. 180r.

37. William Hand Browne, ed., *Archives of Maryland: Proceedings of the Council of Maryland, 1636–1667* (Baltimore, 1885), p. 94. For religious services, see Sarah Parsons, 'Religion and the Sea in Early Modern England, c. 1580–1640' (Unpublished Ph. D. thesis, Exeter, 2010).

38. Ball, 'Might and Would Not', pp. 80–1.

39. Quoting TNA HCA 13/49, fo. 199r; see also fos. 93r, 104v-7r, 110v-12r, 117r-119r, 149r-50v, 181r, 199r-v; HCA 13/107, fo. 136r-v.

40. TNA HCA 13/52, fo. 266v; HCA 13/106, fo. 121r; HCA 13/107, fo. 79r; HCA 13/118, answer of William Coates, 29 March 1644; SP 16/102, fo. 141r; SP 16/157, fos. 12r, 17r, 19v; NMM PLA/6, fos. 3v-10v.

41. The most popular was John Smith, *An Accidence or the Path-way to Experience necessary for Young Sea-men* (1626), reprinted numerous times.

42. TNA PROB 11/160, proved 13 August 1631.

43. TNA HCA 13/59, depositions of Rudolf Haydon, 26 February 1643 [/4], Clement Knapp, 27 February 1643[/4], Robert Welny, 15 March 1643[/4], John Basell, 18 March 1643[/4], Edmund Batherne, 25 March 1644, Thomas Orrell, 27 April 1644, John Howcrafte, 26 March 1644, and Steven Eastgaute, 26 March 1644.

44. *Mercurius Pragmaticus*, 20 (8–15 August 1648), p. 9; 22 (22–29 August 1648), p. 6.

45. Cheryl A. Fury, *Tides in the Affairs of Men: The Social History of Elizabethan Seamen, 1580–1603* (London, 2003), p. 200.

46. TNA HCA 30/853, fo. 494r.

47. Andrews, *Ships, Money & Politics*, pp. 62–3; G. E. Mainwaring and W. G. Perrin, eds., *The Life and Works of Sir Henry Mainwaring* (London, 2 vols, 1920–1), Vol. Ⅱ, p. 42.

48. M. P., *Saylors for my Money*, lines 121–2; Mark Hailwood, 'Sociability,

Work and Labouring Identity in Seventeenth-century England', *Cultural and Social History*, 8 (2011), pp. 9–29.

49. M. P., *Saylors for my Money*, verse 13.
50. Ilana Krausman Ben-Amos, *Adolescence and Youth in Early Modern England* (London, 1994), p. 86.
51. TNA HCA 30/897, fos. 1r-8v.
52. G. G. Harris, ed., *Trinity House of Deptford Transactions, 1609 – 1635* (London, 1983), p. 121.
53. TNA HCA 1/7, fos. 4r, 30r, 40r, and HCA 13/107, fo. 199r.
54. Anon, *The Seamans Protestation concerning their Ebbing and Flowing to and from the Parliament House at Westminster* (London, 1642), sig. A2r.
55. See Henry R. Plomer, 'The Church of St Magnus and the Booksellers of London Bridge', *The Library: Transactions of the Bibliographic Society*, 3 (1911), pp. 384–95.
56. E. g. C. Anthonisz. (trans. Robert Norman), *The Safeguard of Saylers* (1584), sig. A2r; John Skay, *A Friend to Navigation* (1628), sig. A2r.
57. David W. Waters, *The Art of Navigation in England in Elizabethan and Early Stuart Times* (London, 1958); Katherine Neal, 'Mathematics and Empire, Navigation and Exploration: Henry Briggs and the Northwest Passage Voyages of 1631', *Isis*, 93 (2002), pp. 435–54; Susan Rose, 'Mathematics and the Art of Navigation: The Advance of Scientific Seamanship in Elizabethan England', *Transactions of the Royal Historical Society*, 14 (2004), pp. 175–84.
58. Luke Foxe, *North-west Fox, or, Fox from the North-west Passage* (1635), pp. 169–70; Neal, 'Mathematics and Empire'.
59. Keith Muckelroy, *Maritime Archaeology* (Cambridge, 1978), p. 221ff.
60. Ball, 'Might and Would Not', pp. 82–3; April Lee Hatfield, 'Mariners, Merchants and Colonists in Seventeenth-century English America', in Elizabeth Mancke and Carole Shammas, eds., *The Creation of the British Atlantic World* (Baltimore, 2005), pp. 139–59.

61. TNA HCA 13/59, depositions of John Howcrafte, 26 March 1644, Steven Eastgaute, 26 March 1644. and Thomas Orrell, 27 April 1644.
62. TNA HCA 13/111, fos. 96v-7r.
63. TNA HCA 13/111, fos. 139v-41r; HCA 13/112, fos. 7v-8v.
64. Charles Saltonstall, *The Navigator* (1636), sig. ＊2v.
65. British Museum, reg. no. 1896, 0501. 917.
66. E. g. London Metropolitan Archives P97/DUN/256-7 and 265-6.
67. TNA HCA 13/59, depositions of John Swift, 13 February 1643[/4] and MosesHardinge, 26 February 1643[/4].
68. See Richard J. Blakemore, 'The London Maritime Community in the Reign of Charles I' (M. Phil. dissertation, Cambridge, 2009), pp. 33–9.
69. Blakemore, 'London Maritime Community', pp. 17–33.
70. TNA HCA 13/49, fo. 62v; HCA 13/53, fo. 24r; 13/54, fo. 323v. See also TNA HCA 13/54, fo. 269r.
71. John Stow, *A Survey of London*, ed. Charles Leithbridge Kingsford (Oxford, 2vols., 1971), Vol. Ⅱ, p. 72.
72. Blakemore, 'London Maritime Community', pp. 25–6.
73. British Library, Add. MS 78629 A.
74. Stow, *A Survey of London*, pp. 70–1.
75. TNA HCA 13/59, deposition of Thomas Silver, 13 April 1644.
76. TNA ADM 18/1, fos. 36r, 49r, 53v, 66r; ADM 18/2, fos. 18v-21r, 39v, 53v.
77. Kieron Tyler, 'The Excavation of an Elizabethan/Stuart Waterfront Siteon the North Bank of the River Thames at Victoria Wharf, Narrow Street, Limehouse, London E14', *Post-Medieval Archaeology*, 35 (2001), pp. 58 – 60, at pp. 63–4.
78. LMA MJ/SR/0995, fo. 87r; cf. MJ/SR/1000, fo. 153r.

第六章　海上强国：小国挪威概况

汤姆·克里斯蒂安森，
罗阿尔·耶尔斯滕

引言：模糊性与二元性

对于大多数外国人来说，如果还能想到它，挪威就是一个小国家，四周是寒冷而又不近人情、翻腾而又拒人千里的海洋。挪威位于欧洲北部，除了无尽的森林和山脉以外，其最突出的地形特征便是峡湾和崎岖的海岸景观。如果没有受湾流调节的东北大西洋，挪威大片土地将无法居住。尽管如此，大部分挪威人一直住在海边，航行在海上，靠海为生。甚至连"挪威"这个名字也是出自通往遥远北方的海上航道。

尽管受大风侵袭的海岸表面一片荒芜，但是纵观历史，海洋资源以及商业航海，渔业生产以及捕捞海洋哺乳动物等经济活动已然成为挪威人生计的重要组成部分。20 世纪 70 代以来，海洋石油开发、天然气勘探以及鱼类养殖就已经成为挪威主要的经济活动，同时带动了海洋技术行业的发展。几个世纪以来，挪威人充分享受了周边海域带来的丰富资源，发展出世界上规模最大、最先进的海事产业之一，这也是国家的主要收入来源。历史学家费尔南德·布罗代尔(Fernand Braudel)多次提到“海洋是通往财富之门”，这一说法确实适用于挪威和地中海世界。[1]毫无疑问，海洋对挪威的对外关系、国内经济、甚至公民的思想都产生了深远影响。

地缘经济学家杰弗里·蒂尔(Geoffrey Till)指出，纵观历史，海洋与陆地和空域大有不同，海洋具有丰富的地缘经济特性。他总结了海洋的四大特征：第一，海洋是资源供应者；第二，海洋是沟通与合作的渠道；第三，海洋是思想和信息交流的媒介；第四，海洋也可以看作通往权力的大道。[2]这四大特征可以作为理解挪威海洋历史的重要切入点，也为本章提供了结构框架。总的来说，海洋资源促使原本人口稀少的挪威在100年的时间里人口数量从20世纪初的300万人左右增长至500万人，并且据国际数据统计，挪威在福利、收入、社会公平以及生活环境方面的排名均位居全球前列。

从外部来看，人口如此稀少的一个边缘小国家能够发展出这样一个庞大且盈利的多样化海事部门实在是引人瞩目。不过，还有一个有趣的问题：尽管挪威在两次世界大战中经受住了对海事部门的依赖考验，这种依赖究竟在多大程度上影响了挪威人的民族认同和性格？一个更根本的问题是应当如何理解挪威的民族认同这一概念？它是源自地理特征，比如靠近海洋，还是源自政治和意识形态因素，比如民族主义、民主和自由规范？

考虑到海洋在挪威社会中的核心作用，大多数观察者可能认为，挪威一直以来都有一支强大的海军舰队，在和平时期保护海洋资源和海上活动，在战争时期维护国家利益。出人意料的是，情况并非如此。独立的挪威海军到 1814 年才成立，且从一开始就远远逊色于陆军。除了第二次世界大战支持同盟国的那五年例外时期，挪威海军规模一直比陆军小。历史上的某些时期，海军舰队甚至濒临消亡，与商船队不同，海军在斯堪的纳维亚以外几乎鲜为人知。

从某种程度上来说，挪威是一个惊人的榜样，它示范了一个面积虽小，海军力量虽薄弱的国家是如何发展成为一个伟大的海运国家的。挪威与领海权的关系有两个突出方面。在和平时期，海洋曾经是前进的动力；在战争时期，它代表着不可控的安全挑战。毫无疑问，这种尴尬的局面在两次世界大战中上演了，海岸、原材料和商船队中的任何一样对好战的强国来说有着极其重要的战略利益，而挪威在它们的战争政策计算中就成了心照不宣的对象。

陆地与人民：大海塑造而成

让我们来看一下这个国家的一些基本地理特征。挪威海岸线长约 2650 千米，如果包括峡湾，海岸线曲线约长 2.1 万千米。长约 3.2 万千米的海岸围绕着众多岛屿和小岛，海岸线总计长达 5.3 万千米。此外，峡湾深入内陆，且通常非常深。

西海岸的松恩峡湾（Sognefjord）长达 205 千米，最深处超过 1300 米。

挪威本土面积约为 32.4 万平方千米，另外在北极和南极还拥有 6.2 万平方千米的领地。该国的大部分地区由荒野、森林和山脉组成，不适合人口密集居住。约 60%的人口生活在距海岸线 10 千米以内。事实上，主要的人口密集地区一直是海岸、富饶多产的内陆山谷以及更加广阔的奥斯陆峡湾地区（Oslo Fjord region）。如果没有大海的话，陆地能供养的人口数量会少很多。自中世纪晚期以来，挪威通过出口木材、鱼类和原材料来支付进口谷物的费用，弥补了农业生产的不足。

挪威的主要地区从南部北纬 57°的林讷角灯塔（Lindesnes Lighthouse）延伸至北部北纬 71°的诺夫斯克洛德登（Knivskjellodden）。挪威的最北部位于北纬 81°的斯瓦尔巴（Svalbard）群岛。北部的巴伦支海（Barents Sea）、挪威海（Norwegian Sea），西部和南部的北海（North Sea）、斯卡格拉克（Skagerrak）海峡环绕着挪威大陆。沿海的天气状况一整年都很恶劣，冬天更是如此。这是因为西部和西南地区持续的低压不断累积，导致风向和风力频繁变化。此外，深海到浅水的迅速过渡导致海面风浪很大。尽管气候和地理并不便利，但是挪威的沿海地势提供了一个受保护的靠近海岸的海上航线和数目庞大、全年可供捕捞的渔场。

挪威的领海包括斯瓦尔巴（Svalbard）群岛和扬马延岛（Jan Mayen Island），面积超过 24 万平方千米。为了开发经济，挪威根据 1982 年的《联合国海洋法公约》(UNCLOS 3)，在大陆之外建立了专属经济区，增加了约 788 万平方千米的海域。在冰岛北部，挪威在扬马延岛(Jan Mayen)周围设立的渔业保护区面积超过 28.9 万平方千米，而北极备受争议的斯瓦尔巴(Svalbard)群岛附近的渔业保护区面积将近 715 万平方千米。总之，挪威的领海面积达 2032 万平方千米，这一数字十分惊人。由于一些气候原因以及生物原因，在邻近挪威的海洋里，鱼类和海洋哺乳动物的资源极其丰富。

挪威的地理位置使其在 1900 年以后成为陆地和北欧几个海上强国之间的海上缓冲区。海岸两侧的海水涌入北大西洋，分别通向德国和俄罗斯，并且根据国际法，挪威领海为交战方的航行提供了保护。结果，英国的战略利益也和挪威领海相关。早在 1914 年战争爆发之前，英国人就清楚地意识到，挪威的峡湾可以容纳任何类型的船只，因此是潜在的海军集结区。[3]对于海军力量非常有限的一个小国政府来说，这一敏感的战略地位在整个 20 世纪提出了巨大的挑战。事实证明，在两次世界大战中，这是一个解决不了的难题。英国历史学家大卫·普格(David Pugh)对挪威的地理特征进行了简洁而有力的总结：

> 比如法国人和俄罗斯人可以……放弃他们的边缘地区，退回到本国的核心地带。但是挪威人不能这样做——他们的大部分人口都居住在 2000 英里(3218 千

> 米）的海岸线上。几乎所有的城镇、经济区都在那里。另一方面，内陆主要是山地和森林。从地缘战略上看，挪威是由内向外的国家。海岸并不是这个国家的外壳，而是其生命的中心。如果“外围核心”失守的话，“偏远核心”也就不保了。海军强国能够随心所欲地攻击这一长期暴露在外的国家中心。[4]

这一地缘构造给挪威人带来了广阔的领海与丰富的资源，显然在地理层面上，挪威是一个海上强国，这些都是老生常谈的话题了。不过，要依靠这些资源发展和繁荣，绝非是命运的安排，而是国家内政外策对外部世界的回应问题，但这一切几乎在各个方面都受到了海洋的塑造。

收获海洋

如上所述，海洋资源，即蒂尔所指的第一维度，构成了挪威经济的一大部分，并且使该国得以积极参与国际贸易。在维京时代（Viking Era），不列颠群岛、冰岛、格陵兰岛和爱尔兰都有挪威人的定居点。这个国家的经济和商业发展与捕鱼、养鱼、捕鲸以及能源生产密不可分。挪威对外贸易的历史至少可以追溯到中世纪，而这一切是从鱼开始的。挪威实质性地与包括汉萨同盟（Hanseatic League）在内的贸易体系密切融合。该国出口鱼类，黑死病发生之后，彻底依赖粮食进口。同盟从 15

世纪晚期开始逐渐衰退，挪威东部的大部分贸易由丹麦人和荷兰人接管。不过，几个世纪以来，渔业仍然是沿海社区的支柱产业。

渔业和贸易不但对沿海社区产生了明显影响，还促进了其他发展。首先，挪威远北地区鱼类资源相当丰富。事实上，如果没有渔业，这一地区人口将会非常稀少。由北部渔业带来的另一个社会特征是当地商人的独特地位，他们常常成为控制社区各层面的主导人物。他们身处封建环境，带有封建特征，这在挪威文学中得到了生动的描绘。

在引进远洋拖网渔船之前，一些主要渔场的收获是季节性的。这对沿海社会以及人口性格造成了深远影响。社会学家奥托·布罗克（Ottar Brox）表示，近年来沿海区的季节性捕鱼与小规模农业相结合，造就了北方沿海人口的独特的精神。[5]季节性渔业为被假定成农奴身份的工人阶级和农业劳动者带来了独立感。一家人可以靠他们的园地以及在峡湾和海岸处捕获的鱼维生。这些水域被视为共同财产，人们可以自由打捞。因为海洋的关系，沿海的妇女们也形成了特别的性格。在捕鱼和打猎季节期间，或者丈夫出海时，她们就独自留在家里，变得勤劳，独立，并且惯于承担家庭责任，这在当时许多欧洲女性中是很少见的。从历史的角度来看，挪威之所以沿海人口相对稀少但不太可能遭遇饥饿正是受益于此。事实上，在近代历史中，挪威仅遭受过一次饥荒，是由皇家海军在拿破仑战争期间的封锁造成的。在 20 世纪 30 年代的大萧条期间以及第二次世界大战德国占领挪威的那五年艰难岁月里，大海救援了大部分人口，使他们免遭极端贫困。

在20世纪70年代，挪威商业性质的海产养殖开始发展壮大。挪威人一开始养殖的是鲑鱼和鳟鱼，现在它们仍然是主打产品。目前挪威还养一些鳕鱼和贻贝。靠着有利的自然条件以及在研究和投资方面的资金投入，挪威养鱼业已位于世界第九位，并且成为许多沿海社区的主要收入来源。此外，凭借这一领域的先驱者们所表现的创新创业精神，这些小型定居地可能有不少得到了发展机遇。

在国家历史中，许多挪威人都想忘记挪威的捕鲸行为，特别是在南大西洋上捕鲸的那一段时期。因为这个国家令南半球一些海洋哺乳动物险遭灭绝。中世纪以来，沿海地区一直在捕捞鲸鱼。两次世界大战期间，一些规章制度逐渐开始实行，到了1982年，根据国际捕鲸委员会发布的禁令，挪威最终被禁止捕捞鲸鱼。当地社区在捕鲸方面大大受益，部分地区一直延续到战后。他们积累了财富，许多人受雇从事这个行业。如今，捕鲸在挪威只是一个边际活动，尽管这一行为仍然有争议。

20世纪60年代北海发现了石油和天然气，这为挪威社会带来了根本性的变化。1965年起勘探钻井得到批准。当时，北海周边国家正在就资源开发专有权的中线划分问题协商。1969年发现了埃克菲斯克（Ekofisk）大油田，并于1971年开始生产石油。这标志着挪威开启了富甲一方的时代。2010年，能源部门的收入惊人，估计达到 11 000 亿欧元。2009 年，该部门独占挪威经济产值的 21%，比主要土地产业的总量多 3 倍。石油产量在 2001 年达到顶峰，每日产量达 340 万桶。现在工业出口量正在下降，而天然气的出口量仍在扩大。预计在未来几年，能源生产将大幅度增长。

我们不会深入探究挪威石油和天然气工业的复杂历史，而是从历史学家的视角对其主要方面做一些评论。尽管在许多政策的细节上存在分歧，但是主要政党内部有一个基本共识，即应该有严格的官方规定和国家所有权，以确保资源的发展能使广大公民和社会受益。50 年来政府对能源部门的控制结果表明，这些努力取得了惊人的成功。

总而言之，海洋资源一直都是挪威经济和福利制度发展的先决条件，也为挪威与其他国家的关系做出了巨大贡献。不过，大海也带来了政治挑战。一方面，大多数政府优先保护沿海人口对海洋资源的开发和收获专有权。对资源的争夺，使挪威与英国、德国、冰岛、俄罗斯和西班牙等其他国家在捕鱼权方面屡次产生冲突。另一方面，因为挪威经济对贸易自由的彻底依赖性，必须在这种保护主义与推进贸易自由原则的需求之间取得一种微妙的平衡。在许多历史的十字路口，既鼓励保护主义又鼓励贸易自由是一个几乎无法完成的任务。

开垦大海

交流与合作，即蒂尔所指的海洋的第二维度，对挪威来说与海洋资源同样重要。尽管该国的地理位置不利，但是航运与贸易使其与外部世界发生密切联系。1814 年以前，挪威是丹麦王国的一个省份，几百年来，海洋为挪威与丹麦以及其他国家进行各种交流提供了干道。诚然，该国部分地区可能落后，但主要的沿海社区很少被孤立。

1849 年英国对外贸易航海法案(British Navigation Acts)以及 1854 年英国国内贸易航海法案被废除以后，挪威的运输业正式开始发展。自由贸易的引进开启了商船队惊人的增长期。船主能够迅速调整，迎接新的机遇，而且早在 1850 年 1 月 5 日，挪威的“弗洛拉”(*Flora*)号就载了一批魁北克的木材停泊在伦敦了。1850 年，荷兰废除其航海条例，在克里米亚战争之后，巴黎国会于 1856 年对国际航运开放了黑海。1857 年，丹麦政府停止征收松德(Sound)海峡的通行税款，这令挪威人在波罗的海(Baltic)上的重大贸易更加兴旺。1860 年，法国与大英帝国签署条约，承认自由贸易原则，1865 年，大不列颠联合王国与瑞典挪威联盟签订了类似条约。最后，1870 年前后，葡萄牙和西班牙也开始赞成自由贸易。挪威的船主对自由贸易原则的感激体现在了无数的船名上，如“威廉·科布登”(*William Cobden*)，“理查德·皮尔”(*Richard Peel*)，“自由贸易”(*Free Trade*)和“普里姆将军”(*General Prim*)(以西班牙元首的名字命名)。

这一发展为扩大挪威的商船队提供了几乎无限的可能性，挪威的商船队大部分由相对较小的木制帆船组成。船队在全球范围内航行，1850—1870年期间代表了挪威传统航海业的全盛时期。1850年，挪威的船队由约4000艘船组成，登记吨位总量为30万吨，在世界航运国家中排第八位。1880年前后，商船队的登记吨位总量增长到惊人的150万吨，位列世界第三，仅次于英国和美国。船主之所以能够如此迅速地在新的贸易制度中受益，是因为长期存在的海洋传统。由于该国缺乏强大的私人或机构投资人，挪威商船队通常由一群小公司的合伙人组成。为此，19世纪后期，商船队的现代化进展变得缓慢。不过塞翁失马，焉知非福，两次世界大战期间，许多公司直接从帆船升级成内燃机船了。

总而言之，航运业的地位在海岸沿线的当地社区变得牢不可破。随着时间的推移，不仅航运公司的数量增长了，一系列的配套服务也得到了发展，如船厂、资助、保险、经纪人和公司运营等。挪威航运业有一个显著的特征，即在很大程度上服务于以大英帝国为主导的贸易体系。这一点对政治和经济具有重大影响。对挪威的政治而言，保护这一产业并支持其发展势在必行。作为一个政治影响有限的小国，唯一可以走上康庄大道的办法就是参与并鼓励国际合作，促进自由贸易与航行自由。因此，海运部门是形成挪威政治思想以及商业思想国际化的重要因素。

作为交流的媒介，海洋也对挪威人产生了其他影响。对那些想要摆脱恶劣生活条件的人来说，海洋就是一扇大门，19 世纪初期，挪威开始大规模移民，去往世界各地。比如，这些年来，随着岁月流逝，美国的挪威籍人口比挪威本国的人口数量还多。还有，19 世纪开始，挪威派出了许多传教士去往非洲和亚洲地区。他们代表了一个大规模的民众运动，也可以说代表了挪威开始关注对外援助，如今，这已经成为挪威对外关系的主要方面了。此外，19 世纪晚期开始，挪威的水手跻身于积极探索北极和南极的探险家之列。最后，必须指出，商船队和海军为这一繁荣的产业奠定了基础，而该产业向海事部门提供了船只和装备。所有这一切成就了这个国家，使其彻底成为航海国家。

海运理念

思想交流，即蒂尔所指的海洋的第三维度，也使挪威成为西欧政治、思想和文化发展的参与者，尽管该国地理位置偏远。西欧的这几股力量交替流入或渗入了一个大部分人口与外部世界接触密切的国家，19 世纪期间，该国知识水平日益提升。我们不会详述任何关于文化与思想交流方面的细节，而是进一步查看文化与知识交流对政治思想和政治制度的影响。然而，宏观来看，总体情况是显而易见的。在文化和思想上，德国是挪威主要的灵感来源，而英国的自由主义思想和制度强烈影响了挪威的政治领域。

从18世纪末开始，还没有人认同自由贸易原则之前，启蒙思想早已对挪威知识分子和手艺人产生了越来越大的影响。显然，受美国和法国革命的启发，自由准则于1814年被写入挪威宪法，而同年，伴随着拿破仑战争的到来，挪威再次成为半独立国家。英国皇家海军切断了丹麦首都哥本哈根（Copenhagen）与挪威之间的联系，导致挪威情况危急，而且挪威缺乏实力强大的贵族，农场主和农民地位相对自由，加之挪威有一些新的政治观念，总的说来，这些因素使挪威成为新兴民主理念的沃土。

几十年后，挪威所谓的民族觉醒深受德国浪漫主义的影响。这一运动的主要方面是发现和欣赏民族文化传统。然而，这一运动并没有完全认可航海传统，而是倾向于追求历史怀旧、崇尚农村文化和颂赞挪威风景。因此，民族浪漫主义运动的重点与挪威的现实生活之间存在分歧。从19世纪60年代起，民族运动被完全政治化，形成了一个议会反对派，由来自社会各界的代表主导，有知识分子、行政机构以及农业部门。这一政治力量以自由和民主价值观为特征，并坚信法治国家。

与许多其他欧洲国家一样，斗争是19世纪挪威的特征，一边是君主与执政者之间的斗争，另一边是国民议会为代表的民主力量与民间团体为代表的民主力量之间的斗争。与瑞典的结盟中，挪威获得了一个更加自主的立场，这经历了一个漫长而又持久过程。在这一点上，这两个国家表现得像是一股不可阻挡的力量与一个不可撼动的对象相撞。这场与瑞典人的竞争最终导致这个联盟于 1905 年 6 月解散，同时挪威获得完全独立。诚然，确保挪威航运与贸易利益（通过将挪威领事馆独立的方式，但是被瑞典公然拒绝）的必要性是政治争端的核心。关于贸易和外国代理的争论揭开了联盟解散过程中的最后一幕。因此，从这层意义上来说，挪威作为一个依赖海洋的国家，其地理位置间接对该国现代政治的形成时期产生了巨大的影响。不过，18 世纪 60 年代以来，在与瑞典的宪政斗争中，农场主和农民与自由资产阶级形成了反对派的核心。结果，他们的政治影响力实现了制度化，而这一点，海运部门并未实现。

民族认同完全不是精确的术语，可以将其理解为一个共享领土、历史记忆、语言、规则以及文化的共同体。这一实体受政治制度、经济制度以及司法制度的约束。客观的文化认同与主观的政治认同之间往往存在区分。前者强调鲜明的民族特征，这对德国浪漫主义者来说是一个重要的议题。后者强调通过政治努力建立国家制度和国家凝聚力。本尼迪克特·安德森（Benedict Anderson）和欧内斯特·盖尔纳（Ernest Gellner）等学者倾向于将民族主义的出现追溯到工业革命，他们认为国家是一种建构而非有机的存在。另外，以挪威为例，民族认同是一种由精英推动的建设，这就是为什么 1940 年以前，劳工运动强烈抗议，拒绝民族认同的多个方面内容。毫不奇怪，挪威国内已经有少数人群屈从于胁迫——有时以残酷手段——融入多数人的文化。尽管如此，海洋和航海仍然是大众身份认同的一部分，尤其在沿海地区，不过不能说这个观念占主导地位。显然，在沿海、城镇以及内陆居民中，不止存在一种民族认同。除了在政治层面上评价挪威国内的同一性之外，在大多数国家内部，认为自己与邻居不同的看法也是存在的。挪威的东部与瑞典、芬兰以及俄罗斯接壤。显而易见的是，出于种种原因，挪威人比任何一个邻国都更强烈地依附于海洋，而且长期以来，他们有清晰的意识，即认为本民族与相邻民族不同。

最后，斯堪的纳维亚的和平局势带来了挪威民族认同的另一个特征，并且这一特征从 19 世纪末开始越来越有力。至少处在自私自利的官方言论和迷惑群众、令人伤心的民间组织之中，这个国家吹嘘本国极其爱好和平，坚定支持国际合作，在这两方面享有盛名。从挪威的政治当局者一直赞成国际合作与国际法律这一点来看，这种想法是正确的，但是国与国之间表现出一种更加和平的行为守则的概念，这种观点或许是由于长期远离重大冲突形成的，因此极具误导性。

总的来说，不难看出海运交流与合作为这个国家带来了各种理念，尽管很难准确推测出这一点如何塑造了挪威的政治体制、思想观念以及对外关系。但是，确保公海上的海洋资源以及自由贸易活动一直都是挪威当局者的核心议题，这一点一直都是显而易见的事实。

大自然为自身建造的堡垒

就挪威而言，海洋是通往统治权的大道，即蒂尔所指的第四维度，非常值得探讨。1940 年德国的进攻是中世纪以来第一次大规模的海上攻击。这次袭击以令人痛心的方式表明挪威的地理位置在战争时期肩负着巨大的责任，而在此之前，几乎没有挪威人想到过这一点。除了海洋资源以及商船队，英国、德国、俄罗斯以及从 20 世纪 50 年代起的美国等大国的重大战略利益都与挪威的领土息息相关，这些使挪威成为它们博弈的一个筹码。不过，当紧要关头来临时，挪威本国的政策不是被忽视就是不被重视。

19 世纪末 20 世纪初，海上袭击已经被认为是一种现实情形了，甚至英国第一海务大臣约翰·费舍尔(John Fisher) 也在 1906 年确认了这一点。[6]令人遗憾的是，尽管在 20 世纪 30 年代晚期，警告声越来越大，但是在战争年代，这一点被当局者严重忽视。由于皇家海军的主导地位，政治上的多数派以及总指挥彻底驳回了认为这种袭击可能发生的想法。然而，一些官员坚持认为，由于挪威的地缘战略以及沿海位置，这种袭击很可能发生。除了大国争端之外，让挪威变得遥不可及的现代军事技术以及新的操作概念，衍生出日益增加的风险。

对国家安全的思考有着悠久的历史，而简要回顾 1814 年以后的情况有助于阐明我们的观点。1807 年，英国皇家海军夺取了丹麦-挪威联合舰队，并对挪威实施封锁，导致饥饿和严峻的财政紧缩。挪威从这一历史事件中汲取的教训显而易见：国家必须避免与海上霸主发生冲突，否则会造成贸易和运输的瘫痪。然而，1914 年爆发战争之前，挪威航海业不断扩张，斯堪的纳维亚一派和平。因此，国家安全问题在政治议程上并未受到高度重视。长期以来，这只是一个理论上的战略问题，只有少数政治家、知识分子以及高级官员在关注。

然而，随着第一次世界大战前夕英德对抗的加剧和海军军备竞赛的加速，挪威的“安全幻象”逐渐破灭。每年德国海军的公海舰队和英国皇家海军都在挪威沿海及峡湾巡航，在挪威政治领袖和主要官员看来，该国从边缘区域迅速转换成了作战区域已经是显而易见的事实了。他们应对这一挑战的方法之一是根据国际法，准备在战争时期严守中立原则。民间资产和武装力量都是为了这一可能的后果而组织起来的。

当时挪威海军装备较为完善，拥有四艘装甲炮舰和大量鱼雷艇、炮艇。此外，19 世纪晚期开始，挪威还建造了一套现代化的海岸防御系统，在主要城镇入口处设立了炮台。这一举措表明挪威对战略挑战开始有了重视。防御理念简单明了：峡湾作为敌方可能的进攻路线，可以通过沿海的舰艇、陆基炮台以及内航道中布置的雷区进行有效防御。1914 年战争爆发后，这些防御资源立即被调动起来，使挪威在整个战争期间成功保持了中立。可以说，海军和其他部队的努力成就了这一结果。然而，战后该系统未得到维护，结果铁路交叉处主要的沿海城镇变得脆弱，容易受到攻击，而1940年德国充分利用了这一点。

挪威海军有一些显著的特征。它是一支近海舰队，主要由较小的舰艇组成，而且地位总是远低于陆军。虽然偶尔会出现建立远洋海军的雄心计划，但这些计划从未得到议会通过。该国没有足够的经济实力来承担这一事业所需要的投资和运营成本。舰队的主要任务是维持中立，并执行沿海行动，如反入侵和在内航道的护航任务。

此外，海军还承担了多种和平时期的任务。海军参与邮政服务、海图绘制、渔业保护、海岸巡防、搜救、协助渔民和猎人以及科学探险等工作。这使得海军在第二次世界大战前期与陆军具有本质上的区别。海军简直成了沿海社区的“老黄牛”。1905年挪威脱离与瑞典的联盟，之后的几年里，航运和海军领域中出现了一些令人感到相当困惑的想法，即海军不应该是武装部队的一部分，而应该在海军总司令的领导下成为一个新的海事部门的一部分，为所有的民用海事和海军事务服务。[7]然而，这项提案在1909年被否决了，在1919年又一次被否决。

整个第二次世界大战期间，海军强调民用任务的这一倾向一直持续到了1936年左右。这时，政府意识到必须恢复作战能力以及中立防卫。在第一次世界大战之后，国家安全被忽视，当然，这是因为战前的海军危机不复存在，德国和俄罗斯海军力量减弱，成为无关紧要的海上国家，而且挪威意识到通过国际联盟的方式，集体安全令军事进攻显得多余了。此外，第一次世界大战之后，反军国主义普遍存在，而且20世纪30

年代，经济紧缩，政府极其不愿增加国防开支。

随着20世纪30年代国际关系的恶化，挪威政府——作为小国群体中的一部分，所谓的“奥斯陆国家”(Oslo States)——退出了国际联盟的制裁制度，并尽最大努力恢复其传统的中立原则。鉴于大国冲突的特点，瑞典是唯一一个在第二次世界大战期间保持中立的奥斯陆国家。其他国家——比利时、丹麦、芬兰、卢森堡、荷兰以及挪威——都成为被占国或交战国。在战争初期阶段，中立显然是一种幻想，或者借用美国国际法律专家沃尔夫冈·弗里德曼(Wolfgang Friedmann)的话来说：“在以前的社会、经济以及政治条件下诞生了《海牙公约》(Hague Conventions)和《巴黎宣言》(Declaration of Paris)中所规定的中立原则，国际联盟的崩溃让世界距离此中立原则越来越远。”[8]努力恢复中立原则，将其作为一种法律、道德和政治上的选择，政府看起来越来越像一只追逐自己尾巴的狗——只有狗才会做出的如此完美明智的行为。

第二次世界大战初期，挪威安全政策的基石——和平时期不结盟和战时的中立——是一种痴心妄想。海洋和海上资产是决定性因素。地理位置与应对策略使其脱离国际政治势力斗争的希望渺茫。第一次世界大战预告了挪威能够正式保持中立，尽管用奥拉夫·里斯特(Olav Riste)的话来说，只是中立同盟国而已。从1939年9月到1940年4月9日的德国袭击事件，这几个月的中立导致挪威站在同盟国一边，成为交战国，证实了这一立场完全是一种错觉。1949年，挪威成为北大西洋公约组织(NATO)的创始成员之一。继20世纪50年代苏联海军在科拉半岛(Kola Peninsula)上增加兵力之后，挪威不可避免地日益成为北约海军战略的一部分。由此学到的历史教训是：人们认识到这个海洋国家无法置身事外。无论如何，地理位置和海洋资源都会将这个国家拖入与己无关的冲突中。“冷战”期间，挪威海军被迫支持西方的海军强国，与他们合作。

两次世界大战中学到的主要教训之一就是，西方国家完全依赖于海上运输，在战争时期特别依赖大西洋的海上交通线路。就这点而言，挪威会在西方的应急计划中发挥重要作用。1949年11月，北约开始海运规划委员会(Planning Board for Ocean Shipping)的建设工作。挪威的参与取决于三个基本先决条件：第一，第二次世界大战后挪威的安全政策中坚决而全面地接受大西洋方针；第二，接受以下事实，亦即，商船队的航行范围必须同时符合挪威的防御要求和美国的安全保证；第三，商船队仍然有望在战争期间成为保障挪威经济和政治利益的重要因素。

海运委员会(the Board for Ocean Shipping)和国防运输管理局(the Defence Shipping Authority)成立以及合并之后，战时期间北约计划从北美向欧洲转运物资，而挪威成为这一大规模计划的主要贡献者之一。这一贡献远远超过挪威在联盟战争计划中的有限的军事贡献。早在1953年，英国驻奥斯陆大使馆就强调了这一点，指出“在海上，挪威战争期间对同盟国的贡献与该国国土面积的比例将会完全不相符”。这个局面在整个“冷战”期间盛行，这主要依靠挪威的商船队的增长，它们在1945年后的重建时期规模迅速扩大，分布急剧扩张，质量飞速上升。

总而言之，两次世界大战以及“冷战”的经历在一定程度上表明，虽然广阔的海岸线以及庞大的商船队让这个小国成为一个海上强国，但也成为大国战略计算中的一个棋子，从而显得极其无力。尽管如此，挪威仍然做出了巨大的贡献。

繁荣富强还是软弱无力？

作为一个海上强国，挪威确实在世界大战中受到了考验。第一次世界大战中，选择中立显然没有任何意义。政府一再受到来自大英帝国和德意志帝国的巨大压力。当欧洲军队闯入战壕，欧洲大陆的战争陷入僵局的时候，交战国开始以其他方式发动战争——首先是互相攻击贸易业。英国对北海所有的商业运输强制实行严格的违禁品管制，以防止中立国家向德意志帝国出口。德国一方则无情地攻击挪威商船，并且向当局施压让挪威继续出口。这种情况下，海事法和200年历史的优先权几乎没有起到保护作用。

1914年11月，英国在北海建立了封锁线，严格控制民用航运。为了反击，德意志宣布英国和爱尔兰附近的海域从1915年2月4日起为战争区域，所有敌方船只都将受到攻击。挪威受到了这一事态的严重影响。1915年和1916年期间，压力逐渐增加，到1916年8月，已有135艘船被击沉。从1916年秋天开始，海上战争又有了新的发展。德国袭击了俄罗斯西北部的海上通道，加速了U艇战争。人们认为德国的潜艇经由挪威领水通往作战区域。英国的压力使挪威政府于1916年10月13日发布了所谓的“U艇决议”(‘U-boat Resolution’)，禁止此类潜艇通行。德国采取的回应是胁迫挪威当局者削弱这一条例。这导致英国在1916年年底进一步加大对挪威的施压。1916年12月，英国强制实行煤炭出口禁令。此举极为有效，因为这不仅会切断挪威的煤炭进口，还会将挪威的商船队从全球燃料储存网络中驱逐，进而使其瘫痪。英国的出口禁令造成了一场可怕的能源危机，持续了三个月，直到1917年2月中旬才撤销。

战争开始以来，挪威的处境异常艰难，当1917年1月31日德国宣布实施无限制潜艇战时，挪威在随后的战役中更加容易受到攻击。尽管美国明显偏向英国，但一直是中立权利最强有力的捍卫者。然而，1917年4月，美国对德国宣战，终结了中立权利在政治和海军上的最重要的保障，从而使北部中立国的处境变得极为危险。

第一次世界大战期间，统计数据反映出挪威商船队遭受的伤亡惨重：大约900艘轮船，即120万总登记吨位损失。那是1914年舰队数量的一半。近2000名水手遇害，其中有1400人为挪威公民。总而言之，交战国在挪威运输和出口中不可调和的利益清楚地表明，在欧洲大国之间旷日持久的经济战争期间，传统的中立原则几乎是不可能实现的。

简而言之，在和平与局面相对不那么紧张的时期，政治上处于弱势的国家，即使是像挪威这样的海上强国，需要一直依靠海上资源和海上活动来发展繁荣。海运行业得益于国际合作的进程和国际法的发展，国际法已经制定了一个整体框架，小国能够在平等的基础上与更强大的参与者正式开展合作。通过支持国家对海运业的管控和干预，并推动其发展，整个社会处于能够从这些财富中获利的有利位置。不过，这一切始终面临挑战。

在战争时期和国际局势紧张的情况下，20 世纪的史实证明，由于海运行业对交战方至关重要，挪威可能被迫陷入困境。第二次世界大战期间，英国海运杂志《船舶动力》(*The Motorship*)写道，挪威商船队的价值超过了 100 万名士兵。一位美国海军上将则宣称：不止 100 万。[9]在整个战争时期更具挑战性的是挪威的地理位置。总而言之，对于像挪威这样一个依赖海运的国家来说，国际体系之外并不存在避难所，没有可行的撤退隔离方案，也不可能躲进中立原则。这既是一个安全的挑战，又是走向繁荣的大道。因此，作为一个海上强国，小国挪威在和平时期繁荣发展，但在动乱的时候变得无能为力，尤其是在国家决策者忽视海运战略重要性的时候。

注 释

1. Fernand Braudel, *Civilization and Capitalism. 15th – 18th Century*, Vol. 2: *The Wheels of Commerce* (New York, 1982), p. 361.
2. Geoffrey Till, *Seapower: A Guide for the Twenty-First Century* (London, 2004), chapter 1.
3. The National Archives/FO 371/1175/36285, minutes signed GHV [Gerald Hyde Villiers], 13 September 1911.
4. David C. Pugh, 'Guns in the Cupboard: The Home Guard, Milorg, and the Politics of Reconstruction 1945–1946', *FHFS Yearbook* (1986), p. 99.
5. Ottar Brox, *Hva skjer i Nord-Norge? En studie i norsk utkantspolitikk* (Oslo, 1966).
6. Omang Reidar, *Norge og Stormaktene 1906–1914* (*I*). Kilder til Integritetstraktaten (Oslo, 1957). Document 134, Nansen to Løvland, 13 March 1907.
7. The Commanding Admiral in Royal Proposition XXXII, 1909, p. 188. A similar proposal was put forward by the Admiral in 1919.
8. W. Friedmann, 'The Twilight of Neutrality', *The Fortnightly*, Vol. CXLVII, January 1940, p. 26.
9. *The Motorship* cited in Olav Riste, *Utefront* [The Exile Front], Vol. 6 in Magne Skodvin (ed), Norge i krig. Fremmedåk og frigjøringskamp [Norway at War: Foreign Yoke and the Struggle for Liberation] (Oslo, 1987), p. 114 and Erik Anker Steen, *Norges Sjøkrig 1940–1945* [Norway's War at Sea], Vol. 5, p. 120.

参考文献

Fernand Braudel, *Civilization and Capitalism: 15th–18th Century*, Vol. 2: *The Wheels of Commerce* (New York, 1982).

Ottar Brox, *Hva skjer i Nord-Norge? En studie i norsk utkantspolitikk* (Oslo, 1966).

Roald Gjelsten, *1960–2008: Fra invasjonsforsvar til ressursforvaltning og fredsoperasjoner*, part 3 in *Sjøforsvaret i krig og fred. Langs kysten og på havet i 200 år* (Bergen, 2010).

Rolf Hobson and Tom Kristiansen (eds.), *Navies in Northern Waters, 1721–2000* (London, 2004).

Tom Kristiansen, 'The Norwegian Merchant Fleet during the First World War, the Second World War and the Cold War', in *The Economic Aspects of Defence through Major World Conflict* (Rabat, 2005).

Tom Kristiansen, 'Neutrality Guard or Preparations for War? The Norwegian Armed Forces and the Coming of the Second World War' in Wim Klinkert & Herman Amersfoort (eds.), *Small Powers in the Age of Total War, 1900–1940* (Leiden, 2011).

David C. Pugh, 'Guns in the Cupboard: The Home Guard, Milorg, and the Politics of Reconstruction 1945–1946', in *FHFS Yearbook 1986* (Oslo, 1986).

Olav Riste, *The Neutral Ally: Norway's Relations with the Belligerent Powers in the First World War* (Oslo, 1965).

Olav Riste, *Utefront*, Vol. 6 in Magne Skodvin (ed.), Norge i krig. Fremmedåk og frigjφringskamp (Oslo, 1987).

Erik Anker Steen, *Sjφforsvarets organisasjon, oppbygging og vekst i Storbritannia: Handelsflåtens selvforsvar*, Vol. 5 in *Norges Sjφkrig 1940–1945*, (Oslo, 1959).

Geoffrey Till, *Seapower: A Guide for the Twenty-First Century* (London, 2004).

第七章　银幕上的船厂工人，1930—1945年

维多利亚·卡罗兰

引　言

本章追溯了虚构造船电影在纪录电影运动中的出现，并指出一种特定的审美和社会主义倾向主导了20世纪上半叶造船电影的风格。尽管造船类的电影通常使用特定区域的演员进行本地摄制，但是这些电影主要关注的并非区域特性，而是关注将英国历史的国家叙事与海洋相结合。

只有少数虚构电影描绘了英国的海事产业，而在20世纪30年代以前，这些行业在虚构电影中基本未被涉及。不过，它们自电影业诞生之初就一直是现实题材影片的重要组成部分。[1]

20年后，这些主题被证实是纪录电影运动的坚实基础。[2]约翰·格里尔森(John Grierson)在推出第一部关于北海鲱鱼船队的电影《漂网渔船》(*Drifters*，1929年)之后便一直重新聚焦于海事工作者。终身社会主义者保罗·罗萨(Paul Rotha)在《造船厂》(*Shipyard*，1935年)等作品中表现出对这一主题的类似兴

趣。这部电影记录了巴罗因弗内斯的一艘船的建造过程，采用苏联社会主义风格的现实主义来刻画工人形象。影片中不时响起造船厂的声音，银幕上展现了人们最熟悉的造船画面，例如：工人们涌入造船厂，强壮的工人敲打铆钉，还有令人眼花缭乱的钢水镜头。这种美学成为虚构电影中描绘造船厂的基本原则。可以看出，所有的虚构电影都使用了纪录片，并雇用当地演员或真正的工人来演绎海事产业。在 20 世纪 30 年代前，这样使用地方口音的电影还较为罕见，只是刚开始展现地方特性。然而，格里尔森认为，美学原则次于纪录片的社会学、教育和民主起源。[3]虽然美学和社会主义倾向是电影的一个新方向，但在帝国营销委员会的支持下，这些电影被要求反映出工业化英国的积极形象。菲利普·泰勒(Philip M. Taylor)认为，它们是推动受教育的民主和开明民主的力量之一。[4]这是对弥漫在统治阶级的焦虑情绪的回应，他们担心新一批选民群体的愚昧可能会导致“社会主义”标签泛滥，损害英国民主。

首航仪式

虽然纪录片赢得了评论界的认可，但是它们相对稀少，而且未必会广泛传播。相反，电影中海事工业最突出的标志便是首航仪式。作为新闻影片报道中反复出现的常见特征，这可能是海事工业知名度最高的一环。

早在电影出现之前，海军的首航仪式已是广为人知的公众奇观。18 世纪中叶，它们已经开始成为重大事件。玛格丽特·林肯(Margarette Lincoln)指出，19 世纪初，首航仪式已被赋予爱国意义，特别是在促进国家统一方面。[5]维多利亚时代，随着海军事务成为热点前沿，首航仪式日渐制度化。我们知道，早在 19 世纪初已有女性参与仪式，但直到这时才成为惯例。[6]维多利亚女王对此加以巩固，她是第一位真正亲自启动海军舰艇首航仪式的女王，而非仅仅作为皇室成员出场。[7]海军舰艇的首航仪式被指定为国事，也开始融入了教会仪式[8]以及国歌。[9]这是国家、教会与皇家海军联合的范例。

报刊文章表明，一些首航仪式参与人数多达数千人，[10]仪式受到摄影师的注意后，更多观众慕名而来。1897—1919 年间，商业公司制作了至少 50 部首航仪式影片，且都深受发行商喜爱。[11]第二次世界大战爆发前，高蒙电影公司和英国百代公司等制作了至少 196 部关于商船及军舰首航仪式的影片，首航仪式成为新闻影片的主要内容。两次世界大战之间人们对仪式的关注在一定程度上表现出了公众对造船业和一般技术更为广泛的兴趣。

在此期间，有许多因素提升了造船业在公众意识中的知名度。首先，大萧条导致造船厂 1/4 的工人失业，当时英国造船业的市场份额从第一次世界大战前的 61% 下降至 1919 年的 40%，[12]由于战争准备阶段必须重整军备，该行业的产能下降成为人们关注的问题。除了该行业的内部问题以外，这些全都是持续不断的新闻评论的主题。工会和船厂所有者之间的紧张局势导致了那段时期的罢工行动，使得人们对1917年俄国革命后的起义的恐惧，对第二次世界大战临近时共产主义渗透工会感到担忧。

其次，在竞争日益激烈的世界市场中，人们担心国家衰落，因而有意识地努力促进英国工业的发展。[13]例如，1926年帝国营销委员会的成立就表明了这一点。与此同时，出现了许多备受瞩目的大型展览，重点突出海运业特色。例如，人们在战前发起了英国工业博览会，在维多利亚和阿尔伯特博物馆的展览得到扩展以推广英国制造的产品和技术。到1930年，依靠贸易委员会的力量，英国工业博览会已包括三个展览场地：两个在伦敦，一个在伯明翰。最著名的是1924—1925年在文布利(Wembley)举行的大英帝国博览会，展会旨在宣传帝国的原材料资源和工业潜力。这场展览会吸引了超过2000万游客，占地面积超过216英亩(87.41公顷)，大英帝国所有成员国都有代表出席。我们从船舶发布会和展览中看到的这种国家项目受到皇室的大力赞助，并经常被拍摄成电影。

考虑到陷入困境的造船业、大型班轮的崛起、人们对重新军备的担忧以及第二次世界大战前英国工业的刻意推广等综合因素，媒体对新船舶首航仪式的持续关注并不令人意外。可以说，首航仪式作为一种趋势象征着持续的繁荣以及海军和商人的主导地位。它们强调了英国作为海洋国家的自觉，并向国外宣传自身处于尖端技术的前沿。首航仪式为民众参与提供了场所，像在18世纪一样，这被视为统一英国理念得以实现。首航仪式那天，轮船被精心设计的仪式环绕，强调了人们对工业、政治、经济或国际不安局势的自豪感和信心。

两次世界大战期间，蓝丝带奖的国际角逐加剧了建造更大更快的客轮的竞争：这是新闻中常见的主题。蓝丝带奖强调了客轮的意义，它们是民族自豪感、创造力和国际声望的象征。[14]我们应该在更为广泛的“技术民族主义”的背景下看待这一点。正如大卫·埃杰顿（David Edgerton）指出的那样，几乎每个国家的知识分子都对科学技术抱有民族主义态度。在宣传方面，他们宣称自己拥有发明与国家的现代观念，尽管运用技术民族主义理念最多的是两次世界大战期间的德国。[15]伯恩哈德·赖格尔（Bernhard Reiger）就英德对峙总结道：

> 众多庆祝活动中都有民众聚集在船舶、飞艇和飞机周围，第一次世界大战前后，这些活动支持并进一步增强了技术作为衡量各国经济、政治和军事实力指标的作用。[16]

第二次世界大战期间，由于审查限制，军舰仪式相关影片几乎消失了。不过传播的命名仍然重要并被用来培养忠诚。正如埃杰顿所指出的，“帝国”一词在英国战争期间建造或收购的1300多艘商船上很常见。他认为，1941 年“帝国自由”（*Empire Liberty*）号的命名“表达了他们为之奋斗的目标：帝国和自由”。[17]虽然“帝国”也可能是战前推广航运的一个关键概念，经常通过海军巡游和皇室访问的方式呈现在新闻报道中，但它在造船业的虚构作品或教育短片（MoI shorts）方面几乎没有表现：相反，它们主要关注阶级合作的内部问题。

虚构电影

首航仪式电影将焦点集中在船舶本身，将其视作人工制品，突出的是成品而非造船过程或劳动实践。然而，随着纪录电影运动中的电影和第二次世界大战时期制作的大量造船电影的出现，电影焦点明显转向劳动力。第一次世界大战以及1919年大罢工后，造船厂的知名度不断提高，小说和戏剧开始探讨造船厂工人，尤其是格拉斯哥（Glasgow）的工人的生活。马丁·贝拉米（Martin Bellamy）指出，这场主要由造船工会发起的运动引发了"红色克莱德赛德"（'Red Clydeside'）的传奇，工人们往往在文学作品中被美化。[18]不过，直到1934年，虚构电影才首次出现造船的主要情节：迈克尔·鲍威尔（Michael Powell）的《红船旗》（*Red Ensign*）。

这部电影的背景设定在大萧条时期，聚焦企业家迈克尔·巴尔（Michael Barr），他不得不说服工人推进他那革命性的船舶设计，尽管此举违背公司其余董事会成员的意愿。这也意味着工人需要在短期内无偿劳动。《红船旗》在展现对工人同情的同时，从造船厂主的视角出发，强调了工人的合作。这部电影有两点十分出色：首先，它涉及劳资关系；其次，它强调了商船对整个国家的重要性和传统性而非强调海军实力。

当前涉及劳资关系问题的电影数量相对较少，部分是由于审查制度的限制。这尤其阻碍了涉及内乱或罢工的电影，因为“这样一来，这些电影会被视为政治宣传，而我们一直认为这类政治宣传不太适合这个国家”。[19]罗伯特·詹姆斯（Robert James）对电影和文学中工人阶级品味的研究表明，当权派人士“认为大众休闲活动的主要作用之一是提高阶级意识”，并且“他们最害怕的正是来自下层的潜在政治挑战”。[20]这些综合因素使得无论将其作为事实还是传说，讲述“红色克莱德赛德”几乎都不可能。正如《电影月报》（*Monthly Film Bulletin*）对《红船旗》的评论：“电影引入了政治、爱国主义和劳资纠纷，但其处理方式避免了争议。”[21]电影的解决方案是基于各阶级间的合作与尊重：这一主题将继续发展并成为第二次世界大战期间电影宣传的重要原则。

第二次世界大战期间的造船电影

战时为造船业提供了急需的推动力，但是在重建船厂职工队伍方面出现了问题。《造船工人》（*The Shipbuilders*）是唯一一部以严肃的虚构电影情节方式涉及这一主题的电影。不过，首先值得一看的是音乐喜剧《造船厂的莎莉》（*Shipyard Sally*）和教育短片，以便将造船主题与第二次世界大战背景相结合。

《造船厂的莎莉》(*Shipyard Sally*)[蒙蒂·班克斯(Monty Banks，1939年)作品]

《造船厂的莎莉》于1939年8月上映，并且在战争爆发时仍在放映。这部电影是广受欢迎的格雷西·菲尔兹(Gracie Fields)的代表作，她专门描绘北方工人阶级的形象。与当时的许多工人阶级喜剧一样，它几乎被评论家忽视，但却受到观众的欢迎。[22]

影片中，一些造船厂因大萧条而被迫关闭，当时莎莉在克莱德赛德的一间酒吧工作，她鼓励失业的人们采取行动，提醒他们道："你们是世界上最伟大的造船者，英国欠你们很多，你们应该提醒她这一点。"他们向兰德尔勋爵(Lord Randall)提出请愿——兰德尔是决定格拉斯哥工业命运的委员会负责人，莎莉则被提名前往伦敦陈述情况。影片的大部分内容都是她和父亲为与兰德尔见面而做出的令人啼笑皆非的行为。所有这些努力似乎都是徒劳的。然而回到格拉斯哥后，她被誉为英雄，因为报纸报道称兰德尔已决定恢复克莱德河上的造船业。最后一幕中，莎莉唱着《希望与荣耀之地》(*Land of Hope and Glory*)，人们纷纷重返工作岗位，铺设龙骨、注钢水、锤铆钉，影片在国王和王后出席"玛丽皇后"号下水仪式时达到高潮。

尽管这部电影的处理方式过于简单和浪漫，而且大部分场景都不是在造船厂拍摄的，但惊人的是，影片与后来的纪录片短片和《造船工人》具有许多共同点。它以造船厂的关闭为起点，采用了纪实镜头，突出了造船工人的技能以及国家对他们的亏欠，并以工人们返回造船厂的镜头结束。影片还重点关注了阶级问题。玛西娅·兰迪(Marcia Landy)认为莎莉成为“阶级间团结”的象征，此外，“……影片还描绘了失业带来的阴影，并将工人阶级面对的负债和经济危机与上层阶级好逸恶劳的生活进行了对比……”[23]

将“玛丽皇后”号的下水仪式处理为整部影片的高潮意义重大。这艘船当时被称为库纳德 534 号(Cunarder 534)，于 1931 年停工，“玛丽皇后”号“成为造船业衰落的象征，锈迹斑斑的巨大船体成了绝望的灯塔”。[24]但当 1934 年政府预支 300 万英镑使工程得以继续进行时，它反而成为乐观主义的象征。同样的镜头也被用于《造船工人》的高潮部分。

教育短片

第二次世界大战期间制作的教育短片直接诞生于纪录电影运动，许多电影制作人也参与其中。这些电影用于强调造船业对战争的重要性、消除公众疑虑、保证该国的造船能力可以满足战争及征兵的需要，并在一定程度上宣扬造船厂在战后的美好未来。

英国造船短片强调了英国各地区造船业的悠久传统。其中最发人深省的是《泰恩赛德的故事》(*Tyneside Story*，1943 年)，它展望了战后造船业的未来。这部短片从大萧条时期废弃的造船厂开始，回顾了该地区的历史，并得出结论：“泰恩河的历史就是在顺境和逆境中造船的历史。”它强调了工人的技能和他们对工作的自豪感，但也认识到造船厂人员配备方面的困难，即由于工人在部队服役或从事其他职业，导致熟练工人不足。这部电影的目的是招募女性，尤其是吸引女性参与劳动。据刘易斯·约翰曼（Lewis Johnman）和休·墨菲（Hugh Murphy）所说，人们对在工厂工作的女性抱有相当大的敌意。[25]但这部电影对此进行了正面渲染，展现了女性在造船厂接受培训的场景，其中一名女焊工被描述为“和任何一个男人不相上下”。

影片中有一些迹象表明，把工人召回船厂的决定并非全然受欢迎：有些工人很高兴地在新的岗位上安顿下来，而有些工人则对他们在20世纪30年代急需工作时被拒之门外感到不满，他们还担心战后对船舶的迫切需求不再，这一幕将会重演。影片结尾强调了这一点。旁白在激动人心的音乐中赞美着泰恩赛德造船厂的工作，却被一名工人的镜头打断，这位工人问道：

> 啊，但等一下。泰恩赛德今天已经够忙了，我们老老少少都在努力工作，制造好船，但只要想想五年前的造船厂的样子就知道了：它们被闲置，空荡荡的，有些都废弃了，在那里工作的熟练的技术人员四散开去，被遗忘。五年后也会这样的吗？这才是我们泰恩赛德人想知道的。

不足为奇的是，这部电影并没有着眼于行业内的紧张局势，包括许多罢工事件，虽然紧急立法已将这种行为非法化了。[26]然而，其他教育短片中却出现了暗示劳资关系困难的例子，尽管这样是为了保证工人对战争尽忠。例如，在《造船者》(*Shipbuilders*，1940年)中，评论员在面试一位铆工时说道："你们被称为锅炉制造厂联盟的黑人小队，是吗?"这位铆工回答说："是的，但相信我，当遇到麻烦时，我们是白人，为了击败我们共同的敌人，目前我们正在像魔鬼一样工作。"

大多数短片都采用类似的格式，让工人直接对着摄影机说话，描绘船厂主时尤其如此，不像虚构电影中，船厂主一般以对工人进行家长式培养为特征。短片的重点在于工人作为工匠积极了解新技术，投身于战争中。[27]不仅英国的工人是世界上技术最好的工人，英国的轮船也是世界上最好的，而这是一段悠久的传统带来的结果。几乎所有短片都始于历史：从长期的角度来看，需要参考英国与海洋之间长久的联系；从短期的角度来看需要参考大萧条；从个人史角度来看，则需要参考在船厂工作的同一个家庭几代人的家族关系。例如，评论员对《钢铁出海》(*Steel Goes to Sea*，1941年)评论道：

> [英国]天然适合成为轮船的诞生地……造船技术和工艺是一种会持续下去的传统，超越任何一个人的寿命长度……它必须世代相传，从父亲传到儿子，从

兄弟传到兄弟。

《造船者》(1940年)中提到：

> 正是这些人的工作打败了西班牙舰队；正是他们的工作粉碎了拿破仑征服世界的梦想。他们的工作将让世界恢复正常……他们是背后有一千年工艺的人。

虽然该行业内部真正的困难并没有被完全掩盖，但工人的整体观点被高度浪漫化，以熟悉的言辞表达出来，而且常常植根于海军传统。海军传统的主旨，即实力和家庭关系，很容易被转化，造就造船厂工人的“英雄”。英国不仅在造船和海上兵力方面处于世界领先地位，船厂也由同一家族的几代人所真正操控，而且轮船本身已经被力推为民族自豪感和技术进步的象征。

植根于纪录电影运动实践过的“真实性”在这些电影中十分突出，几乎所有电影都是现场拍摄，让工人直接对着镜头讲话，并且经过反复拍摄。战争期间以捕鱼业为特征的 MoI shorts 也运用了这项技术。它们有类似的修辞艺术倾向，强调技巧和传统。例如，《不穿制服的水手》(*Sailors without Uniform*，1940年)的叙述者指出：

> 大英帝国和英国人民的命运在很大程度上由捕鱼

> 传统塑造。他们学会了这一行当，他们是在大海的传统中长大的……就像他们之前的祖祖辈辈一样……现在大英帝国和她的同盟国拿起了武器……英国的渔业工作者就像他们在第一次世界大战中所做的那样，正在为这个国家服务，供给人员和船只……他们以与从事和平时期的职业相同的欢快友情来做这件事……如今在英国，无论一个人属于什么阶级，都有证据表明，他们抱着前所未有的沉着冷静的决心，要粉碎这场德国的侵略战争……

这表明，电影对工人的刻画大体上是同质化的。这往往会淡化地区多样性以及不同职业传统的细微差异。除了地方口音外，泰恩赛德的故事很有可能就是格里诺克(Greenock)、巴罗(Barrow)或都柏林(Dublin)的故事。

无论何种类型，都可以找到代表海事工业的共同元素，包括喜剧、戏剧和新闻片。第一，工人身处紧密融合的社区，有一定的浪漫主义色彩。第二，强调工人家族世代相传的绝技，以及整个国家对他们的亏欠。第三，纪录片风格成为描绘海运行业的主导模式。在战争期间唯一一部描绘造船业的虚构电影中，这些方面被极力强调。

《造船工人》(*The Shipbuilders*)[约翰·巴克斯特(John Baxter，1943年)作品]

这部电影是根据1935年乔治·布莱克(George Blake)的同名小说拍成的。小说开头讲述了大萧条时期格拉斯哥造船业的衰落及其对劳动力的影响，故事延续到第二次世界大战。这一点上，电影展现了一个更为乐观的结局，结尾处造船厂重新开门，但同时也提出了警告：国家必须承担起责任，在和平时期能保护重建起来的繁荣。

《造船工人》比其他任何电影都更贴近造船厂的工人群体，也为战后工人阶级争取了更美好的未来。不同寻常的是，这部电影对造船厂老板帕甘(Pagan)和工人丹尼·希尔兹(Danny Shields)给予了同等的关注。影片也没有回避对阶级之间不平等的表现。帕甘和希尔兹的家庭生活形成了鲜明的对比。这种对比并不是《我们为之服务》(*In Which We Serve*)中的那种，后者展现不同阶级的家庭享受他们自己的快乐，并没有对其加以批判。《造船工人》中，丹尼的斗争仅仅只是为了食物供给，他因失业而婚姻破裂。他最小的孩子在他们单人公寓的桌子上玩着一艘粗略削成的木制玩具船。帕甘的孩子在一个一尘不染的游戏室里，里面的玩具出奇的大，令孩子们难以抗拒。影片中，帕甘愿意放弃生意，搬到乡下，而这一点在马丁·威纳(Martin Wiener)的评价中有所暗示：

> 商人们越来越回避工业企业家的角色，转而选择更有社会回报的绅士角色(如果可能的话，最好是有

> 地产的）。其结果是工业活力减弱，这是英国中产阶级绅士化所带来的最引人注目的一种后果。[28]

正是丹尼的活力说服了帕甘再一次尝试，把这场潜在的论争变成了阶级合作、互惠互利的又一事例。

对这部电影的一些评论体现了这种罕见手法，并且赞扬了其对格拉斯哥工人阶级的描述。《卫报》（*The Guardian*）的评论员评论道："这部精心制作的影片将英国的造船行业搬上了银幕，乔治·布莱克的故事在政治评论方面也做了一番尝试，这在电影界是很不寻常的。"[29]《旁观者》（*The Spectator*）表示：

> 影片中克莱德河畔废弃的造船厂、黑帮横行的格拉斯哥街道、周六下午的国际足球大赛、国内失业者的英雄主义以及后来大空袭中的英勇之举，让我们看到了一种罕见的银幕现象：这个行业并非仅仅作为个人冒险的背景而呈现，其本身就是一场冒险，而这个国家最好开始有意识地参与其中，否则将和在两次世界大战期间那样再次被忽视。[30]

不过，评论结尾处指出，这部电影在很大程度上号召整个国家参与英国工业和社会环境的建设。它还强调了这样一种观点，即要赢得战争，整个社会需要共同努力：这是战争后期的电影中常见的主题。[31]然而，在巴克斯特的电影中，普通人不需要认识到这一点：他需要的是有机会站在有分量的岗位上做出贡献，即有规律的工作和体面的生活条件，而不是依赖不稳定的救济金。

当丹尼的儿子彼得被指控谋杀，而年轻的犯罪团伙被无罪释放时，法官认为这种情况是由社会条件造成的。他在演讲中提出了统治阶级也应承担责任的观点：

> 这里有人不幸失业，他们没有犯错却无事可做……这可能是因为我们未能为这些不幸的孩子提供比在街角闲逛更好的事情做。

彼得的救赎是在海上找到的，而且是由帕甘和希尔兹带来的，这一点意义重大。帕甘安排彼得加入商船队，在他父亲建造的船上服役。战争也使得帕甘的儿子与彼得在同一条船上服役，也就是象征了整个国家在同一条船上。正如电影开头的画外音所言，英国的身份是由她与海洋的关系塑造而成的：

> 不列颠群岛的故事就是了不起的海员和精致的轮船的故事。有了他们，英国人民找到了自我，找到了自己在列国中的地位。从一个岛国对船舶的需求之中，诞生了一门工艺以及一份未曾被超越的行业。

对民族或个人而言，这种身份的潜在丧失被视为是灾难性的。电影结尾处的画外音警告人们不要自满，并发出恳求：

> ……他们随时准备着工作，这些人是世界上最好的工匠……这个世界存在着无数个丹尼，他们从来没有放弃自己单纯的信念。为了正义的事业，他们二话不说准备好奉献和受苦。他们所要求的仅仅只是提供服务的机会，却也并不总是能如愿：难道我们还要再犯同样的错误吗？战争给了这些人一个机会，那么和平呢？我们还要再一次靠那些孤独的战士们——无论是雇主还是雇员——来为我们的产业战斗吗？还是应该把它们视作整个国家的文化遗产和责任予以保护？我们已经作出了伟大的承诺。伟大的任务摆在我们面前。这些任务将需要工作、牺牲和船舶。船舶和英国的船厂有着辉煌的过去——我们用船舶建立了一座帝国，用船舶挽救了这个世界的自由。我们必须造船，并且要运用它们来做更多的事情。船舶可以将世界人民团结在一起，建立一个伟大的新联邦。如有必要，船只将为普通人的权利自由而战，无论他身在何处。

人们是在“玛丽皇后”号的系列下水仪式上听到这个演讲的。然而，画外音使它与之前的呈现不同。英国与海洋关系的持续性受到威胁，这部电影是对培养传统产业行为的警告。在《造船厂的莎莉》中，“玛丽皇后”号的下水显然是一场被《希望与荣耀之地》歌声所环绕的庆祝活动，是为一个团体以及一个国家重建繁荣的庆祝活动。在《造船工人》中，它特别地象征着一个警示性故事。

《造船工人》比其他任何一部战争时期的海事电影都更接近社会主义议程，并为战后的海事行业和工人阶级创造更美好的未来。20 世纪下半叶，处于战争中的国家对船舶的需求得到了满足，自然就很少有虚构电影再涉及造船这个主题了。

结　语

海军类电影之外的海洋领域仍然是一个相对而言未经探索的领域。在这方面，电影基本没有提及英国历史中维多利亚时期的故事。同样值得注意的是，在推敲海洋工业在民族事业中的发展趋势时，使用的大部分修辞表达都借用于海军的言辞或者难以与之区分。从宣传角度来说，这是十分必要的，因为海军修辞将商业海事部门的不同部分汇集在一起，使其与英国和海洋更为宏大的叙事保持一致。当然，宏大叙事是以海军传统为基础的，并因此受到广泛认可。

20 世纪初，对普通百姓来说，拍摄船舶下水并且进行宣传是商业活动最突出的指标，这也是民族团结的象征。这些活动却把工人排除在外。不过，1930 年后，工人们通过纪录电影运动在虚构电影中表现造船业的舞台上逐渐扮演起更重要的角色。

电影中有一条连贯性线索，即该行业被用来质疑社会本质以及造船的本质。虚构电影中造船工人的形象只与格拉斯哥有关。只有教育短片呈现了英国的其他地区。[32]然而，采用地区身份并不是为了代表地区身份本身，而是为了强化民族认同：强调英国与海洋的关系。造船厂工人和渔民的形象间巨大的相似之处表现了对工人态度的同质化和浪漫化，这往往会掩盖地区的多样性。造船电影成群出现主要发生在 1934—1945 年之间，寻找地区差异也许是一个错误。在电影中涉及对更广泛的阶级描绘和社会主义原则并不一定意味着对英国身份有了更细致的解读。20 世纪 30 年代的电影，英国正在刻意推动民族和帝国产业，强调技术进步，电影正是在这样的情况下制作的。关于第二次世界大战的电影促进了国家合作。在这两种情况下，在稳定的“民族”同质化背景下，重点在于行业的多样性和能力，而不是地区身份和差异。在这层意义上，它们是非常“英国”的电影，将英国描绘为一个民族国家，而不是着眼于其独立的苏格兰身份。作为宣传，它们并没有承认衰落，所有造船类的虚构电影都与解决方案有关：主要的一点就是英国要成为一个统一的国家。在描述海事工业时继续使用维多利亚时期民族和海军的修辞就强调了这一点。

海事工业电影的呈现手法非常一致。它植根于纪录片传统，而评价电影的标准是看它在多大程度上达到了这一标准。一种特定的社会主义现实学说的美学成为描绘造船电影的标准，这与对左派人士同情的表达有关。尽管这是通过阶级合作以及专制这类过于简单的解决方案来缓解的，海事电影也成为 20 世纪前 30 年提出的为数不多的认真考虑劳资关系和工人待遇的地方之一。

1930—1945 年间成批出现的造船类电影代表了更广泛的电影转向。首先，电影见证了人们进一步认可工人阶级是银幕上的严肃主角。第二次世界大战前，银幕上的工人阶级角色通常是次要的，要么是喜剧人物，要么是罪犯角色。现实中的保守主义霸权受到了纪录电影运动中社会民主立场的挑战。然而，这在处理所有行业的工人问题方面受到了限制，方法都是同一种，强调阶级问题，而不是地区多样性。纪录电影中的热点主题往往是那些影响到社会环境的因素，例如住房、教育、基础设施以及技术开发等。由于全球竞争日益激烈，英国工业被置于首要位置，并被纳入英国航海史的“故事”中，成为该民族在银幕上与其他任何传统制度一样的代表。

注　释

1. Actuality films were non-fiction films and were, in essence, rudimentary documentaries. Unlike documentaries, they rarely presented a cohesive narrative or argument. Pre-dating widespread dedicated cinemas, they were usually shown as a part of other entertainments, such as in the music hall or at fairgrounds.
2. John Grierson instigated the British documentary film movement whilst working for the Empire Marketing Board in the early-1930s and, in 1934, he transferred to the GPO. Initially, he adopted a modernist approach to film making, using impressionist techniques and later a more journalistic style.
3. John Hill, *Sex, Class and Realism: British Cinema 1956 – 1963* (London, 1986), p. 69.
4. Philip M. Taylor, *British Propaganda in the Twentieth Century: Selling Democracy* (Edinburgh, 1999), p. 91.
5. Margarette Lincoln, ‘Naval Ship Launches as Public Spectacle 1773 – 1854’, *Mariner's Mirror*, 83/4 (1997), p. 470.

6. Ibid., pp. 466–72.
7. Jan Rüger, *The Great Naval Game: Britain and Germany in the Age of Empire* (Cambridge, 2007) p. 33.
8. Technically, this was a re-introduction, as before the Reformation there would have been a form of Catholic blessing, then launches remained secular affairs until the Victorian period.
9. Silvia Rodgers, 'Feminine Power at Sea', *Royal Anthropological Institute News*, 64 (1984), p. 2.
10. See discussions in Rüger, *The Great Naval Game*, and W. Mark Hamilton, *The Nation and the Navy: Methods and Organization of British Navalist Propaganda 1889–1914* (New York, 1986).
11. Charles Urban, quoted in Rüger, *The Great Naval Game*, p . 66.
12. Ian Friel, *Maritime History of Britain and Ireland c. 400–2001* (London, 2003), pp. 223 and 271.
13. As in the case of the Royal Navy, despite some decline, in comparison to the period after 1945, the interwar years were in fact a time of sustained strength for the shipbuilding industry. See for example, David Edgerton, *Britain's War Machine: Weapons, Resources and Experts in the Second World War* (London, 2011), p. 25.
14. See Bernhard Rieger, *Technology and the Culture of Modernity in Britain and Germany, 1890–1945* (Cambridge, 2005), p. 228, p. 330.
15. David Edgerton, 'The Contradictions of Techno Nationalism and Techno Globalism: A Historical Perspective', *New Global Studies* 1/1 (2007), p. 1.
16. Rieger, *Technology and the Culture of Modernity in Britain and Germany*, p. 273.
17. Edgerton, *Britain's War Machine*, p. 81.
18. Martin Bellamy, 'Shipbuilding and Cultural Identity on Clydeside', *Journal for Maritime Research*, January 2006, (unpaginated) www. jmr. nmm. ac. uk/ server/ show/ConjmrArticle. 210 [accessed 16 March 2010].
19. From a censorship report (BBFC Scenario Reports 1932/209) on *Tidal Waters*, a proposed film on the strike of Thames watermen quoted in Jeffrey Richards, *The Age*

of the Dream Palace: Cinema and Society 1930–1939 (London, 1984), p. 120.

20. Robert James, *Popular Cinema Going and Working Class Taste in Britain, 1930–39* (Manchester, 2010), p. 203.
21. 'Red Ensign,' *The Monthly Film Bulletin*, 1/4, (1934), p. 29.
22. 'Box Office Winners', *Kinematograph Weekly*, 11 January, 1940.
23. Marcia Landy, *British Genres: Cinema and Society 1930 – 1960* (Princeton, 1991), p. 340.
24. Martin Bellamy, *The Shipbuilders* (Edinburgh, 2001). p. 182.
25. Lewis Johnman and Hugh Murphy, *Shipbuilding and the State since 1918: A Political Economy of Decline* (New York, 2002), p. 67.
26. Ibid, p. 70.
27. This was the propaganda message, but Barnett has argued that tradition 'fossilised' the industry. See Correlli Barnett, *The Audit of War: The Illusion of Britain as a Great Nation* (London, 1986), pp. 107–124.
28. Martin Wiener, *English Culture and the Decline of the English Spirit 1850–1980* (Cambridge, Second Edition, 2004), p. 97.
29. 'The Shipbuilders', *Guardian*, 9 March 1944.
30. Edgar Anstey, 'The Shipbuilders', *Spectator*, 17 March 1944.
31. In films such as *In Which We Serve* (1942) and *Millions Like Us* (1943).
32. This needs further analysis in comparison to other regional identities in the United Kingdom. Bellamy asks the same question in *Shipbuilding and Cultural Identity on Clydeside* and suggests that other regions such as Merseyside and the North East were more associated with the docks and coalmining respectively. There is also the possibility that it is linked with the romantic image of Red Clydeside and the strength of the Unions which emanated largely from the Glasgow yards. In addition, Greenock existed only because of the yards, they were its identity, and while other locations prospered through shipbuilding, it was not the reason for them being built.

第三部分

海军与海事部门中的
集体身份

第八章　两栖身份的另一面：英国海军陆战队在陆上，1755—1802年

布里特·泽布

引　言

除了海军陆战队外，每种军事组织都存在于一个明确的地理范围。陆军在陆上作战，空军在空中作战，海军在海上作战。海军陆战队是唯一不局限于单一地理领域的军种。相反，他们有两个活动范围：陆地和海洋，这使他们成为一个真正意义上的两栖组织。英国皇家海军陆战队成立于1664年10月28日约克公爵和奥尔巴尼海军团起义期间，在当时是第二次英荷战争的一部分。然而，战争结束后，海军陆战队也随之解散，等到下次战争才重新整改。在此期间，民众认为海军陆战队等同于陆军。由于缺乏长久性，这个海上陆战队并没有给当时收容军团的当地人民留下深刻的印象或关系，也未能和他们产生什么联系。1755年4月3日，随着英国海军陆战军团（1802年

之前所称)的成立，这个军事组织有了相对稳定的结构和永久性。因此，海军陆战队与当地居民的关系第一次从战争时期延伸到了非冲突时期。

本章探讨了1755—1802年47年间海军陆战队与当地(主要是英国)社区之间的一些关系。首先，让我们解释一下当时18世纪英国的"两栖"概念。关于两栖概念的定义问题不仅仅属于学术范畴，因为这个术语不仅涵盖了当时社会对新海军陆战队的理解，还将其与英国社会的文化观念相结合。接下来的一节描述了海军陆战队在岸上的实际位置。海军陆战队在岸上生活和训练时，能够与当地社区进行最基本的接触和互动。本节着眼于海军部和军械局在此期间承担的海军陆战队的建筑工程，并指出这些建筑不仅用于居住，也是海军陆战队与社区分离的实际标志。这一部分探讨了海军陆战队的守卫职责以及它是如何成为使两个群体进行日常接触的主要官方职责的。下一节揭露了军队与当地社区之间的一些摩擦。这不仅涉及由犯罪行为产生的负面影响，还涉及事故造成的公共破坏。然而，这种关系并不总是负面的，最后一节将对此进行说明。在这一节的描述中，公众会为失去海军陆战队士兵感到悲伤，也会为海军重要的里程碑式时刻感到喜悦，例如1802年为海军陆战队成为皇家部队举行的庆祝活动。所有这些部分都讲述了人们对这个两栖组织在岸上的存在的看法以及它是如何被附近的陆上社区所影响的。它还揭示了，虽然军人和平民之间可能存在冲突，但他们保持了一种广义上的社区意识。

两栖身份

18 世纪很多英国人认为英格兰以及后来的英国是一个两栖国家。丹尼尔·笛福(Daniel Defoe)曾在他的一部讽刺作品中嘲笑英国人，称他们为“低下的两栖乌合之众”。威廉·皮蒂斯(William Pittis)对此讽刺做出了回应，他接受英国人为“两栖”的观点，因为他们“生活在陆地上，大海是他们的防御”。不过，皮蒂斯反对笛福将英国人描述为“低下的乌合之众”。[1]在整个 18 世纪，这种将英国视为“两栖动物”的概念是当代作品中反复出现的文化描述主题。这一时期困扰英国的政治和战略辩论进一步加剧了这一问题，争论的焦点是英国军队应该攻击殖民地和海外领土，还是该对欧洲大陆进行战略攻击。至少，人们似乎达成了共识，即国家应始终保持其“两栖”性质，防止自己陷入欧洲大陆代价高昂的陆地战争。[2]

两栖作为一个统一观念的第二种用法出现在海军陆战队的机构中。“具有两种性质，从而生活在两种元素中”是约翰逊博士(Dr. Johnson)在他的一部著名词典中对“两栖”的定义。而“被带上船，用于登陆作战的士兵”则是约翰逊博士对“海军陆战队”的定义。[3]这就是约翰逊博士在此话题上的研究范围，但由于他忽略了海军陆战队在军舰上准备和作战的职责，因此存在一定程度上的概念性局限。值得一提的是，约翰逊在海军陆战队成立之前已编纂了词典，因此错过了该词条的意义发展。

不过，之后又有作家着手此项工作。詹姆斯·爱德华·奥格尔索普(James Edward Oglethorpe)于 1755 年出版的短篇作品《赤裸的真相》(*The naked truth*)表面上描写古典战争，实际上却批判了英法之间的潜在冲突。他这样描述海军陆战队：

> 士兵不是海员；因此他们不能从(商人)战争中获取分红，除非他们是两栖士兵；两栖的但是不理性的动物是水獭和海狸；两栖并且理性的动物是海军陆战队士兵；因此，在这种情况下，没有陆战队士兵会希望发生战争，但(一个)想成为海军陆战队士兵的人……[4]

和约翰逊博士一样，奥格尔索普的作品也写于英国海军陆战队成立之前。有证据表明，到 1757 年，海军陆战队开始将自己称为“两栖海军陆战队”。不论是战争还是日常活动，他们积极参与到陆地和海上的双重生活里。[5]到 18 世纪 60 年代，大多数民众也开始把海军陆战队看作是真正的两栖军事力量。当大众谈论起海军陆战队时，他们反复称其为“我们的两栖战士(们)”。[6]一位作者将“两栖”和“海军陆战队”联系在一起，甚至将他 1789 年的著作命名为《建议的特征：给一个两栖军队的……，有着……性格的提示》(*Symptoms of advice, to the o*****rs of an amphibious corps; with notices of N***l character*)。这本书是以给海军陆战队军官的建议为幌子写的，告诉他们应该如何在海军军官面前表现得体。然而，这本书的真正目的是在公众意识中强调海军陆战队的独特性质以及它由于其两栖性质而与其他军事力量的区别。[7]

到这一时期，“两栖”一词几乎已发展成为一种文化概念，不仅可用于对有关或无关的角色进行分类，还可用于对一个国家或机构进行分类。另一篇文章清晰地阐述了海军陆战队存在的双重性及其对海军和整个国家的整体作用：

> 就一个海员和海军陆战队士兵在船上的有用性而言，海军陆战队士兵在船上待了几个月后二者就没有区别了，但他们值得双重荣誉，因为他为国家出了海上和陆地上两份力。[8]

一些作者将海军陆战队的两栖特征与其作为一个宪法机构的概念结合起来，由此将海军陆战队视为英国的终极保护者：

> 有一条格言再怎么重复也不嫌多，那就是大英帝国和爱尔兰的大部分常备军应该是两栖的，或者换句话说，主要由海军陆战队组成。[9]

随着 18 世纪英国国力的不断增强，“两栖”一词不仅仅是一个术语，还是这一大国的文化意识。英国受海军保护，不受敌人侵扰，但也可以利用海洋和海军陆战队的进攻能力，夺取敌人的经济殖民地并攻击敌方的海岸。

军营：给予身份一个家

虽然海军陆战队理论上被视为一支军事力量，但理论并不总是与实践相符。英国民众与海军陆战队最基本的联系是在陆地上。海军陆战队在这一时期面临的最重要的结构性问题之一是，当他们不在船上时，他们该安扎在何处以及如何安扎。在海军陆战团时期，他们驻扎在从德特福德到普利茅斯的各处港口城镇。[10]到 18 世纪 40 年代，他们被统一安顿在三个皇家船坞镇——查塔姆(Chatham)、朴次茅斯和普利茅斯。在这些皇家船坞镇安置海军陆战队有其优势，“只有劝说他们能找到的所有工人，并尽可能多地雇佣那些可以驻扎在船坞镇附近的海军陆战队”，船队才得以在 1691—1692 年的冬天停留在海上。[11]约翰·埃尔曼(John Ehrman)认为这是英国舰队在 1692 年取得成功的主要原因之一。1740 年，海军命令沃尔夫(Wolfe)上校的第一海军陆战队驻扎在朴次茅斯的黑尔森(Hilsea)军营。不幸的是，这些营地由于在军械局曾管理不善，所以无法容纳所有的海军陆战队士兵。因此，这些士兵们不得不像陆军一样临时驻扎在“公共房屋”中，这种做法一直延续到海军陆战队成立初期。[12]这种分散性意味着海军陆战队将分散在各自的船坞城镇，因此他们需要更长的时间才能迅速登船。此外，将部队分散在这些公共房屋中还容易导致逃兵、疾病(可能是梅毒)和酗酒引起的骚乱等现象。为了缓解和平民之间的紧张局势，海军部认为应该开展专门的军营建设项目。[13]军营建设并非都是因为无良的酒馆老板或军事机动的需要而进行的；这也是为了保护公众整体。直到18世纪70年代，有关海军陆战队的投诉源源不断地涌入海军部：

> 经常有人打破窗户、损坏住处床铺和寝具，并且因为必须几个士兵住在一间屋子里，所以很难找到肇事者。[14]

海军部很重视这些投诉，并表明“纪律和良好的秩序对军队而言至关重要”。

1763年，七年战争接近尾声，海军部命令查塔姆、朴次茅斯和普利茅斯三个船坞镇开始寻找土地，用以建造各自军营。[15]与大多数18世纪的工程一样，海军和军械局的官僚作风意味着需要近20年才能完成军营建造。第一个由这两个委员会专门建造军营的就是朴次茅斯。海军部“非常渴望”军营，向枢密院提议：

> 旧制桶厂一旦闲置，就可以改建为在朴次茅斯履职的海军陆战队的营房。[16]

改建项目直到1769年1月17日才完工，此时距离官方批准已过去了近三年。[17]进程缓慢的大部分原因是军营的设计在不断完善，以便腾出更多住宿空间为军官提供更好的住宿条件。已完成的工程为 564 名士兵提供了住宿，为军官们提供了五个房间，总金额高达 3198 英镑。[18]当时，海军陆战队查塔姆部节省了这笔大开销，因为他们获准接管位于查塔姆的大部分旧陆军军营。这些营房建于 1750 年，是当时英格兰最大的军营之一，因此为海军陆战队提供了充足的空间，直到海军陆战队人数过多，陆军在美国独立战争期间收回了这些营房。因此，查塔姆海军陆战队不得不建造自己的营房，并且不能离之前的营地太远，后者于 1780 年完工。斯通豪斯(Stonehouse)的普利茅斯海军陆战队是三支海军陆战队中最后获得营房的，直到 1783 年营房才完工。1763—1778 年间，普利茅斯部和查塔姆部一样，使用一部分陆军军营。但也像查塔姆部一样，他们“为步兵团和民兵团让地”，于 1778 年 10 月搬离。因此，海军部申请了高达 1.668 万英镑的巨款，这样海军陆战队方可“在军营落脚，不会因为类似缘由被迫搬离”。这些营房比朴次茅斯的营房要大，可以容纳 612 名军官和士兵。[19]军营的建造费用并不是唯一的开支，因为他们还有着各种设备和配置需求，到 1784 年，这些费用每年可达 5000 英镑。[20]

军械局负责英国所有军营和堡垒的日常管理、供应、建造和维护。[21]虽然他们的配置有一定标准，但海军会任命一名营地长(通常是一位半薪军官)以备管理营地士兵行政和后勤之需。营地长应当：

> 照顾和负责，管理寝具、家具和用具……管理房间……不间断提供通常情况下允许使用的寝具、家具、用具和必需品。[22]

他会通过海军部订购这些基本必需品的所有订单，然后海军部会向军械局，有时也向海军局提出请求。军营内的很多任务最终会交给军士和资深士兵，因为履行这些职责需要些“地位”。总共有 30 名到 40 名士兵履行文员、理发师、教师等各种职责。[23]这一切都是希望在更广泛的社区内将军营建成一个自足的社区，同时让海军部在岸上能完全控制他们的士兵。

尽管军营里的士兵与社区在物理上隔离，但士兵们在公务之外确实有互动。已婚士兵被允许在军营外活动。在朴次茅斯，每个军团可以给 3 名已婚士兵放假，让他们可以花时间陪伴家人。这些士兵必须是“最优秀、最冷静的”，每周都会选出一组新人轮换。然而，其他没有休假的已婚男子虽然“有义务在军营里就寝”，但“如果他们不愿意，就不必在那里过夜”。[24]还有一个问题不能出现在军营里，尤其是在军营距离当地居民很近的时候，两个群体都会受到影响，那就是卫生问题。疾病在士兵和当地居民之间传播迅速。1771 年 8 月，朴次茅斯下达了一项驻军令：

> 为了其他人也为了居民的健康，沟渠必须经常补充新鲜供水。

当地指挥官补充说，应该确保：

> 沟渠的水闸在退潮时打开，以便当下的积水流出，直到足量的水重新注入，以免损害或扰乱居民的水窖。[25]

将海军陆战队员限制在军营围墙内的行为是海军部的一件大事，但即便如此，他们仍然与多数民众有着联系。

冲突与庆祝：社区中的海军陆战队

海军陆战队员与当地民众之间最频繁的接触发生在海军陆战队员在岸上执行公务的时候。1763年的《巴黎和约》结束了七年战争的敌对状态，此后并没有就和平时期海军陆战队的用途达成共识。一位作者认为，在皇家船坞镇使用海军陆战队可能就是体现和平时期政府经济状况的一个例子：

> 我赞成遣散301部队，英格兰的每个船坞处每天至少安排一名海军陆战队卫兵，借此给他们一个学习岸上纪律的机会。

不过，他确实承认道：

> 我认为，军舰舰长可能会对缺乏海军陆战士兵表示不满，身穿红色制服的船员是比较体面的附属部队，可以彰显船长的尊严。[26]

1764年，船坞委员们与作者达成一致，正式请求海军部调遣海军陆战队分队在船坞执行警卫任务，以代替平民守卫。有人认为海军陆战队将：

> 为国家的弹仓和仓库的安全，以及现在或将来可能进行改装、建造或修理的船只的安全做出巨大贡献。[27]

为了安抚平民的担忧，由于这一变动而失去工作的平民守卫将得到经济补偿。他们将获得守卫工资的一半，每年还会得到作为船坞工人的全额年薪，直到他们离开船坞为止。船坞委员负责全面管理海军陆战队警卫，这个职位和船长有些相似，但他们不得“干涉海军陆战队在船坞执勤的纪律”。[28]如果海军陆战队警卫员在日常工作中与技工或者船坞上其他工作人员发生冲突，他们应立即向海军陆战队警卫员的指挥官报告。该指挥官会将事件直接向专员报告，该委员可以确保当事人“获得应有的满意”。他同时也应保证：

平民和军方之间一切有关个人侮辱与不和的事件都得到尽可能的防范和阻止。[29]

海军陆战队在陆地上的民事指挥原则是海军职责的重要组成部分，也是陆军和民兵的职责。皇家船坞的海军陆战队警卫编制一般包括 1 名少尉、1 名中士、2 名下士、1 名鼓手和 36 名士兵。其他非船坞的警卫编制包括海军医院警卫(1 名中士、1 名下士和 12 名士兵)、军营警卫(包括 1 名少尉、1 名中士、1 名下士、1 名鼓手和 6 名士兵)以及医务室警卫(包括 1 名下士和 3 名士兵)。[30]海军警卫的职责包括在船坞内轮班守卫 24 小时、保管火车和物资的钥匙，最主要的是保持警惕，防止任何人携带烟、火进入弹药库，类似于在船上负责预防、探测火灾。警卫可以轻松接触到船坞内的各种物资，不少人担心他们会“监守自盗”。值班军官曾报告道：“在靠近第 17 号岗哨的船坞锚泊区，有一些旧绳索、旧缆绳被盗。”这一盗窃事件引发了人们对“海军陆战队”的怀疑。指挥官担忧会因此损害海军陆战队的形象，于是便发出悬赏：“凡提供盗窃物品线索的，获赏 1 基尼金币；靠此线索找到罪犯后再奖励 1 基尼金币。”[31]在公众眼中，正是因为指挥官十分注重军团的声誉和形象，才能迅速做出对策。

这些警卫编制队伍并不小，需要船坞社区内外部署大量人员。三大皇家船坞——查塔姆、朴次茅斯和普利茅斯的海军陆战队警卫编制总共约有 330 名士兵，从中抽调日夜警卫，从而确保每个船坞至少有 10 名海军陆战队员可以随时进行连续值勤。在编警卫人数越来越多，直到 1803 年，总兵力达到 954 人，迫使军队着力扩建每个船坞的警卫宿舍。[32]在和平时期，驻军的海军陆战队人数大幅度减少，海军陆战队在陆地和海上连续执勤的压力越来越大。分区指挥官对人员缺乏的问题给予重点关注，尤其在人员需求量不断增加的情况下。1787 年 8 月，朴次茅斯分区的指挥官收到指令，要为“贝德福德”[HMS *Bedford* (74)]号和“壮丽”[*Magnificent* (74)]号提供海军陆战队时，感慨道：

> ……包括军官的仆人在内，目前在军营里适合执勤的人数是 192 人。

在这样的部队条件下，每天有 69 名士兵被派去执行守卫任务，因此“我们目前需要换三次班，只能睡两晚”。[33]这 69 名士兵是该年 8 月份的守卫人数，比 1 月份的 91 人少了许多，因为其他舰队的需求量增加了，如植物学湾远征(Botany Bay expedition)。[34]如果同时满足这两艘船的守卫人数需求，海军陆战队将无法维持其完整的警卫体系。媒体也担心警卫和海外任务中海军陆战队人数不足的问题。一位自称“海陆兼备”(Per Mare Per Terram)的作家对海军部缺乏远见表示遗憾，并“希望未来军团再也不要出现如此严重的缺人状态了”。他进一步指出，海军部应该明白，海军陆战队“甚至不足以为警卫舰提供适当的守卫人数，并履行分配给他们的陆地职责”。[35]他呼吁在和平时期将海军陆战队的数量翻倍，而且他认为这不会给政府带来太大的额外开支。《纪事晨报》(*Morning Chronicle*)的一位作家也赞同他的观点：“我们目前非常需要这个职责[警卫职责]，那么，谁能更好承担这一职责呢？海军陆战队，皇家海军所有事务的守护者。”[36]

官方海军除了履行警卫职责的时候会出现在大众面前，其他时候也能看见他们的身影。在君主或军事指挥官等尊贵人士在场时担任荣誉警卫也是他们在陆地上的重要职责。丹麦国王于 1768 年来到查塔姆时，海军陆战队的警卫编制，包括所有的投弹兵，已“就位，向丹麦陛下的到来致以最高军事荣誉”。该分队的其余部分则从公共区域行进到海滩，“沿着水边的街道尽可能远地排成一行”。[37]海军陆战队还会组成分队，为最近英勇就义的海军陆战队员举办葬礼游行。在当地公共场所的葬礼游行中，为第 25 连的音乐员詹姆斯·伦达(James Rembda)游行的队伍是一支由 1 名中士、1 名下士和 12 名士兵组成的海军陆战队警卫。所有海军陆战队的荣誉警卫都配备了武器、装备和 3 发用于仪式射击的弹药。[38]海军陆战队还出现在所有在船坞城镇执行军事法庭判处的处决中。海军部和海军陆战队深谙他们的士兵作为公众榜样的重要性，要求海军陆战队的军官和士官确保军队形象：“凡属海军陆战队，无论他们属于哪艘船或哪个驻地，一旦发现在街上醉酒、作风邋遢，都要立即关押在警卫室。”[39]政府也担心在选举期间军事单位的负面影响。

1771 年 3 月 4 日，在选举进行期间，规定罗切斯特的海军在编人员和警卫行进距离不得超过 3 英里(4.83 千米)。[40]

海军在陆地上行为的规范是由每年的议会投票来决定的，内容为“关于海军部队在陆地上行为的规章和指示”，类似于每年通过的《叛乱法》(Mutiny Acts)，该法控制着其他陆军部队与公众的互动。这些法规以及每年通过的《骚乱和叛乱法》(Riot and Mutiny Acts)明确规定了军队和海军在公共动乱中的作用，如海军多次出动平息船坞工人的骚乱，前往英国边缘陆路交通难以到达的沿海社区。1773 年 2 月，军队命令普利茅斯分区的三个海军陆战队连队做好准备，以协助镇压康沃尔(Cornwall)的粮食骚乱。[41]在不同的时间，海军陆战队还被安排在海军驻地所在城镇巡逻，要求巡查“喧闹的公共场所；但要非常小心，不要与房东发生争执”。[42]这些规定还明确指出，海军陆战队必须在民事法庭系统内解决他们与平民之间的冲突、纠纷和违法行为。1803 年有一个典型的案例，皇家海军陆战队普利茅斯分区的西门·布西尼(Simeon Busigny)上尉提交给市长一份案件，有人指控海军陆战队士兵菲利普·沃特金斯(Private Philip Watkins)从他的“主人”(不确定是谁)那里偷走了一些“靴子、一件外套和衣物”。[43]海军醉酒也会引发许多犯罪活动和攻击平民的行为，特别是在公共场所或剧院等地方尤为严重，一旦事发，回驻地后往往会受到严厉的惩罚。[44]

海军陆战队与当地居民之间也存在非犯罪性的紧张关系。在这一时期，实弹射击训练并不严格，靠近百姓使用子弹和火药是相当危险的。1763 年，普利茅斯的布莱克特(Blackett)医生向普利茅斯分区的指挥官提出了正式投诉，他说，一名海军陆战队员从斯通豪斯向水面开火，子弹穿过他的窗户。军队下令严格要求军官和士官“在去训练之前检查士兵的武器，确保每一件武器都是空的”。[45]18 世纪 90 年代，公共酒馆的费用不断增加以及关于军人在公共酒馆未支付或少支付的投诉迫使政府采取行动，在新通过的《公共酒馆救济法》(Act for the Relief of Publicans)中，政府规定了公共酒馆可以向参与消费的军人收取新的固定费用，反之，军官可以要求报销消费的金额。这项法案公开承认了酒馆反映的问题，并试图缓解军人与公众之间的一些紧张关系。关于“陆军”的法律定义是否扩展到海军陆战队的问题也引发了讨论。海军部的法官甚至表示，“该法案似乎并不适用于陛下的海军陆战队”。[46]这是一个有趣的法律盲区，因为对法律和某些公共部门来说，海军陆战队与其他陆军部队有所不同。

海军陆战队与当地居民之间的紧张关系并非单方面的。海军部的律师受命负责处理所有在民事法庭上审理的海军案件。这些案件包括强征入伍的骚乱以及海军和海军陆战队人员的公共债务问题等。[47]不幸的是，关于律师在起诉违法平民方面的职责记录却少之又少。1794 年 8 月，7 名年轻的海军陆战队鼓手，年龄均不超过 14 岁，正在查塔姆军营附近的区域走动。下午，这些男孩遇到了一位农民约翰 · 贝尔(John Bell)，他恰好住在这附近。贝尔指控这些男孩“破坏了他的篱笆，贝尔就把这几名鼓手赶进一个田地，让他们脱到只剩衬衫，并用篱笆桩殴打他们”，其中两个男孩身受重伤。[48]海军部派遣他们的律师进行调查，发现贝尔确实袭击了这些男孩，并对他提起了诉讼。然而，律师进一步要求海军部“请下令继续跟进起诉中的[威廉·沃尔斯顿(William Wolsten)诉贝尔案]，并且进行其他[我的强调]的起诉”。[49]所提到的“其他”是指另外的那6名男孩，他希望对贝尔分别进行七次审判，严惩贝尔。虽然海军陆战队可能会给当地社区造成问题，但海军部也希望让所有人知道，他们的士兵不能被随意虐待。

在与公众的交往互动中，并非所有情况都是负面的。在这一时期，公众对失去的海军陆战队员，尤其是在战斗中阵亡的海军陆战队员表示哀悼的案例屡见不鲜。查塔姆分区约翰·皮特凯恩(John Pitcairn)少校的事件可能是18世纪报纸上评论最多的海军陆战队员的死亡案例。皮特凯恩少校是1774—1775年在北美的海军陆战队营的分队指挥官，受命前往康科德以夺取美国叛军弹药，目睹了美国独立战争的第一枪。皮特凯恩在1775年6月17日的邦克山战役中领导侧翼部队时阵亡。他的损失对海军陆战队来说是一个巨大的创伤。塔珀(Tupper)少校对此损失向海军陆战队表示：

“那一天，多名勇敢的军官阵亡了，海军陆战队获得的荣誉黯然失色，尤其是皮特凯恩少校的殉职……他的去世令整个海军陆战队深感遗憾，我们都非常敬爱他。”[50]

皮特凯恩少校在战斗结束时身上嵌有四颗铅弹，被“他的儿子扛着”离开战场。当他的死讯传到查塔姆时，人们说这是“重磅新闻”。[51]他被誉为“和蔼可亲、举止优雅、品德高尚的绅士，深受军官和士兵的爱戴，并受到各个阶层人们的高度尊重”。各种报纸报道特别提到社区对他作为温柔丈夫和非常关爱多名孩子的父亲的理解。镇上的人们感叹道：

“上周二晚上，这个消息传到少校妻子那里时，她当场晕倒了，好几个小时之后才苏醒过来；自那以后她没有说过话，大家认为她不再鲜活；难以想象他们曾经是多么的幸福。”[52]

公众也与海军陆战队一起庆祝欢乐时刻。1802 年 4 月 29 日，皇家批准该部队更名为皇家海军陆战队，巩固了海军陆战队的身份：

“陛下也非常高兴地表示，考虑到海军陆战队在最近战争中的突出表现，该军团今后将称为皇家海军陆战队。”[53]

所有分区很快收到了皇家海军陆战队创建的消息。[54]海军陆战队晋升的消息公之于众后，许多报纸表示他们“非常兴奋”，宣布确认这个“英勇的海军陆战队”终于成为皇家单位。[55]消息最终传达到各个分区的海军陆战队时，他们举办了热烈的庆祝活动。1802 年 5 月 2 日，在普利茅斯，“国王施恩，亲封由普利茅斯、朴次茅斯和查塔姆构成的海军陆战队，成为陛下的皇家海军陆战队，以表彰他们在最近战争中的突出表现”，博沃特(Bowater)少将代为接受恩赐，向总部传达命令。[56]海军陆战队举行了盛大的晚宴来庆祝这个振奋人心的消息，晚上，驻军在驻地开了三轮“光彩夺目的齐射”，军营在鼓声响起的一瞬间变得“光芒万丈、动人心魄”。[57]1802 年 6 月 4 日是国王的生日，新的海军陆战队制服将在当天作为惊喜展示，公开向国王表示感谢。[58]国王的生日将由当时普利茅斯的所有军事单位庆祝，并伴有音乐，向空中鸣炮致敬，炮声停止后，群众将为国王欢呼三声。据当地报纸报道，民众还特别为新风格的皇家海军陆战队欢呼。[59]“这真是一个别开生面、充满活力的场面，不论是战争时期还是和平时期，国家都将皇家海军陆战队视为一个家庭和宪法军团。”[60]

结　语

本章介绍了 18 世纪末英国国家唯一的两栖军事组织的角色和存在形式。阐明“两栖”一词的当代文化理解，通过这一术语展示了国家和海军陆战队的形象。海军陆战队的军营是他们在社会与军队之间最直接的体现。通过减轻海军陆战队在公共酒馆的负面影响，以期缓解他们与公众的关系。军营并不是一个封闭的地方，士兵与民众之间有各种官方和非官方的接触场所，主要的官方接触是海军陆战队在各个皇家船坞和社区的警卫编制进行的。这些警卫编制虽然在规模和职责上有所波动，但他们始终全副武装、身着制服，始终代表着国家的权威。海军陆战队与平民社区之间有时关系紧张，通常涉及犯罪案件。双方的紧张关系并不罕见，也不是海军陆战队所独有的，包括民兵在内的所有军事单位在这一时期都有类似事件通报。值得注意的是，尽管存在这些犯罪和非犯罪的紧张关系，但并不影响公众对海军陆战队在英国国家中重要性的认识。公众会为海军陆战队哀悼，也会与他们共同庆祝欢乐。正是这种与皇家海军和海洋的关联，进一步推动了海军陆战队成为“宪法军团”。这个术语赋予了他们一种合法性，1802 年他们被授予“皇家”称号，最终确认了他们的永久性，也重申了他们的合法性。

注　释

1. Daniel Defoe, *The True-Born Englishman*: *A Satyr* (London, 1701), p. 4; William Pittis, *The True-Born Englishman*: *A Satyr*, *Answer'd*, *Paragraph by Paragraph* (London, 1701), p. 18.
2. 'An Eulogium on the Earl of Chatham' in *The Westminster Magazine*, [Vol. 11], (February, 1783), p. 93.
3. 'Amphibious' and 'Marine' in Samuel Johnson, *A Dictionary of the English Lan-*

guage, Vol. I–II, [second edition] (London, 1756).

4. James Edward Oglethorpe, *The Naked Truth* (London, 1755), p. 17.
5. Officer, *A letter, to the Right Honourable the Lords of the Admiralty; setting forth the inconveniences and hardships, the marine officers are subject to* … (London, 1757), p. 19; Britt Zerbe, ' "That most useful body of men": The Operational Doctrine and Identity of the British Marine Corps, 1755 – 1802', University of Exeter Ph. D. thesis, 2010.
6. *Craftsman or Say's Weekly Journal* (London), 24 July 1773.
7. Quondam Sub., *Symptoms of advice, to the o*****rs of an amphibious corps; with notices of N***l character* (London, 1789).
8. *Gazetteer and New Daily Advertiser* (London), 7 March 1770.
9. *The Crisis: A Collection of Essays Written in the Years 1792 and 1793*, [Issue 22], p. 126.
10. Navy Board to Admiralty, R. D. Merriman (ed.), *The Sergison Papers* [Naval Record Society Vol. 89], (London, 1950), p. 316.
11. John Ehrman, *The Navy in the War of William III, 1689–1697: Its State and Direction* (Cambridge, 1953), p. 446.
12. J. A. Houlding, *Fit for Service: The Training of the British Army, 1715 – 1795* (Oxford, 1981), p. 39–40.
13. The National Archives [hereafter TNA], ADM 2/1171, Request for Money for Plymouth Barracks, 2 May 1779, f. 438.
14. TNA, ADM 183/2, Order Book of Chatham Division, 13 May 1772.
15. TNA, ADM 2/1159, Admiralty to Principal Officer of Ordnance, 3 October 1763, f. 388.
16. TNA, PC 1/7/54, Admiralty to Privy Council about Marine Barracks Portsmouth, 20 May 1765, ff. 3–4.
17. J. A. Lowe (ed.), *Portsmouth Record Series Records of the Portsmouth Division of Marines, 1764–1800* (Portsmouth, 1990), p. xviii.
18. Lowe (ed.), *Portsmouth Record Series Records of the Portsmouth Division of Ma-*

rines, *1764–1800*, p. xviii.

19. TNA, ADM 2/1171, Request for Money for Plymouth Barracks, 2 May 1779, ff. 438–40.

20. TNA ADM 96/13, Marine Pay Office Out-Letters, 21 February 1784.

21. Houlding, *Fit for Service*, p. 40.

22. Lowe (ed.), *Portsmouth Record Series Records of the Portsmouth Division of Marines*, *1764–1800*, p. xxiii.

23. TNA, ADM 1/3290, Letters from Commandants at Portsmouth, 2 September 1787, ff. 1–3.

24. Lowe (ed.), *Portsmouth Record Series Records of the Portsmouth Division of Marines*, *1764–1800*, p. 13.

25. Lowe (ed.), *Portsmouth Record Series Records of the Portsmouth Division of Marines*, *1764–1800*, p. 14.

26. *Gazetteer and London Daily Advertiser* (London), Saturday 14 January 1764.

27. TNA, ADM 2/1160, Admiralty to Commissioners of Dockyards, 13 October 1764, f. 375.

28. TNA, ADM 2/1160, Admiralty to Commissioners of Dockyards, 13 October 1764, ff. 376, 378.

29. TNA, ADM 2/1160, Admiralty to Commissioners of Dockyards, 13 October 1764, ff. 378–9.

30. TNA, ADM 1/3290, Colonel-Commandant Tupper to Admiralty, 16 August 1787.

31. TNA, ADM 183/1, Chatham Order Books, 17 July 1768.

32. Roger Morriss, *The Royal Dockyards during the Revolutionary and Napoleonic Wars* (Leicester, 1983), p. 96.

33. TNA, ADM 1/3290, Colonel-Commandant Tupper to Admiralty, 12 August 1787.

34. TNA, ADM 1/3290, Colonel-Commandant Tupper to Admiralty, 17 January 1787.

35. *Diary or Woodfall's Register* (London), 30 July 1790.

36. *Morning Chronicle and London Advertiser* (London), 5 October 1778.

37. TNA, ADM 183/1, Order Book of Chatham Division, 12 October 1768.
38. TNA, ADM 183/1 22, Chatham Order Book, June 1768.
39. Lowe (ed.), *Portsmouth Record Series Records of the Portsmouth Division of Marines, 1764–1800*, p. 14.
40. TNA, ADM 2/1165, Admiralty Commanding Field Officer of the Marines in Chatham, 4 March 1771, f. 444.
41. R. A. Roberts (ed.), *Calendar of Home Office Papers of the Reign of George Ⅲ, 1773–1775* (London, 1899), p. 17, 125.
42. Lowe (ed.), *Portsmouth Record Series Records of the Portsmouth Division of Marines, 1764–1800*, p. 79.
43. Plymouth West Devon Record Office [PWDRO] 1/695/11, Indictment and Deposition of Pvt, Philip Watkins.
44. Lowe (ed.), *Portsmouth Record Series Records of the Portsmouth Division of Marines, 1764–1800*, p. 120.
45. TNA, ADM 184/1 27, Plymouth Division Order-book, April 1763.
46. TNA, ADM 1/3683, Letters from the Solicitor of the Admiralty, 12 September 1795.
47. Nicholas Rogers, 'Impressment and the Law in Eighteenth-century Britain' in Norma Landau (ed.), *Law, Crime and English Society, 1660–1830* (Cambridge, 2002), p. 84.
48. TNA, ADM 1/3683, Colonel-Commandant Tupper to Admiralty, 10 August 1794.
49. TNA, ADM 1/3683, Solicitor to Admiralty, 28 August 1794.
50. TNA, ADM 1/485, Tupper to Graves in 21 June 1775.
51. *London Evening Post* (London), 25 July 1775.
52. *St. James's Chronicle or the British Evening Post* (London), 29 July 1775.
53. *E. Johnson's British Gazette and Sunday Monitor* (London), 2 May 1802.
54. TNA, ADM 2/1191, Marine Department to Col. Commandants, 29 April 1802, p. 66–67.
55. *Caledonian Mercury* (Edinburgh), 3 May 1802.

56. *Trewman's Exeter Flying Post* (Exeter), 6 May 1802.

57. Monthly Register of Naval Events, *Naval Chronicle*, Vol. VII, (January to June, 1802), p. 447.

58. TNA ADM 2/1191, Marine Department to Col. Commandants, 29 April 1802, p. 67.

59. *Trewman's Exeter Flying Post* (Exeter), 10 June 1802.

60. Monthly Register of Naval Events, *Naval Chronicle*, Vol. VII, (January to June, 1802), p. 528-9.

第九章 施佩伯爵的覆灭与德意志帝国海军的集体身份

马克·琼斯

引 言

1914年12月8日，德意志帝国海军东亚舰队在南大西洋福克兰群岛（马尔维纳斯群岛）附近被英国皇家海军全面击败。总共有约2000名德国水兵和军官丧生。[1]德国旗舰、装甲巡洋舰"沙恩霍斯特"（*Scharnhorst*）号上的全体船员随船沉没。[2]第二艘沉没的德国装甲巡洋舰"格奈森瑙"（*Gneisenau*）号上载着800人，英国皇家海军从水中救起了187人。德国小型战舰上的生还率更低。在"莱比锡"（*Leipzig*）号和"纽伦堡"（*Nürnberg*）号巡洋舰上的600多名船员中，仅有25人幸存。[3]与德国方面几乎全军覆没的情况相比，英国舰船在这场战役中只遭受到微小损失。英国没有一艘舰船沉没，且英国皇家海军的伤亡人数极低："不屈"（*Inflexible*）号上有1名水手死亡，"肯特"（*Kent*）号上有6人死亡，4人受伤，"格拉斯哥"（*Glasgow*）号上有1人丧生，另有4人受伤。[4]

英国的胜利是这场战斗实力悬殊的结果。由斯特迪海军上将(Admiral Sturdee)指挥的英国舰队，其中一些舰船的航速比与之对抗的德国舰队中的任何一艘都要快5节。斯特迪的舰船还拥有更大的火炮。实际上，它们可以在远距离向德国人射击，从而将德国人对它们安全的威胁降到最低。因此，一旦德国指挥官浪费了先发制人的优势，良好的天气和高能见度的结合就确保了英国在福克兰群岛(马尔维纳斯群岛)遭遇的五艘德国战舰中只有一艘能够逃脱。其他德国战舰没有选择投降，而是选择了被炸成碎片。

德国指挥官马克西米利安·冯·施佩伯爵(Graf Count Maximilian von Spee)与他的战舰一同沉没。在德国，他被尊为英雄，他的舰队也被视为英勇牺牲的典范。冯·施佩的妻子向德国媒体表示，她以丈夫为荣。随他一同逝去的，还有她的两个儿子——奥托(Otto)和海因里希(Heinrich)，他们当时分别在“纽伦堡”号和“格奈森瑙”号战舰上服役。[5]至少从大众角度来看，并非只有她一人在歌颂舰队的牺牲。在接下来的几个月里，施佩的舰队成为第一次世界大战中德意志帝国海军牺牲精神的象征。与此同时，德国战舰拒绝投降的事迹被塑造成将这场压倒性的惨败重新包装成一场英勇且充满反叛精神的道德胜利。本章以这支舰队为例，探讨了第一次世界大战初期德意志帝国海军的集体身份。

德意志帝国东亚舰队

1914年8月战争爆发时，施佩几个月后率领前往福克兰群岛(马尔维纳斯群岛)的舰队当时正位于西太平洋的波纳佩(Pohnpei，亦称 Ponape)。鉴于它们距离德国如此遥远，施佩完全可以自由决定自己的战略。正如在福克兰群岛(马尔维纳斯群岛)沉没的船只中军衔最高的幸存者汉斯·波赫哈默尔(Hans Pochhammer)后来所言，舰队的任务是避免被英国皇家海军及其盟军摧毁，同时尽可能多地破坏盟军船只。这是要进行贸易战(Handelskrieg)。由于日本参战带来的额外威胁，施佩决定向东航行，以避开舰队在西太平洋面临的危险。这样做，舰队就无法返航保卫其在东亚的德国殖民地。

10月31日，施佩得知一艘英国军舰已在科罗内尔(智利)靠岸。[6]为了拦截这艘名为“格拉斯哥”号的单独船只，施佩的舰队向南航行。但当时他们并不知道，“格拉斯哥”号其实是海军上将克拉多克(Cradock)指挥的一支英国舰队的一部分。在科罗内尔海岸附近，克拉多克的舰队与施佩的舰队相遇。在这场遭遇战中，施佩的舰队武器更为先进。然而，尽管克拉多克的舰队存在被击败的巨大风险，他还是选择了与德国舰队交战。结果是，英国海军舰队遭遇了100多年来的首次失利。德皇的回应恰如其分，授予施佩300枚铁十字勋章，以表彰他的部下。德国方面损失较小，而英国方面有超过1500名官兵丧生，包括克拉多克。克拉多克的旗舰“好望角”（*Good Hope*）号和“蒙茅斯”（*Monmouth*）号均被击沉，“格拉斯哥”号则侥幸逃脱。11 月 3 日，施佩伯爵驶入瓦尔帕莱索（智利），他声称由于天气恶劣，无法放下小船去救援幸存者。[7]后来的德国方面两次世界大战间的历史记载也提出了类似的说法，并补充说由于天黑，根本无法搜寻幸存者。[8]相比之下，英国方面的记录则指责施佩任由幸存者自生自灭。当时担任“无敌”号军舰副舰长的巴里·宾厄姆（Barry Bingham）后来写道，“想到那些英勇之士被遗弃而命丧大海，我们感到无比愤怒，几乎到了沸点”。[9]

11 月 6 日，德国民众得知了施佩在科罗内尔海战的胜利。德国媒体发布了一份官方声明，传播了这一消息。[10]许多人对这场胜利表现出了极大的热情。例如，在海德堡，历史教授卡尔·汉普（Karl Hampe）感到非常高兴。他在日记中写道：“[想想看]这对德国的未来意味着什么！我们在海上取得的这些初步胜利将激励我们进一步提振我们舰队的力量！”[11]当时的海军参谋恩斯特·冯·魏茨泽克认为这一消息非常令人欣慰。[12]汉斯·波赫哈默尔后来提到这些遥远的反应时写道，当军舰投入战斗时，德国军官和士兵们“感到祖国和我们的皇家战争领袖正注视着我们”。[13]这些话揭示了参与者们对诸如科罗内尔海战等海上交锋的表演性质的认识。尽管这场战斗发生在南太平洋，但它却拥有遍布全球的观众。最直接的影响是，这场战斗在智利和美洲成为新闻，德国军官们对他们向中立世界展示德国实力的方式感到满意。但对德国军舰来说，最重要的观众还是在德国本土。此次战斗的胜利以及随之而来的海军威望的提升，正是发生在德意志帝国海军的企业形象陷入危机之际。

“集体身份危机：德意志帝国海军威望的崩塌”

英国和德国宣战后，许多人预计两国的水面舰队将持续交战，直至一方取得明确胜利。这些战前的预期源于当时人们对海军军事力量的痴迷。在 1914 年前的十年里，数十万德国人在舰队检阅和舰艇下水仪式上目睹了海军力量的展示。人们知道北海两岸都在举行由数百艘军舰参与的舰队检阅，这导致德意志帝国海军内外都产生了这样的预期：一旦战争爆发，必将伴有一场前所未有的大规模海战。

在德国，这场海战被构想为一场海上“决战”（*Entscheidungschlacht*）——一场能够使德国海军战胜英国皇家海军的决定性战役，其规模可与德国陆军在色当取得的胜利相媲美（而在英国，这种预期被赋予了现代特拉法尔加之战的意义）。[14]然而，当敌对行动开始时，德国海军指挥部并不愿意让舰队冒此大规模战役的风险，而是选择了风险较小的战略。这一新战略被定义为“小战”（*Kleinkrieg*）。与战前所设想的“大战”（*Großkrieg*，字面意思为大的战斗）不同，“小战”战略预见的是德国少数舰艇与英国少数舰艇之间发生孤立的交火。通过水雷战、潜艇战和水面舰艇的有限行动相结合，德意志帝国海军希望削弱英国皇家海军的总体数量优势，直至海军指挥官能够在更为平等的条件下发动大战。在德国，这一备受争议的海军战略在许多海军军官和水兵中引发了一股强烈的失望情绪[其中，提尔皮茨(Tirpitz)是反对“小战”战略的最主要声音之一]。这股失望情绪如此之大，以至于被视为一场德国民族形象危机。

正如尼古拉斯·沃尔兹(Nicolas Wolz)最近的研究所示，当国家紧急备战，巴黎很快落入德国最精锐士兵的视线时，海军军官的日记透露出他们对自身在战争中贡献有限而感到沮丧和尴尬。[15]例如，在对法国和俄罗斯宣战后，赫尔曼·冯·施魏尼茨(Hermann von Schweinitz)写道，对英国宣战“几乎是一种解脱”。他继续写道：“海军只能袖手旁观，无所事事，而陆军却在两线作战，这种感觉太尴尬了。现在，我们也有事情要做了!”[16]然而，实际上，在“小战”战略下，什么事情都没有发生。仅仅五天后，另一位军官恩斯特·冯·魏茨泽克在给母亲的信中写道：“我们最感到羞耻的是，我们还没有采取行动，看起来我们只是在执行一个漫长的等待战略。我唯一的愿望是，以后的海军军官能够在这个国家光荣地出现。”[17]水手理查德·施图姆普夫(Richard Stumpf)在日记中写道：“如果像1870年那样，只有陆军赢得所有荣誉，我们将会感到无比羞愧。”[18]与月初的预期相比，到8月31日，赫尔曼·冯·施魏尼茨写道：“人们会怎么看待海军！我们都在等待某事尽快发生。我们的情绪仍然积极，领导层必须首先考虑到这一点。”[19]两周后，在帝国海军部工作的海军军官阿尔伯特·霍普曼

(Albert Hopman)写道："整个局势太可怕了，这是我们的荣誉和舰队的毁灭。"[20]在战争期间，德意志帝国最受欢迎的一首战歌《莱茵河上的守望者》(*The Watch on the Rhine*)的副歌被改编成嘲笑海军对战争贡献的版本。在这个版本中，舰队"在港口沉睡"的形象与更著名的"莱茵河上的守卫"形成了鲜明对比。[21]在西太平洋的军舰上，也并非完全没有这种情绪。波赫哈默尔后来写道，许多士兵哀叹自己不能在国内参战。[22]

对于那些渴望向家人证明自身军事价值的军官而言，他们对海军未能为战争做出贡献所感到的创伤尤为明显。正如沃尔夫冈·希弗布施所指出的那样，第一次世界大战期间统治德意志帝国的政治和军事精英可以被定义为典型的"后英雄"一代。这一代男性出生于1853—1865年间，年纪尚轻，未能参与那些促成德国统一的、被视为英勇的战争。然而，他们是在这些战争及其父辈在战争中所获成就的影响下成长起来的。这种境况因一系列文化政治活动对军事胜利的持续颂扬而加剧，其中最为著名的是"色当纪念日"——庆祝德国军队在色当战胜法国的年度庆典。[23]希弗布施认为，这种心理状态促使这一代男性更加渴望通过非凡的成就来留下自己的印记。[24]除了面对父辈的自卑感之外，1914年8月战争爆发后，"后英雄"一代还不得不面对其子辈一代所做出的牺牲。[25]

就连提尔皮茨这样的人物也说明了"后英雄"一代是如何面对其子辈的牺牲。1914年8月28日，在黑尔戈兰湾海战中，德国海军轻巡洋舰“美因茨”(*Mainz*)号与其他德国舰艇一同沉没，提尔皮茨的儿子被推定死亡。据记载，提尔皮茨对其他高级军官说：“我们让自己蒙羞了。我知道我不得不送走我的儿子。但像这样的事太可怕了。我们被瓮中捉鳖，舰队的毁灭就是因此造成的。”霍普曼(Hopman)补充道：“看到他毕生的心血和家人的幸福同时被摧毁，我的心在为他流血。”[26]事实上，提尔皮茨的儿子是幸存者之一。然而，对这一消息的反应表明了个人损失与舰队不作为导致的声望损失是如何融合在一起的。

类似的影响也体现在兄弟和其他亲戚在陆战中奋战的事例中。例如，9月初，魏茨泽克(Weizsäcker)得知他的兄弟卡尔(Karl)已被杀害。他告诉父母，他的兄弟“生命活得值得，并且为了伟大的事业英勇地结束了它”。[27]两天后，他写道：“请允许我履行士兵的职责，去战斗，去实现我的复仇愿望。”第二天他又补充道：“现在我也感到仇恨。”在谈到父亲在1870—1871年战争中的作用时，他接着说：“那些伤害了我们父辈、夺走了我们兄弟的人，如果上帝允许的话，将永远不会再威胁德国。”[28]不出所料，在下一封信中，他再次哀叹了“小战”战略。[29]对于像魏茨泽克这样的男性来说，在战争初期，他们个人强烈的参战愿望无法通过“小战”战略来实现。更引人注目的是，正如魏茨泽克的信件所揭示的那样，海军声望的崩溃对他个人产生了影响；这影响到了他的家庭关系，也影响到了他对公众对海军态度的评估。

那些在海上失去家人的水手们同样想要放弃“小战”战

略。例如，赫尔曼·格拉夫·冯·施魏尼茨(Hermann Graf von Schweinitz)的兄弟是最早失去潜艇的德国潜艇指挥官之一。早在1914年8月12日，赫尔曼·冯·施魏尼茨的日记中就流露出对兄弟命运的担忧。这种担忧在他的日记中反复出现，直到8月24日，施魏尼茨收到证实其兄弟潜艇沉没的消息。[30]因此，在战争初期几个月里，海军集体身份所定义的声望丧失，让军官们既感到自己对家人有所亏欠，也感到自己对处于战争中的国家有所辜负。

正如约翰·霍恩(John Horne)所论述的，第一次世界大战的前几个月伴随着社会的广泛动员。虽然国家竭尽全力从上层动员社会，但许多主角却是由下层自我动员所驱动的。[31]随着个人和社会的动员，德意志帝国海军的士兵们面临着一个奇怪的处境，那就是他们被阻止发挥预期的民族战士角色。因此，他们自身的动员程度与战争初期实际的军事作用之间存在巨大的脱节。这种脱节以及由此产生的德意志帝国海军集体身份危机，解释了为什么施佩在科罗内尔海战获胜的消息如此重要。由于“小战”战略引发的集体身份危机，海军军官和许多水手迫切需要一场有影响力的海军胜利。在1914年9月底，潜艇指挥官奥托·韦迪根(Otto Weddigen)击败3艘老旧的英国战列巡洋舰的消息传出后，已经出现了类似的动态。[32]从此，韦迪根成为一名模范英雄。[33]

汉斯·波赫哈默尔在后来的回忆中揭示了东亚舰队舰艇上海员们对海军声望看法的重要性。在科罗内尔海战之后的几天里，波赫哈默尔回忆说，他们即使受损、旗帜被击碎，也想回到德国，“向国内的战友伸出援手”。[34]皇家海军将确保这种幻想永远不会实现。正如一位参与福克兰群岛(马尔维纳斯群岛)战役(Falklands Battle，即科罗内尔海战的一部分)的人员后来所写的那样，对于英国海军人员来说，得知克拉多克战败是一个“黑暗的日子”。[35]海军部迅速作出了回应。斯特迪(Sturdee)被派去追击德国人。为了确保英国取得胜利，斯特迪配备了“无敌”(*Invincible*)号和“不屈”号两艘现代化战列巡洋舰，它们的性能远超德国舰队中的任何舰艇。曾在其中一艘舰艇上服役的巴里·宾厄姆(Barry Bingham)记得，他们的任务是“搜寻并歼灭施佩舰队；不完成这项命令，就绝不回国”。[36]

福克兰群岛(马尔维纳斯群岛)突袭

12月7日，斯特迪的舰队在福克兰群岛(马尔维纳斯群岛)集结。在科罗内尔海战后评估了各种选择后，施佩选择了突袭福克兰群岛(马尔维纳斯群岛)。波哈姆默后来回忆说，在科罗内尔海战取得胜利后，德国舰艇上就下一步行动展开了激烈的辩论。一些人认为，他们可以躲在南极洲海域或向南航行以利用较短的航线前往印度洋，从而迷惑追击者。另一些人则认为，他们应该尽力支援德国的非洲殖民地。[37]最终，施佩选择前往南大西洋袭击商船。至关重要的是，他决定让舰队保持集中，而不是让各舰艇分散行动。他们的第一个目标是福克兰群岛（马尔维纳斯群岛）。在那里，他打算让德国舰队突袭斯坦利港（阿根廷港），摧毁英国电报站，夺取煤炭，并为几个月前发生的德国萨摩亚总督被劫持事件报仇，将英国福克兰群岛（马尔维纳斯群岛）总督劫为人质。“格奈森瑙”号指挥官梅尔克舰长反对该计划，并担忧地表示，施佩的参谋长奥托·威廉·菲利茨“不惜一切代价也要看到流血事件”。[38]施佩自己认为，当他们抵达福克兰群岛（马尔维纳斯群岛）时，会发现该岛毫无防备。

可以说，施佩在 12 月 8 日犯下的最大错误是他选择的突袭战术，而不是突袭行动本身。他的舰队凌晨 2 点进入了岛屿的视线范围内。施佩没有让舰队作为一个整体行动，而是将其一分为二。“格奈森瑙”号和“纽伦堡”号受命驶向斯坦利港（阿根廷港）执行突袭任务，而其他舰艇则留在远处。如果他们为所有可能发生的情况都做了计划，包括在港口发现英国军舰的可能性，施佩本可以安排突袭时间，让整个舰队在黑夜的掩护下进入港口射程内，以便在黎明时分向他们在那里发现的任何英国军舰开火。英国方面后来也对此可能性进行了反思。宾根甚至写道，如果施佩这么做了，“里面的人可能会遭遇不测”。[39]

相反，“格奈森瑙”号和“纽伦堡”号是在天亮之后才靠近岛屿的。起初，他们以为从港口升起的烟雾是岛民为了不把煤炭和石油留给德国人而进行的焚烧，[40]但事实并非如此。实际上，那烟雾是英国船员们急于让船只做好离港准备所产生的，在正常情况下，其中一些船只需要长达四个小时的时间才能完成准备工作。当“格奈森瑙”号和“纽伦堡”号进入射程时，“老人星”号率先开炮，这是一艘较老旧的战列舰，最近被改造成福克兰群岛（马尔维纳斯群岛）港口的浮动堡垒。[41]然而，就在这时，施佩已经下令召回德国船只，计划着逃跑。在逃跑的“格奈森瑙”号上，波哈姆默回忆说，追击德国人的两艘军舰开始显得与众不同。它们比其他军舰更大、更快，烟柱在天际线上格外显眼。德国人最初以为它们可能是日本的军舰。当波哈姆默意识到他们实际上是被英国战列巡洋舰追击时，他形容这种感觉“非常苦涩”。[42]

下午1点到2点之间，最大的几艘英国军舰迫近逃跑中的德国军舰，进入射程，并开始向速度最慢的德国军舰“莱比锡”号开火。下午1点20分，施佩命令小型巡洋舰“莱比锡”号、“德累斯顿”号和“纽伦堡”号尝试逃脱。[43]从此刻起，“沙恩霍斯特”号和“格奈森瑙”号被“无敌”号和“不屈”号追击。在它们身后，速度较慢的“卡那封”（*Carnarvon*）号紧随其后。[44]由于大部分炮击发生在约1.5万米的距离上，德国军舰的炮火对英国军舰构成的威胁很小。虽然德国的小型火炮在这个距离上能够击中英国军舰，但炮弹几乎以垂直角度落下，这大大降低了它们的破坏力。因此，落在英国军舰上的炮弹仅造成了轻微损伤。这与英国炮弹对德国军舰造成的打击形成了鲜明对比。从炮击最猛烈的时候开始，即在下午3点前后不久，记录显示，德国军舰上的情况迅速恶化。[45]“沙恩霍斯特”号于下午4点17分沉没。[46]值得注意的是，在消失前的最后五分钟里，赶上其他英国军舰的“卡那封”号也加入了最后的炮击。后来，德国的叙述指责英国违反了荣誉准则。在他们看来，“沙恩霍斯特”号沉没后，“卡那封”号应该搜寻幸存者，而不是加入对“格奈森瑙”号的炮击。而在同情英国的叙述中，因为“格奈森瑙”号仍在开火，因而没有命令要求搜寻“沙恩霍斯特”号的幸存者。[47]然而，毫无疑问的是，在这个阶段，“无敌”号和“不屈”号即使没有第三艘军舰的协助，也能够击沉“格奈森瑙”号。

下午5点30分，“格奈森瑙”号沉没。10分钟前，它的指挥官命令船上所有还活着的人弃船。小型巡洋舰最后也是一样的命运。施佩试图引诱整个英国舰队对付两艘最大的德国巡洋舰，但未能成功。“莱比锡”号被“格拉斯哥”号和“康沃尔”号追击。尽管从下午3点开始便遭受炮击，但它直到晚上9点才沉没。[48]“莱比锡”号是最后一艘沉没的军舰，“纽伦堡”号在“沙恩霍斯特”号和“格奈森瑙”号之后沉没，时间为下午7点26分。[49]为了保险起见，尽管有明确的命令要求不要夺取舰上物资，“布里斯托尔”号指挥官还是在将德国船员安全带上自己的船后，将伴随施佩舰队的3艘德国补给船中的两艘击沉——第三艘德国补给船成功逃脱。[50]在德国军舰中，只有“德累斯顿”号利用其速度优势，消失在一道彩虹之中，摆脱了英国追击者的视线。抵达南太平洋后，“德累斯顿”号一直躲避着侦查，直到1915年3月，它在智利港口避难时被发现。英国军舰不顾智利的中立态度，还是击沉了“德累斯顿”号。[51]

巡洋舰队的悲壮沉没

12 月 9 日，斯特迪胜利的消息在伦敦公开了。[52]德国海军指挥部通过伦敦媒体得知这场战役后，于 12 月 10 日在一份官方声明中确认了战败的事实。[53]在概述德国媒体如何对这一消息作出反应时，《科堡日报》(*Coburger Zeitung*)将事件的标题定为“我们巡洋舰队的光荣沉没”。享有盛誉的《沃斯日报》(*Vossische Zeitung*)则将巡洋舰队的损失归因于英国战舰所拥有的卓越速度和强大火炮。与《沃斯日报》类似，保守民族主义报纸《德国日报》(*Deutsche Tageszeitung*)写道：

> 我们满怀自豪与喜悦地见证了巡洋舰上官兵们的娴熟技艺与坚定决心以及他们作为水手和战士的卓越能力。他们赢得了全世界的一致认可和惊叹，他们英勇战斗，同样英勇地牺牲。

另一家柏林报纸呼吁德国人哀悼那些“为我们牺牲生命的勇士”。据报道，社会民主党的《前进报》(*Vorwärts*)指出：

> 在智利海岸夺走大约 1500 名英国水手生命的悲剧，如今又降临到了德国水手身上。[54]

在马格德堡，当地的社会民主党报纸《人民之声》（*Volkstimme*）指出，海上战争中没有“非此即彼”的选择。相反，在军舰上，“旗帜不能降下”。《人民之声》继续写道：“这种情况绝不可能发生，军舰必须被摧毁，而船员通常会与军舰一同沉没。”[55]在强调德国水手的牺牲时，《人民之声》补充道：

> 他们已沉入了海洋深处。在海底，水螅伸出触手：新的食物正在路上。而在海洋深处的暗流中，僵硬的身体和失去生命的眼睛被水流带走。[……]而在水面上的光明世界里，人类之间的战斗仍在继续。[56]

第二天，即12月13日，《人民之声》又发表了一篇关于施佩舰队战败的文章。文章标题为：“德国巡洋舰的沉没之路”。文中解释说，由于他们不了解施佩舰队最后几个小时的情况，因此将讲述另一艘德国巡洋舰“马格德堡”（*Magdeburg*）号在芬兰海岸附近沉没的故事。接下来的文章强调了德国船员英勇牺牲的精神和他们拒绝投降的态度。[57]

海军军官们会同意这家社会民主党报纸的内容。霍普曼形容得知战败的消息是“骇人听闻的”。对他来说，“唯一的慰藉是他们曾取得的辉煌胜利……以及他们如此长时间地超出了人们的预期”。[58]12月13日，在得知“沙恩霍斯特”号无人生还后，他写道自己永远不会忘记施佩伯爵。[59]施魏尼茨称之为“对我们的沉重打击”。他提到德国军舰“被摧毁”“沉没”并“坠入海底”。他还补充说，许多他个人认识的人都在此次战役中丧生。[60]12 月 31 日，德国地中海舰队指挥官威廉·绍孔（其舰队在战争期间与奥斯曼土耳其帝国联合）在给妻子的信中谈到了施佩伯爵，他说道：

> 他遭遇那些无赖是他悲惨的命运。但一旦遇上，他除了战斗，别无选择，最后只能光荣地牺牲。[61]

十天前，在给妻子的另一封信中，他写道：“在中立港口解除武装，德国海军军官绝不会这么做，希望永远也不会，真是谢天谢地。”[62]1915 年 2 月，在施佩伯爵沉没时担任海军总参谋长的雨果·冯·波埃尔也告诉他的妻子，施佩伯爵不会理解任何寻求通过扣留来避难的命令。在波埃尔看来：“解除武装对他来说，对整个海军来说，都是一种耻辱。”[63]

这些回应揭示了人们是如何从更广泛的文化牺牲意义库中理解施佩伯爵的失败的。这一文化意义库早在第一次世界大战之前的几十年就已经形成。在这个关于牺牲形象的意义库中，一个关键主题是由“毁灭”（*Untergang*）这一概念提供的。历史学家霍尔格·阿夫勒巴赫（Holger Afflerbach）曾描述过，与降旗表示投降相比，人们更倾向于“在旗帜飘扬中沉没”，这是船舰指挥官们的荣誉观和旗帜崇拜的产物。[64]到 1914 年，这种旗帜崇拜早已根深蒂固。1885 年，德国皇帝威廉一世在针对驻扎在德国境外的德国船舰指挥官的指令中表示，一旦战争爆发，他希望他们能以“德意志帝国的利益和旗帜的荣誉”所要求的方式部署船舰。皇帝的法令称，“局势越是艰难，看起来越是绝望，指挥官就越应该忠于军事荣誉的召唤。[……]即使面临光荣沉没的灾难，我的船舰也不必降旗。”[65]1914 年，威廉二世重申了这一观点。这也体现在德国海军的作战指令中。这些指令告诉军官们，“旗帜是忠诚的象征。他绝不能离开它，当旗帜面临危险时，他必须誓死捍卫它，直到流尽最后一滴血。”[66]

除了这种对国旗的崇拜外，德国海军还有一项更紧迫的任务，那就是要符合普鲁士和德国军事神话以及他们对牺牲价值的强烈认同。这些崇拜有着悠久的历史，或许用俾斯麦的一句名言来概括最为贴切，他曾将 19 世纪德国历史的进程定义为：“没有耶拿(Jena 战役)，就没有色当(Sedan 战役)[67]。”这句话界定了那些与拿破仑作战者的牺牲是德国统一的起点。由于颂扬了这种 19 世纪德国历史的观点，英勇牺牲的价值(即“牺牲意愿”)在德国帝国的军事精英中广泛传播：“沙恩霍斯特”号和“格奈森瑙”号这两艘在福克兰群岛(马尔维纳斯群岛)被英国击沉的军舰，是以领导普鲁士抵抗拿破仑的人物命名的系列军舰之一[68]，这是历史的讽刺。沙恩霍斯特本人于 1813 年因战斗中受伤而去世。因此，他亲自诠释了以他名字命名的军舰上的水手和军官们所期望的英雄般的牺牲精神。1906 年 3 月 22 日，即拿破仑羞辱普鲁士 100 周年之际，“沙恩霍斯特”号下水时的官方演讲宣称：“正如这位英雄为普鲁士的胜利战斗到最后一息一样，你们迎风飘扬的旗帜将象征着德国的保护和荣誉。”[69]

1914年12月20日，斯特迪在乌拉圭的蒙得维的亚港上岸。新闻迅速被媒体获知并传播开来。次日，《纽约时报》从蒙得维的亚发来电报，刊登了一篇报道，带来了这场战役的最新消息，其中包括对“格奈森瑙”号沉没的描述。报道补充道，“格奈森瑙”号拒绝投降，“她的军官和水兵们站在甲板上唱着爱国歌曲，随着她潜入波涛之下”[70]。第二天，《纽约时报》就此事进行了进一步评论。该报认为，德国海军在这场战役中的“鲁莽”行为，是他们试图建立海军传统的结果。文章指出，迄今为止，德国军事传统完全建立在陆军的成功之上。《纽约时报》还补充道，施佩伯爵的旗舰“沙恩霍斯特”号最后的痕迹就是它的旗帜。“格奈森瑙”号拒绝投降，报纸称该舰的军官和水兵们“在没有一发子弹可打的情况下，聚集在甲板上唱着爱国歌曲，直到海浪将她吞噬”。[71]该报还补充道：“这其中似乎有些规律可循，这表明死亡之歌是德国海军规定的一部分。”[72]

在德国国内，这一消息被解读得截然不同。所有德国军舰沉没的报道都强调，它们在沉没时仍旗帜高扬。在军舰沉没整整两个月后，许多德国报纸发表了一篇关于这场战役的长篇报道。这篇报道声称：

> 当巡洋舰“莱比锡”号已经完全沉入水下时，它突然底部朝上浮出水面片刻，一名水手游近它，爬上船去，挥舞着一面德国国旗，随后与船一同沉入海底。[73]

德国帝国最著名的船舶与海军场景画家之一汉斯·波尔哈特(Hans Bohrdt)采纳了这句话，并以此为灵感创作了一幅画作。波尔哈特的这幅画于1915年初首次流传开来。与皇帝的心愿相反，波尔哈特拒绝在画中加上一位天使俯视着水手，祝福他英勇反抗的举动。这幅画作题为《最后一人》(*Der letzte Mann*)，后来或许成为所有德国海洋题材艺术作品中最为著名的一幅。[74]在描绘德国船员英勇无畏、誓死效忠方面，波尔哈特并非孤例。克劳斯·伯根(Claus Bergen)的一幅画描绘了“纽伦堡”号上的四名水手，在船只即将被海浪完全吞噬的最后时刻，仍然挥舞着德国战旗。另一幅画作题为《最后一炮》(*The Last Shot*)，描绘了船上的一门火炮在水下坚持足够长的时间，向敌人射出最后一发炮弹，随后和船的其他部分一样被水淹没。赫尔穆特·斯卡尔比纳(Helmut Skarbina)创作了另一幅画作，题为《公海英魂》(*Heldentod auf hoher See*)。这些画作中的许多都被复制成了明信片，或刊登在当代关于海战的书籍中，从而在视觉上展示了施佩舰队所做出的牺牲。[75]

后果：集体身份与第一次世界大战中“毁灭”(*Untergang*)的含义

到汉斯·波赫哈默尔撰写12月8日战役的记述时，施佩舰队“毁灭”(Spee's *Untergang*)的崇拜已经根深蒂固。因此，波赫哈默尔的记述强调，德国军舰上的人员已准备好牺牲自我。在12月8日第一声枪响之前，他写道，德国军舰上的人员已经意识到，他们面临的是“一场争取荣耀死亡的斗争”。在同一段落中，他又补充说，他们的生命属于祖国，最后得出结论，在12月8日上午晚些时候，这些人下定决心“作为德国人，战斗至死”。[76]

当波赫哈默尔描述他在“格奈森瑙”号被弃船后在水中的经历时，他写道，周围人员的情绪最吸引他的注意。“当然，”他说道，“这里有人艰难地坚持着，试图寻求支撑，抓住生命稻草；那里又有人向后倒下，手臂划动了几下，随后便沉入水底。”但他声称，在大多数情况下，人们的情绪“就像去参加聚会一样欢快”。他说，人们为“格奈森瑙”号欢呼的声音如此之大，以至于他不得不下令让他们冷静下来，保存体力。[77]另一位德国幸存者卡尔·弗里德里希·迈耶(Carl Friedrich Meyer)，也许是借鉴了后来记述中其他地方写下的记忆，他写道，在他弃“格奈森瑙”号后不久，他目睹了这艘军舰底部朝上从水中升起：“鱼雷发射管上有四个人，他们挥着手，唱着歌。随后，军舰便永远消失在了大海中。”他又补充道，此时，他周围在水中的人们开始唱起了爱国歌曲，随后为“格奈森瑙”号高呼三声“万岁”。[78]

在战争余下的时间里，施佩舰队的毁灭不断提醒着海军所期望的那种牺牲精神。这种期望是德国海军集体认同的重要组成部分。人们认为无所作为就是失败，这意味着许多人都在寻求更加英勇的机会。尽管赫尔曼·冯·施魏尼茨的哥哥所在的潜艇在1914年8月已沉没，但他在1918年还是自愿加入了潜艇部队。[79]他并非个例。直到战争的最后几天，海军的最高指挥官们仍然期望，如果为了维护海军集体认同的荣誉和威望有必要的话，德国水面舰队的船只应满旗飘扬，英勇赴死。他们没有意识到的是，在1918年发布命令要求水面舰队这样做的几天内，毁灭行动的无意义以及对牺牲性死亡的拒绝，将成为定义军官与士兵之间共享集体认同彻底崩溃的原因。这种崩溃为1918年的德国革命提供了助力。因此，当军官们试图以更积极的角度叙述海战历史时，施佩1914年英勇牺牲的形象在战后年间变得更加重要，成为恢复海军威望的一种手段。

注　释

1. For a recent synthesis of the naval war see：Paul G. Halpern，'The War at Sea，' in John Horne（ed.）*A Companion to World War I*（Oxford，2008），pp. 141–155；Robert K. Massie，*Castles of Steel*：*Britain*，*Germany and the winning of the Great War at Sea*（New York，2003）.
2. Holger Afflerbach，'Der letzte Mann，' *Die Zeit* Nr. 51，17 Dec. 1993，p. 78.
3. Geoffrey Bennett，*Die Seeschlachten von Coronel und Falkland und der Untergang des deutschen Kreuzergeschwaders unter Admiral Graf Spee*（Munich，1980），p. 195.
4. Bennett，*Die Seeschlachten von Coronel und Falkland*，pp. 184–185；Barry Bingham，*Falklands*，*Jutland and the Bight*（London，1919），p. 84.
5. Afflerbach，'Der Letzte Mann'.
6. Hans Pochhammer，*Graf Spee's letzte Fahrt. Erinnerungen an das Kreuzergeschwader*（Leipzig，1924）.

7. *New York Times*, 4 Nov. 1914: 'Fleets Clash in Pacific.'

8. Hugo von Waldeyer-Hartz, *Der Kreuzerkrieg 1914 – 1918* (Wolfenbüttel, 2006 reprint of original version: Oldenburg, 1931).

9. Bingham, *Falklands, Jutland and the Bight*, p. 65.

10. *Coburger Zeitung* Nr. 262, 7 November 1914: 'Eine Ruhmestat unserer Marine [Berlin, 6 November WTB amtlich].'

11. Folker Reichert und Eike Wolgast (eds.), *Karl Hampe Kriegstagebuch 1914–1919* (Munich, 2007), 6 November 1914, p. 152; See also Hampe's diary entry for 7 November 1914, p. 153. See further Kurt Graf vonSchweinitz (ed.), *Das Kriegstagebuch eines kaiserlichen Seeoffiziers (1914 – 1918)* (Bochum, 2003), 7 November 1914, p. 64.

12. Leonidas E. Hill (ed.), *Die Weizsäcker-Papiere 1900–1932* (Berlin, 1982), 8 November 1914, Letter to his Mother, p. 154.

13. Pochhammer, *Graf Spee's letzte Fahrt*, p. 100.

14. See Jan Rüger, *The Great Naval Game: Britain and Germany in the Age of Empire* (Cambridge, 2007), especially pp. 159ff.

15. Nicolas Wolz, *Das lange Warten: Kriegserfahrungen deutscher und britischer Seeoffiziere 1914 bis 1918* (Paderborn, 2008).

16. Schweinitz (ed.), *Das Kriegstagebuch*, 4 August 1914, p. 49.

17. Cited by Gerhard P. Gross, 'Eine Frage der Ehre? Die Marineführung und der letzte Flottenvorstoß *1918*', in J. Duppler and G. P. Groß (eds.) *Kriegsende 1918: Ereignis, Wirkung, Nachwirkung* (Munich, 1999), p. 369; Wolz, *Das lange Warten*, p. 416.

18. Richard Stumpf, *Warum die Flotte zerbrach: Kriegstagebuch eines christlichen Arbeiters* (Berlin, 1927), p. 27.

19. Schweinitz (ed.), *Das Kriegstagebuch*, 31 Aug. 1914, p. 56.

20. Michael Epkenhans (ed.), *Das ereignisreiche Leben eines "Wilhelminers": Tagebücher, Briefe, Aufzeichnungen 1901 bis 1920 von Albert Hopman* (Munich, 2004), 16 Sept. 1914, p. 436.

21. Cit. in Groß, 'Eine Frage der Ehre?' 'Liebes Vaterland, magst ruhig sein, die Flotte schläft im Hafen ein.'

22. Pochhammer, *Graf Spee's letzte Fahrt*, p. 41.
23. Volker Ullrich, *Die nervöse Großmacht 1871 – 1918* (Frankfurt, 2007), pp. 377ff, esp. p. 379.
24. Wolfgang Schivelbusch, *Die Kultur der Niederlage* (Frankfurt, 2003), p. 233.
25. See the statistics on the ages of soldiers killed in Germany during World War I, in Richard Bessel, *Germany After the First World War* (Oxford, 1993), p. 9.
26. Epkenhans (ed.), *Das ereignisreiche Leben eines "Wilhelminers"*, 29 August 1914, p. 420.
27. Hill (ed.), *Die Weizsäcker-Papiere*, 6 Sept. 1914, p. 150.
28. Hill (ed.), *Die Weizsäcker-Papiere*, 9 Sept. 1914, p. 150.
29. Hill (ed.), *Die Weizsäcker-Papiere*, 13 Sept. 1914, p. 151.
30. Schweinitz (ed.), *Das Kriegstagebuch*, 24 Aug. 1914, p. 54.
31. John Horne (ed.), *State, Society and Mobilization in Europe during the First World War* (Cambridge, 1997), pp. 1–18.
32. For reactions see Mark Jones, 'From "Skagerrak" to the "Organisation Consul": War Culture and the Imperial German Navy, 1914–1922', in James E. Kitchen, Alisa Miller, and Laura Rowe (eds.), *Other Combatants, Other Fronts: Competing Histories of the First World War* (Newcastle, 2011), pp. 249–274; Wolz, *Das lange Warten*, pp. 326–7; *Coburger Zeitung* Nr. 224, 24 Sep. 1914: 'Ein Heldenstück unserer Marine. Das Unterseeboot U9 bohrt drei englische Panzerkreuzer in den Grund.'
33. Rene Schilling, '*Kriegshelden*': *Deutungsmuster heroischer Männlichkeit in Deutschland 1813–1945* (Paderborn, 2002), pp. 257ff.
34. Pochhammer, *Graf Spee's letzte Fahrt*, p. 133.
35. Bingham, *Falklands, Jutland and the Bight*, p. 45.
36. Bingham, *Falklands, Jutland and the Bight*, p. 49.
37. Pochhammer, *Graf Spee's letzte Fahrt*, pp. 138–139; Afflerbach, 'Der letzte Mann.'
38. Afflerbach, 'Der letzte Mann.'
39. Bingham, *Falklands, Jutland and the Bight*, p. 67. See also Waldeyer-Hartz, *Der Kreuzerkrieg 1914–1918*, p. 90.

40. Pochhammer, *Graf Spee's letzte Fahrt*, pp. 142–3; Waldeyer-Hartz, *Der Kreuzerkrieg 1914–1918*, p. 75.

41. Bingham, *Falklands, Jutland and the Bight*, p. 69; Pochhammer, *Graf Spee's letzte Fahrt*, pp. 142–3.

42. Pochhammer, *Graf Spee's letzte Fahrt*, p. 144.

43. Bennett, *Die Seeschlachten von Coronel und Falkland*, pp. 184ff.

44. Bennett, *Die Seeschlachten von Coronel und Falkland*, pp. 174ff.

45. Bingham, *Falklands, Jutland and the Bight*, p. 74; Afflerbach, 'Der Letzte Mann,'; Bennett, *Die Seeschlachten von Coronel und Falkland*, pp. 177–8; Pochhammer, *Graf Spee's letzte Fahrt.*

46. Bennett, *Die Seeschlachten von Coronel und Falkland*, p. 179.

47. Bennett, *Die Seeschlachten von Coronel und Falkland*, p. 179.

48. Bennett, *Die Seeschlachten von Coronel und Falkland*, pp. 186–192.

49. Bennett, *Die Seeschlachten von Coronel und Falkland*, p. 195.

50. Leuβ, 'Meine Erinnerungen an Graf Spee und sein Geschwader,' in Eberhard von Mantey (ed.), *Auf See unbesiegt* Vol. 2 (Munich, 1922); Bennett, *Die Seeschlachten von Coronel und Falkland*, pp. 171–174.

51. Hugo von Waldeyer-Hartz, *Der Kreuzerkrieg 1914–1918*, pp. 104ff.

52. *New York Times*, 10 December 1914: 'British sink Scharnhorst, Gneisenau and Leipzig off Falkland Islands'; See also *New York Times*, 10 December 1914: 'Germany's Naval Defeat.'

53. *Coburger Zeitung* Nr. 291, 12 December 1914: 'Drei deutsche Kreuzer gesunken (Berlin. 10 Dez.).'

54. *Coburger Zeitung* Nr. 291, 12 December 1914: 'Berlin. 11 Dez. 1914.'

55. *Volkstimme* [Magdeburg] Nr. 290, 12 December 1914: 'Vier Kreuzer verloren.'

56. *Volkstimme* [Magdeburg] Nr. 290, 12 December 1914: 'Vier Kreuzer verloren.'

57. *Volkstimme* [Magdeburg] Nr. 291, 13 December 1914: 'Wie deutsche Schiffe sinken.'

58. Epkenhans (ed.), *Das ereignisreiche Leben eines "Wilhelminers"*, 10 December 1914, p. 517.

59. Epkenhans (ed.), *Das ereignisreiche Leben eines "Wilhelminers"*, 13 December

1914, p. 519.

60. Schweinitz (ed.), *Das Kriegstagebuch*, 13 December 1914, p. 66.

61. Cit. in Wolz, *Das lange Warten*, p. 412.

62. Cit. in Wolz, *Das lange Warten*, p. 412 note 738.

63. Hugo von Pöhl, *Aus Aufzeichnungen und Briefen während der Kriegszeit* (Berlin, 1920), quoted in Wolz, *Das lange Warten*, p. 412 note 738.

64. Holger Afflerbach, ' "Mit wehender Fahne untergehen" Kapitulationsverweigerungen in der deutschen Marine,' *Vierteljahrshefte für Zeitgeschichte*, 49: 4 (2001) pp. 595–612, pp. 598ff.

65. Afflerbach, ' "Mit wehender Fahne untergehen," ' p. 600; Wolz, *Das Lange Warten*, p. 410.

66. 'Leitfaden für den Dienst-Unterricht in der Hochseeflotte', in Wolz, *Das lange Warten*, p. 410; See also Jones, 'From "Skagerrak" to the 'Organization Consul', p. 250.

67. See further: Hans-Werner Hahn, ' "Ohne Jena kein Sedan." Die Erfahrung der Niederlage von 1806 und ihre Bedeutung für die deutsche Politik und Erinnerungskultur des 19. Jahrhunderts,' *Historische Zeitschrift*, 285: 3 (2007), 599–642.

68. Rüger, *The Great Naval Game*, p. 162.

69. Cit. in Rüger, *The Great Naval Game*, p. 161.

70. *New York Times*, 21 December 1914: 'First Story told of Falkland Flight.'

71. *New York Times*, 22 December 1914: 'Heroes of the Falklands.'

72. *New York Times*, 22 December 1914: 'Heroes of the Falklands.'

73. Aflerbach, 'Der Letzte Mann.'

74. Lars Scholl, *Hans Bohrdt. Marinemaler des Kaisers* (Hamburg, 1985); See further: *Der Spiegel* Nr. 8, 1983.

75. Scholl, *Hans Bohrdt*, p. 37.

76. Pochhammer, *Graf Spee's letzte Fahrt*, p. 144.

77. Pochhammer, *Graf Spee's letzte Fahrt*, p. 155.

78. Cit. in Bennett, *Die Seeschlachten von Coronel und Falkland*, p. 181.

79. Schweinitz (ed.), *Das Kriegstagebuch*, 6 May 1918, p. 110ff.

第四部分

海洋与海员的身份认同

第十章　打破规则：在维多利亚皇家海军中通过文身表达个体性

柯利·康维蒂托

本章探讨了维多利亚皇家海员的文身，涵盖了多个方面，包括19世纪文身所用的工具、文身师的详细信息以及影响水手选择设计文身的主要动机。通过研究这些有文身的水手，可以更好地理解他们的文身图案，探讨他们显露文身的深层含义。关于19世纪文身的研究非常少，几乎没有为历史学家提供统计数据。但是有两份研究非常重要，一是亚历山大·拉卡萨涅(Alexandre Lacassagne)的研究，该研究记录了许多法国囚犯的文身设计和位置；二是欧内斯特·贝尔肖(Ernest Berchon)的研究，该研究则记录了与法国海军文身相关的医学影响。[1]尽管在法国进行了这两项显著的研究，但至今尚未完成对19世纪英国人的同等研究。

在那时，维多利亚海军大多数水手都是文盲，因此有关他们思想和情感的书面记录非常少，全面研究这些人的文身能够极大地帮助我们理解水手的心态、探究他们选择在皮肤上留下永久印记的原因。本章的主要资料信息来自按规定保存的英国船员登记簿，这些书中记录了每位海军水手的“特征标记”及其在身体上的位置。据此，我们可以对1840—1870年期间的文身趋势、模式和动机进行深入的审查和分析。通过书面记录，结合日记内容和当代出版物，我们可以用更全面的视角观察到其显著的趋势和模式。对英国水手文身的研究可以为海洋、社会和文化历史的进一步研究奠定基础，而本章的研究聚焦于英国水手文身的癖好，目前这项工作还只是处于草创阶段。

为了确定在调查样本的30年期间海员文身的频率，本章对船员登记簿中的内容采取了抽样调查的方法。本研究所采用的船员登记簿主要由国家档案馆保存，在每本书中都有船员文身的记录。系统地从船员登记簿中收集“特征标记”字段的数据，选择以“0”和“5”结尾的年份，即1840年、1845年、1850年、1855年、1860年、1865年和1870年；每个样本年份确定了20艘船，船只的等级各异，分布广泛，可以为研究提供更多层次的角度。总而言之，本章调查了大约3万名水手。

文身历史

18世纪70年代，英国海军部委派库克(Cook)船长进行南太平洋航行，正是这次航行让文身在海军中风靡起来。库克和第一次航行的博物学家约瑟夫·班克斯(Joseph Banks)在他们的著作中对文身进行了描述，约瑟夫在他的日记中首次记录了人们进行身体标记的习俗，记载了他们的标记风格和标记技术。除了约瑟夫对文身习俗的观察和书面记录，“奋进”(*Endeavour*)号的船员也纷纷体验了这一充满异域风情的习俗。库克的传记作者约翰·比格尔霍尔(John Beaglehole)指出，二等兵斯坦斯比(Stainsby)是第一位尝试这一习俗的欧洲船员。“因此，或许他拥有开启了水手文身悠久而高贵传统的荣誉。”[2]水手们将文身视为欧洲与“新世界”相遇产生的一种工艺品或纪念品，并通过文身与自身文化的融入结合，使其成为流行文化的一部分。[3]这一习俗在海军中迅速传播，不久之后，那些已经文身过的水手们开始尝试为其他船员文身。到19世纪末，许多船员和游客都有了文身，文身在欧洲普遍流行起来，成为一种新的时尚热潮，并迅速传播到各个阶层的人群中，风靡一时。[4]

根据在船员登记簿调查中收集的数据(见图10.1)，维多利亚海军的文身行为在1840—1870年间总体上呈下降趋势。造成这一下降趋势的原因有许多，最主要的原因是从帆船到蒸汽船的转变，除此之外还有多种复杂因素，这些因素并不在本章的探讨范围内。本章所探讨的原因有19世纪末舰队的普遍缩减以及在19世纪中叶之后缺乏重大冲突，这两点足以解释这种现象。

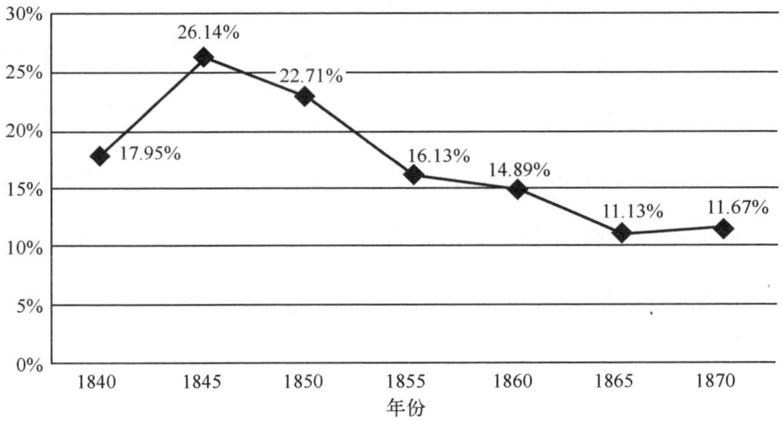

图 10.1　1840—1870 年皇家海军中文身人数的比例[28]

海军文身师

首先，我们要简单讨论一下是谁在为水手文身以及他们文身所使用的工具。那些定期为别人文身的人是职业水手，而不是技师。这些水手文身师通过模仿别人文身的方法而逐渐掌握了这项技能。他们通常在船上、船坞区域、酒吧、监狱、市场或街角这些社交场合进行文身。熟练的文身师通常有两种不同的发展方向：一种是继续在船上工作，履行他们作为水手的职责，领取海军发放的工资；而另一种则选择离开船上的生活，在岸上做文身生意。后一类文身师并没有固定的店面，他们游荡在船坞区域和水手城镇，寻找愿意让他们文身的水手。[5]

大部分人选择靠船做文身师。这种情况的优势更加明显，因为他们仍然属于海军，可以领取海军工资，同时还能通过为同事文身来赚点外快。他们通常是通过实操和反复练习来学习这门技艺，并没有接受过其他文身师的培训。这些人中有不少会在闲暇时间设计图案样书，供其他水手选择文身，但并不是所有船上的文身师都有如此完善的资源。作为船上文身师的另一个好处是，进行文身所需的所有材料都可以在船上获得，包括帆针、黑墨水和火药烟灰等着色材料以及“画布”。

岸上的文身师往往难以维持生计，他们很可能还要通过在船坞及周边区域打零工来增加收入。根据罗纳德·斯库特（Ronald Scutt）和克里斯托弗·戈奇（Christopher Gotch）的说法，陆地文身师的情况如下：

> ……没有体面的住址。他在最有可能有生意的地方工作。因此，他的店铺位于……靠近年轻水手、工人、矿工等人聚集的酒吧附近。[6]

在19世纪初，英格兰没有专业的陆地文身师，但到19世纪中叶，大多数英国港口至少有一位常驻的文身艺术家。在伦敦地区，一些文身师因其享有盛名而脱颖而出。其中两位最早在该地区声名显赫的文身师是汤姆·赖利（Tom Riley）和萨瑟兰·麦克唐纳（Sutherland MacDonald）。后者成为特别受武装部队欢迎的时尚文身师，而且“在普利茅斯的皇家海军将他视为贵宾，特意安排他乘坐旗官的驳船，以便他能够访问战舰，为海军上将蒙哥马利(Montgomerie)文身”。[7]

乔治·伯切特(George Burchett)在伦敦地区也获得了与赖利和麦克唐纳同样的美名。当他还是一个生长在布赖顿(Brighton)的小男孩时，他的职业生涯已经开始了：

> 他一定是天生的文身师，因为他很快就开始在同学们的细胳膊上练习这门艺术，在朱比利街……他使用的是母亲的补衣针和一些溶解在海水中的烟灰，这个方法是从他的水手朋友那里听来的。[8]

他于1885年加入皇家海军，发现自己虽然文身技术尚不成熟，但仍受到船员们的欢迎。在海军服役期间，他在船上美名远扬，因此他成功地将自己的新事业转移到岸上，并成为伦敦最受尊敬的文身师。

在阿尔弗雷德·斯宾塞(Alfred Spencer)的日记《流浪者：海军士兵的生平与回忆》(*The Wanderer: Being the Story of a Life and the Reminiscences of a Man-O'-War's Man*)中，我们可以对海上文身师和岸上文身师有一个大概的了解。斯宾塞于1865年开始在海军服役，先后在“菲斯加德”(HMS *Fisgard*)号和“圣文森特”(HMS *St. Vincent*)号接受了短暂的培训，随后于1867年被分配到“罗德尼”(HMS *Rodney*)号。在他的日记中，他记录了船员文身的行为和影响：

在“罗德尼”号服役的第一年，文身变得相当流行。船上的首席画家曾在岸上有一份很好的工作，但随着时间的推移，他的境况逐渐恶化，最终发现自己无法谋生，因此加入了海军，成为一名画家。他是一位能力超群的艺术家，这一点被大家知道后，越来越多的人找他文身。[9]

斯宾塞补充道：

大部分人在文身时对自己手臂或胸部上的所文的图案感到满意；但有一个人，一个高大的苏格兰人，也是我的同伴，却对此抱有不满。他真的让这位艺术家忙了好几个月，而我很疑惑他是如何忍受文身的疼痛并照常工作的。他的背上从脖子到腰覆盖着一幅巨大的圣乔治与龙的图案；胸前则是一艘全帆的三层战舰；他的手臂上则覆盖着男人、女人和动物的形象；汤姆·赛尔斯(Tom Sayers)和希南(Heenan)在他的右大腿和左大腿上互相对峙；最夺目的是他的腿上文有一对苏格兰格子袜，从膝盖下方一直延伸到脚的中间，看起来栩栩如生。这项工作是在最后的夜班期间完成的，夜复一夜，我坐在一旁，看着艺术家用针头刺入这个高大的苏格兰人身上，而他却没有任何不耐烦或痛苦的表情。艺术家对他的工作也欣然全心投入，当最后任务完成时——那时受文身者的身体上几乎没有三平方英寸(约 19 平方厘米)的皮肤是未被文身的——他简直成了一座小画廊，他对此感到无比自豪。[10]

斯宾塞对“罗德尼”号上文身的描述并不是他日记中的唯一例子，他还提到在各个港口所见到的情况：

确实，在我们所到的每一个港口都有专业的文身师。据我了解，他们仅靠这门手艺谋生。当时，看到一位贵族骑马穿过街道，而他的仆人则在后面徒步追赶，我对这种现象早已是习以为常了。在这种情况下，仆人虽只穿着一条腰布，但从脖子到脚踝都文上了图案作为装饰，这些图案互有交叠，但都做得非常精美。[11]

从斯宾塞的叙述中可以明显看出，船上的文身师非常受欢迎，尤其是那些富有独特风格的文身师。然而，文身的具体技巧可能因文身师而异，所使用的工具也各不相同。

关于维多利亚时代文身过程的当代资料非常稀少。然而，1896 年由普尔迪(D. W. Purdy)教授出版的一本小册子提供了关于文身实务的具体见解。他所出版的《文身——如何文身、使用什么以及如何使用它们》(*Tattooing—How to Tattoo, What to*

Use and How to Use Them）对文身历史做出了重要贡献，同时深入理解和评估了进行文身所需的材料和方法。这种资料的独特性和稀有性值得特别关注。

普尔迪关于文身过程的叙述首先推荐了包括针和笔在内的材料。他建议购买“两支非常细的笔，即‘制图笔’，价格是每支一便士，在任何文具店都能找到，笔越细，作品就越好”。[12]普尔迪还建议文身师购买“银针或钢针，具体选择哪种取决于你的经济状况。在购买针时，你需要三四包 7 号针，一定要有 7 号针……但不同的墨水应使用不同的针”。[13]显然，普尔迪的材料适用于那些有足够财力购买这些用品的人，但对于收入微薄的水手来说，从商店获取这些物品几乎是不可能的。水手们更有可能继续使用那些修补帆布用的缝纫针。

文身的下一个关键要素是墨水，在这一点上，普尔迪再次清楚地表明了所使用的材料。他坚决表示：

> 印度墨水几乎可以在任何文具店购买，最便宜的是一便士的，但墨水质量越好，效果就越好。红墨水，或称为“朱红色”，可以在任何药店购买，你可以一次购买一便士的量。[14]

普尔迪提到的仅有两种颜色并不是疏忽。在他整理信息时，西方世界无法获得合适的染料来实现更丰富的色彩设计。在 19 世纪，绝大多数时候文身的颜色仅限于黑色（最耐用）、蓝色和红色。[15]在亚洲东部地区，如日本和缅甸，文身师们正在尝试其他染料，以实现更多样的色彩范围。到 19 世纪末，西方文身师开始从这些地方进口染料，使文身变得更加丰富多彩和精致细腻。由于这些染料在船上并不容易获得，因此可以合理推测，水手们使用火药、磨碎的木炭、书写墨水、漂白剂蓝、靛蓝、辰砂、朱红色、烟灰和砖尘来获得各种颜色，使用时的混合剂可能是尿液。[16]

当文身师收集齐所有必要的工具后，便可以给确定好图案的客户进行文身了。普尔迪在他出版的手册中对文身的流程进行了描述：

> 必须对文身部位进行清洁，刮除表面毛发，确保皮肤光滑之后再开始，否则会影响图案绘制……在身体的任何部位绘制时，千万不要拉紧皮肤……而是让肉体自然下垂……当你绘制的图案符合你的要求时，就可以准备进行刺入了，针刺是一项相当繁琐的工作……无论你打算在身体的哪个部位进行文身，都必须用左手将该部位拉紧；保持皮肤紧绷可以创造一个平整坚实的表面，方便操作，使墨水更直接进入肉体，还可以减轻顾客的疼痛感……在刺入时，必须始终将针垂直刺入，而不是侧刺……外部轮廓上刺完后，可以用干净的冷水和海绵将其洗掉——水多一点不会让伤口感染，反而更有益于促进伤口愈合。[17]

虽然船上文身的方法和形式多种多样，但是万变不离其宗，大致和普尔迪的描述并没有太大不同。法国海军外科医生欧内斯特·贝尔肖研究了法国海军中的文身现象，记录了一种鲜有人用的新技术。有的文身师将一系列针嵌入木块中，这些木块按照特定的文身设计图案排列。文身的时候就像盖章一样，这些针会一齐刺入皮肤中，因此不需要文身师具备任何绘画技巧。然而人们普遍觉得这种文身方法太痛苦，难以忍受，因此并不常见。[18]

完成一个简单的文身通常需要大约 30 分钟或更少的时间，但设计越复杂，所需的时间就越长。有时，一个工程量巨大的文身可能需要几天甚至几周的时间才能完成。

> 文身通常只会引起轻微的局部炎症，只有大面积覆盖或在某些敏感部位进行文身时才会感到疼痛，约在 15 天内，文身就会“成型”，并且会永久地、清晰地停留在皮肤表面下方。[19]

简单了解了文身师及其使用的材料后，接下来该研究影响水手选择文身的因素了。正如预期的那样，水手选择特定文身图案的原因多种多样，以下将对此进行更详细的探讨。除了所文的图案外，还有一个考虑因素：水手文身的位置。水手们通常选择文在容易被看见的位置。在除一个样本年份外，其他样本年份均显示左臂、右臂、左手和右手这四个部位始终是最受欢迎的文身位置。相对而言，胸部、腿部和背部等不太显眼的位置的排名始终较低，因为水手们不希望隐藏自己的文身。尽管左臂和右臂仍然是最受欢迎的位置，但随着左手和右手文身的逐渐增多，前者的主导地位略有减弱。

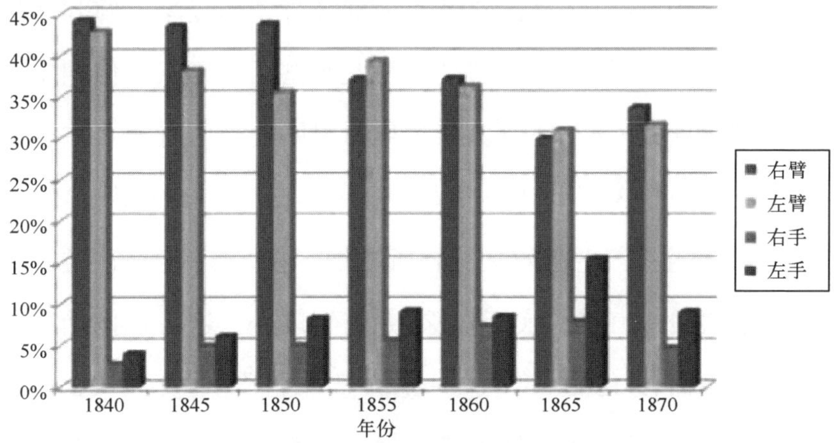

图 10.2　文身位置(1840—1870 年)

位置并不是水手们唯一考虑的因素。他们当然还必须选择什么图案来装饰自己的身体。根据在船员登记簿调查中收集的数据，可以将水手的文身分为五个特定主题：航海、个人、宗教、民族主义或军事和其他。[20]属于海洋主题的文身主要是一些明显的符号，如锚、船只(小帆船)、美人鱼、星星、水手和鸟类。个人主题则更难以准确评估，主要是因为无法知道每个文身对每个水手的具体意义。这个类别包括首字母、男女形象、心形、戒指和手镯、名字以及可以视为“旅行纪念品”的图案。

宗教在文身选择中发挥了重要作用，水手们选择了如十字架、生命之树以及亚当和夏娃的图像，偶尔还有蛇的图案。将民族主义与军事主题的文身归为一类是合理的，因为它们之间有很大的重叠性，尤其是一些最常见的文身，如国旗、战争旗帜、不列颠尼亚(Britannia，大不列颠岛的古罗马名字)、家族徽纹和联合王国国旗，以及各种民族识别文身，如竖琴、蓟和高地人。最后一个被称为“其他”的类别是那些无法归入其他四个类别的文身的集合，也是未识别文身的归属地。所有五个主题的发生率在图10.3中列出。值得注意的是，在1860年，“民族主义或军事主义”主题的文身有所增加。在1855年，这类文身占当年总数的8.9%，实际上除1860年以外，这一比例始终低于8.9%。而在1860年，这一比例显著上升，达到了12.6%，与英国参与克里米亚战争关联性很大。看起来，战争时期激发了水手们对选择民族主义或军事主义类型文身更大的兴趣。

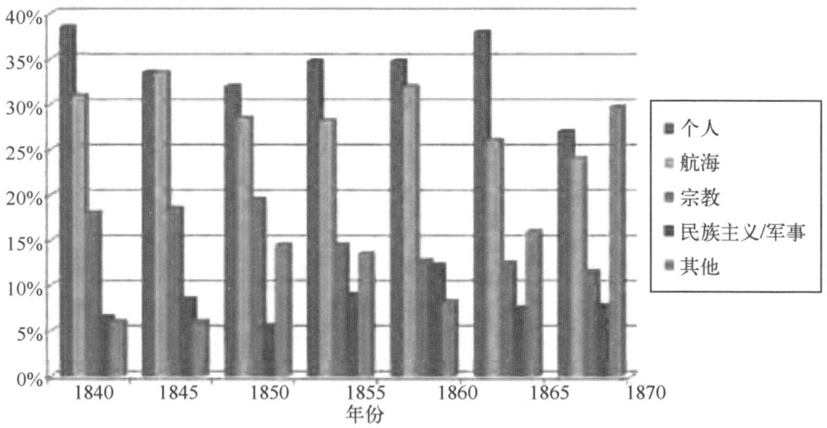

图10.3　文身主题(1840—1870年)

每个水手都是独一无二的，因此每个人设计文身的动机也各不相同。这些动机可以分为两个不同的类别：一个可以被识别为“群体效应”，另一个则是基于“个人倾向”。设计可以进一步细分为子类别。属于“群体效应”的文身子类别包括“从众”“无聊”“宗教”和“军事与战争”，而属于“个人倾向”动机的子类别则是“物质主义”“情感和回忆”和“旅行纪念品”。对这些动机子类别的简要调查为历史学家提供了参照，利于进一步研究水手文身的原因及影响。

从众

大多数年轻的皇家海军新兵都对船上老成员充满敬仰之情，并试图模仿他们的行为以便融入其中，文身便成了他们模仿老船员、融入传统的一种行为。不仅仅只有新兵会因此文身，一位海军军官的文身动机，很好地解释了这一从众行为，他记录了自己在担任下层甲板水手时的文身经历：

> 在21岁左右的时候，我是一位非常出类拔萃的水手，在这条开往亚洲东部的船上有25名水手，但大概只有我一个人没有文身。我们在香港成群结队上岸，我抵挡不住与其他人一起去文身的诱惑。我在左臂上纹了一大束玫瑰，在右臂上纹了一把大匕首，上面写着“勇敢的苏格兰”。[21]

从佚名海军军官的故事中可以看出，从众行为作为一种文身动机不仅存在于同伴压力的情境中，它还体现在于一群人友谊交际的场景中，典型的例子是在1855年，在“拉塞尔”(HMS *Russell*)号上，28.7%的船员拥有“蓝墨水印记”的文身。在特定年份的背景下，这一比例令人震惊。在抽样的20本船只描述书中，只有5艘船的水手属于拥有“蓝墨水印记”文身的行列。在这5艘舰船中，除“拉塞尔”号外其他4艘也有这种“蓝墨水印记”的船员，但其比例并没有像“拉塞尔”号那样高，如图10.4所示。“卡斯特”(HMS *Castor*)号的水手以17.5%的比例位居第二位，“威严”(HMS *Majestic*)号以8.0%紧随其后，“间歇泉”(HMS *Geyser*)号为7.1%，最后是“威灵顿公爵”

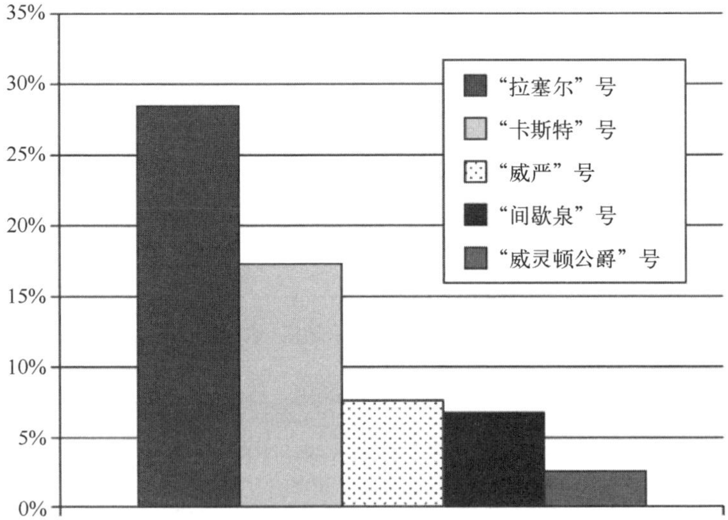

图10.4　1855年“蓝墨水印记”文身[29]

(HMS *Duke of Wellington*)号，比例为2.6%。“拉塞尔”号的船员中有很大一部分是新兵，他们很可能在上船时并没有这种标记。船员之间这种约定俗成的传统，或许是一种强烈的凝聚力，促使他们以相同的方式在自己身上留下标记。

无　聊

水手随船航行，特别是长时间出海，便会在船上有许多闲暇时光。一些船员闲来无事就会聚在一起举行各种活动，例如在彼此的身体上文身。在1882年12月19日于华盛顿人类学会发表的题为《文明人中的文身》(*Tattooing Among Civilized People*)的论文中，罗伯特·弗莱彻(Robert Fletcher)断言：“当大量男性聚集在一起，且有很多闲暇时间时，我们就可以推测出他们普遍都会相互文身。”[22]阿尔弗雷德·斯宾塞在日记《流浪者：海军士兵的生平与回忆》中，回忆了他在皇家海军服役期间的一个文身经历，明显反映了许多船员是因为无聊才文身的：

> ……我们在日本海岸的一个小地方停靠……大约30个人可以上岸休假一天。毫无疑问，自然主义者会在那儿找到很多有趣的东西，但我们不是自然主义者；我们只是一些无知的水手，只想找一些可以消遣玩乐的东西……当我们懒洋洋地坐在沙滩上，把石头

> 扔进海里时，突然有个同伴提议我们都去文身！好主意！话音刚落，立刻付诸实践。我们立刻跳起来，径直走向那家木制的“酒店”，买光了所有能买到的酒，然后像攻城一样冲进文身师的小屋。地方很小，天气异常炎热，但我们都想方设法挤了进去……我们按照年龄和服役年限进行文身。有些人在胸部文图案，有些人在背部，但我们大多数人都在手臂上文身。每个人完成后，便坐在席子铺成的地板上，和其他人一起唱歌。当所有人都完成后，这个地方看起来就像医院的手术室。我们离开小屋，找不到其他事情打发时间，就再次回到海滩。过了一会儿，有人提议我们应该回去找文身师，每个人在手臂上再文一个特定的图案！我们又折回小屋，但累坏了的文身师不想再给我们文身，我们就死缠烂打让他再文一次。当大约一半的人完成时，船来接我们了，我们高高兴兴地回到了船上。那确实是我经历过的最新奇的假期之一，我身上文的图案，会一直伴随着我。[23]

在斯宾塞的日记中，水手们会出于各种各样的原因去文身；从众心理是他们文身的普遍动机。作者在日记中详细回顾这一天的事情，可见无聊的情感因素也不容忽视。

宗　教

宗教是维多利亚社会的重要组成部分，水手的世界也不例外。宗教从小就深深植根于水手的生活中，并在他们出海时得到了强化。因此，宗教文身在维多利亚时代大量出现。在“宗教”类别中有许多种文身图案，其中“十字架”是出现频率最高的。在调查期间，这些文身占据了相当大的比例，如图 10.5 所示。[24]值得注意的是，在样本期间，宗教文身的受欢迎程度下降，这与其他类型文身的增加形成了鲜明对比，凸显了那个时代的社会动态。

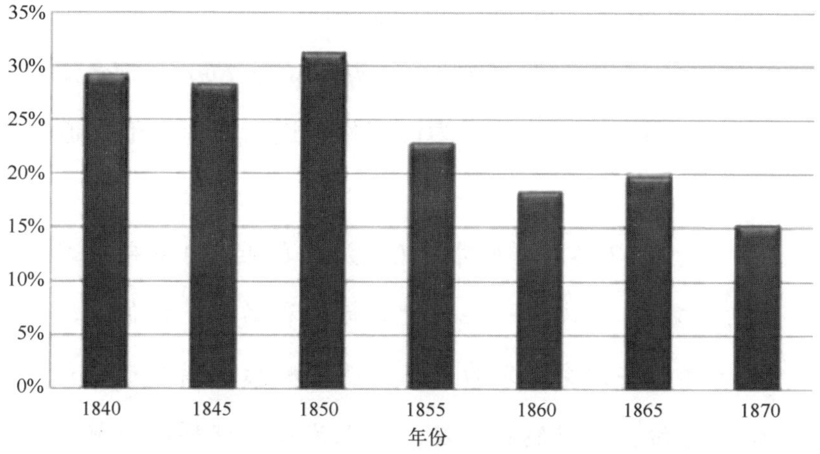

图 10.5　“十字架”文身的流行度(1840—1870 年)

一些水手选择了其他宗教主题的文身。1840 年，“雷神”(HMS *Thunderer*)号的约翰 · 达克汉姆(John Duckham)通过在自己身上文上“十字架和亚当与夏娃与树”的图案来表达他对宗教的热情。1855 年，“埃克斯茅斯”(HMS *Exmouth*)号的炮手助手托马斯·琼斯(Thomas Jones)通过在左臂文上“十字架”以及在右手文上“耶稣流泪”的图像来巩固他的信仰。乔纳森·帕特里奇(AB Jonathan Partridge)的左臂上文有“圣母玛利亚”，而萨姆· 皮尔斯(Sam Pearce)则文有“救世主”的形象，“总统”(HMS *President*)号上的一名水手则文有“耶稣在十字架上”的图案。甚至在 1850 年，“耶稣升天”的图案也出现了。

水手们随船出海，在海上死亡、死于异国他乡是常有的事。为了按照他们的宗教信仰获得相应的葬礼，水手们在身体上留下识别标记，以表明他们的宗教倾向。罗伯特·S. 霍克(Rev. Robert S. Hawker)是莫温斯托教堂的牧师，他撰写了《远在康沃尔的前人足迹》(*Footprints of Former Men in Far Cornwall*)，书中提到他负责为许多死者进行埋葬。他写道：

> 我为 42 名这样的水手(从海中救起的)主持过葬礼，他们身上文有一些独特的标志和名字：他们之所以选择这些图案，是为了在遭遇不测后能借此确认他们的身份，得以慰藉亲友，入土为安。这样的冷静的预判和选择，仿佛是在活着的肉体上永远佩戴着一份墓碑上的名字，蕴含着强烈的英雄主义和对悲惨命运的无可奈何！[25]

霍克的书为水手在宗教、死亡和葬礼仪式方面的态度提供了非常独到的见解。

军事和战争

军事在提高人民凝聚力方面有着独特的方式，尤其是在战争时期。英国参与克里米亚战争促使民族主义和军事主题文身显著增加。看起来，战争时期激发了人们对这些类型文身的更大兴趣，从而使水手们通过文身来展示他们对国家的热情和支持。图 10.6 证实了与军事关联性极大的文身图案，包括国旗、战旗、不列颠尼亚和徽章，这些文身的比例在战争前后达到了顶峰。

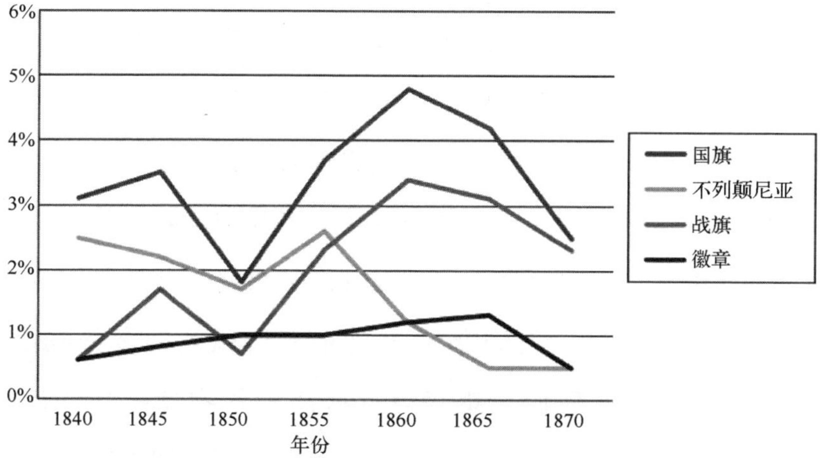

图 10.6　军事或民族主义文身的出现(1840—1870 年)

关于国旗，从1850—1860年之间，国旗的出现率稳步上升，从1.8%增长到4.8%。在调查样本中，1850年国旗本是第15个最常见的图案，但由于战争的影响，它跃升至第9位。战争旗帜的情况也类似，在同一时期，它们的出现率从0.7%上升到3.4%。它们的调查排名也从第23位上升到第12位。至于其他两个设计，不列颠尼亚和徽章，在此期间的增长幅度较小，但仍显示出战争对水手心态的影响。战争结束后，这些类型的文身出现了急剧下降，数字逐渐回落到战争前的百分比。

物质主义

在前一部分，我们探讨了水手在群体环境中选择文身的动机。然而，文身不仅限于群体动机，个人动机同样普遍，实际上，个人灵感可能更为流行。一些最有趣、最独特和最不寻常的文身都是个人创作，反映了水手的真情实感。

维多利亚时代的一个显著特点是上层和中产阶级越来越倾向于物质主义。英国社会中较贫困的成员目睹了上层阶级对精美昂贵物品的青睐。人们非常羡慕富人所佩戴的奢华物品，但又无力负担。水手们也想获得这些昂贵的物品，但略有不同的是上层社会中的人们收集戒指、手镯、别针和项链，而水手们则收集类似的物品的图案，让他们的收藏变成了皮肤上的永久文身。水手在船上佩戴这些物品是非常危险的，戒指和手镯容易缠绕在索具上，既不实用又妨碍工作。于是他们便将珠宝纹在身体上，“一旦将收藏变成文身，就再也不用担心会在船上工作时遗失了，这样的文身是其他任何装饰都无法比拟的。”[26]

图 10.7 展示了在抽样期间水手日益增长的物质需求。通过将手镯、戒指和项链的发生率进行分组，可以很容易观察到这些类型的物品是如何迅速吸引水手的。在短短 25 年的时间里，手镯的受欢迎程度从不到 2%增长到超过 12%，并成为第二大最常见的设计(这些具体数字在图 10.7 中未反映)。这一趋势与宗教文身的下降形成了鲜明对比，后者在整个调查期间都在减少。看起来，相较于神圣的宗教图案，水手们对物质的渴望更加强烈，希望与上层阶级平起平坐。

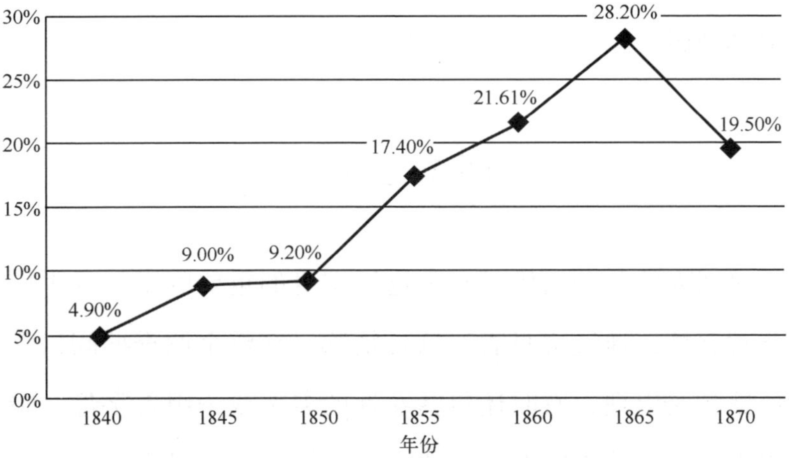

图 10.7　物质主义文身的发生率(1840—1870 年)

国家或民族身份认同

皇家海军的队伍中不仅有英国水手，还有来自美国、中国、西班牙和西印度群岛的人。大多数水手忠于自己的国家，并渴望表达他们的民族主义。文身为这些人提供了以创造性方式表达忠诚的途径。在整个抽样期间，“玫瑰”“竖琴”“蓟”和“三叶草”在水手的身体上占据了重要位置。更独特的是出现在苏格兰人身上的“高地人”的形象，每个样本年份平均约有一到两名这样的水手。1840 年，威廉·盖茨希尔(William Gateshill)在右腿文上了座右铭“我的国家”。同年，亚历克斯·弗格森(Alex Ferguson)在左臂上刻上了“繁荣格拉斯哥”。其他国家的国旗和纹章也相对频繁地出现；通常是美国国旗或美国军舰旗。

情感与回忆

对亲人的爱和崇敬是水手选择文身的重要因素。水手们往往非常感性，通过文身表达这种情感。在整个调查期间，女性的形象频繁出现，有时还包括女性的名字或一组首字母，暗示着水手在家乡认识的女性，或者是在旅行中遇到的某个人。

其他情感替代品包括男人和女人在一起的图案、心形、单词“Love”或情人结也会文在他们的身体上。有些人选择更具想象力的方式，比如来自“卡诺珀斯”(HMS *Canopus*)号的詹姆斯·爱德华兹(James Edwards)，他在右臂上文了“水手凯旋”的画面，表达了他渴望回家与爱人团聚的愿望。同年，皇家海军战舰“海伯尼亚”(HMS *Hibernia*)号上的约翰·帕克(John Parker)在左臂上文了类似的纪念品，但与重聚场景不同，帕克文了“水手的告别”场景以及“一个男人、一个女人和三艘船”的图案。水手的文身不仅仅有对女性的情感表达，还描绘了其他重要的人。例如，在1850年，约翰·伯特(John Burt)选择在右臂文上他三个孩子的肖像，表明他对家人的深厚感情。

水手们不仅有来自家乡的“纪念品”文身，还有在旅途中收集的“纪念品”。当富人们周游世界，带回精美又充满异国风情的物品时，水手们也如此行事，只不过他们的纪念品会永久留在皮肤上。从前，地球上那些不为人知的角落牵动了许多人的好奇心，吸引着年轻人去探索，加入海军为他们提供了能够前往全球各个角落、体验多种文化和风景的机会。1882年，罗伯特·弗莱彻在《人类学报告》(Anthropological Report)中描述了水手们前往异国他乡、收集文身的动机：

> 那些去过许多国家的水手，通过他们身体上的印记来标记他们职业生涯的时间顺序；某种树木标志着热带国家；某种颜色则代表某个特定的岛屿；切割而非刺入的文身则表明访问过新西兰或非洲的某些地区。[27]

水手们受到启发，通过文身来复刻他们的经历。1840 年，出生于苏格兰的乔纳森·摩根（Jonathan Morgan）被埃及的伟大金字塔所震撼，以至于将自己的两条腿都文上了金字塔的图案。同年，约翰·鲍尔（John Power）在左臂上文了一棵棕榈树。托马斯·布洛克利（Thomas Blockley）在"海伯尼亚"（HMS *Hibernia*）号服役时文了一棵面包树，表明了他对这种植物很熟悉。1865 年，戴维·霍普金斯（David Hopkins）在左臂上文了"Chinese Figures"（中国人物），尽管他并非东方血统，但他在"皇家公主"（HMS *Princess Royal*）号服役时，曾驻扎在中国，因而产生了这个想法。也许最让人眼前一亮的文身属于一名来自都柏林的 26 岁天才水手，名叫约翰·赖特（John Wright），他在"卓越"（HMS *Superb*）号服役时在右臂上文有"Native Tattoo of New Zealand"（新西兰的本土文身）。在整个抽样范围内，赖特是唯一一个拥有这种独特装饰的水手，这清楚地表明他在访问新西兰时亲眼观察到了这种文身，并且很可能他的文身不是由同船的水手所作，而是出自新西兰当地文身师的手笔。

结　语

通过对维多利亚时代皇家海军水手的调查，可以确定水手文身行为的百分比。描述书记录了每位水手文身的独特标记和位置。利用这一来源所提取的数据，可以识别 1840—1870 年间海军中文身的流行程度。在 1845 年这一行为的高峰期，确定超过25%的水手文有图案，这些图案从传统符号(如锚和十字架)到更独特的设计(如一整对苏格兰格子袜和新西兰本土文身)不等。

的确，很大一部分水手都有文身，有的图案频繁出现，有的图案独具创造性，从这些人身上获得的数据可以了解到他们的心态。这些文身动机可以作为载体，对水手的社会历史进行更广泛而深入的研究。但如其他主题信息一样，这些动机没有明确书面记录，因而我们几乎不可能对此有一个明确的答案。不过可以通过一些明显的宗教图案或军事图案来解读水手们想通过文身传达的信息。

在调查期间，某些趋势逐渐显现。军事行动在文身过程中确实发挥了重要作用，这一点从军事或民族主义文身的增加中可以看出，这也与英国参与克里米亚战争的时间相吻合。水手们参与战争影响了他们的心态，从而影响了他们的文身动机。另一个显著的趋势是维多利亚时代物质主义文身的上升。手镯、戒指和项链的出现率在下层甲板上显著上升，揭示了社会对水手文身动机的影响。在19世纪后期物质主义文身上升的同时，所有宗教主题设计的明显下降也就不足为奇了，这无疑反映了维多利亚时代的整体倾向。这项研究的结果很好地说明了水手文身的各种动机，从而可以加深我们对维多利亚时代水手的理解。

注 释

1. Alexandre Lacassagne was a professor of medical jurisprudence at the University of Lyon, whose work was entitled *Les Tatouages: Étude Anthropologique et Médico-Légale* (Paris, 1881). Ernest Berchon was a French naval surgeon whose work was entitled *Histoire Médicale du Tatouage* (Paris, 1869).
2. Ronald Scutt and Christopher Gotch, *Skin Deep: The Mystery of Tattooing* (London, 1974), p. 89.
3. The practice of tattooing existed in England prior to the Norman invasion of 1066. In fact, King Harold and many of the Anglo-Saxon kings before him were heavily tattooed. Following the invasion, Judeo-Christian bans forced the practice to become rare. See Samuel M. Steward, *Bad Boys and Tough Tattoos: A Social History of the Tattoo with Gangs, Sailors, and Street Corner Punks 1950–1965* (Binghamton, 1990), p. 187.
4. Hanns Ebensten, *Pierced Hearts and True Love: An Illustrated History of the Origin and Development of European Tattooing and a Survey of its Present State* (London, 1953), p. 21.
5. It should be noted that, during this time, tattooing was exceedingly unorganised and non-regulated both on board ships and ashore.
6. Scutt and Gotch, *Skin Deep*, p. 58.
7. Ibid., p. 54.
8. Peter Leighton (ed.), *Memoirs of a Tattooist: From the Notes, Diaries and Letters of the Late 'King of Tattooist' George Burchett* (London, 1958), p. 38.
9. Alfred Spencer, *The Wanderer: Being the Story of a Life and the Reminiscences of a Man-O-War's Man* (Leicester, 1983), p. 78.
10. Ibid., p. 78.
11. Ibid., p. 77.
12. D. W. Purdy, *Tattooing-How to Tattoo, What to Use and How to Use Them* (Lon-

don, 1896), p. 2. Purdy is considered the first British professional tattooist. He established a tattoo shop in North London around 1870. His title of 'professor' is most likely a self-imposed designation.

13. Ibid., pp. 3–4.

14. Ibid., p. 1.

15. Jane Caplan, 'Speaking Scars: The Tattoo in Popular Practice and MedicoLegal Debate in Nineteenth Century Europe' in *History Workshop Journal*, 44 (Oxford, 1997), p. 121.

16. Ebensten, *Pierced Hearts*, p. 19.

17. Purdy, *Tattooing*, pp. 6–10.

18. Berchon, *Histoire Médicale*, unpaginated.

19. Caplan, 'Speaking Scars', pp. 121–3.

20. Since it is difficult to assess the exact motivations or individual thoughts that went into the tattoo selection process, these groupings are not precise.

21. Scutt and Gotch, *Skin Deep*, pp. 182–183.

22. Robert Fletcher, *Tattooing Among Civilized People Read before the Anthropological Society of Washington, December 19, 1882* (Washington, DC, 1883), p. 8.

23. Spencer, *The Wanderer*, pp. 79–80.

24. The percentage figures in this table represent the popularity of crucifixes for each of the sample years among the tattooed men surveyed.

25. Robert S. Hawker, *Footprints of Former Men in Far Cornwell* (London, 1870), p. 217.

26. J. Welles Henderson and Rodney P. Carlisle, *Marine Art and Antiques: Jack Tar A Sailor's Life 1750–1910* (Suffolk, 1999), p. 260.

27. Fletcher, *Tattooing Among Civilized People*, p. 11.

28. Figures for the compilation of all tables in this chapter are taken from the description book record series at The National Archives (ADM 38). Description books 1840: *Thunderer* ADM 38/9180, *Vanguard* ADM 38/9230, *Vernon* ADM 38/9236, *Southampton* ADM 38/9053, *San Josef* ADM 38/8959, *Rodney* ADM 38/

8884, *Pearl* ADM38/8671, *Persian* ADM 38/8700, *Monarch* ADM 38/8573, *Medea ADM* 38/8519, *Magicienne* ADM 38/8495, *Hecates* ADM 38/8249, *Iris* ADM 38/8391, *Indus* ADM 38/8364, *Howe* ADM 38/8311, *Impregnable* ADM 38/8343 & ADM 38/8344, *Endymion* ADM 38/8036, *Cambridge* ADM 38/7742, *Andromache* ADM 38/7521, *Blenheim* ADM 38/7646. 1845: *Agincourt* ADM 38/7465, *Albion* ADM 38/7490, *Caledonia* ADM 38/7728, *Canopus* ADM 38/7759, *Crocodile* ADM 38/7872, *Eagle* ADM 38/8009, *Endymion* ADM 38/8037, *Excellent* ADM 38/8065, *Nimrod* ADM 38/8618, *Juno* ADM 38/8416, *Hibernia* ADM 38/8286, *Herald* ADM 38/8269, *Queen* ADM 38/8798, *President* ADM 38/8765, *Retribution* ADM 38/8864, *St. Vincent* ADM 38/8939, *Siren* ADM 38/9038, *Styx* ADM 38/9112, *Superb* ADM 38/9119, *Rodney* ADM 38/8885. 1850: *Britannia* ADM 38/7691, *Cumberland* ADM 38/7887, *Contest* ADM 38/7840, *Ganges* ADM 38/8173, *Indefatigable* ADM 38/8362, *Inflexible* ADM 38/8383, *Meander* ADM 38/8490, *Monarch* ADM 38/8574, *Excellent* ADM 38/8068, *Dauntless* ADM 38/7940, *Poictiers* ADM 38/8754, *Queen* ADM 38/8799, *Resistance* ADM 38/8857, *St. George* ADM 38/8928, *Retribution* ADM 38/8865, *Trafalgar* ADM 38/9189, *Victory* ADM 38/9264, *Wellesley* ADM 38/9334, *Ajax* ADM 38/7474, *Albion* ADM 38/7489. 1855: *Conquerer* ADM 38/7833, *Cornwallis* ADM 38/7855, *Castor* ADM 38/7773, *Calcutta* ADM 38/7725, *Royal Albert* ADM 38/8907, *Russell* ADM 38/8925, *Nile* ADM 38/8613, *Penelope* ADM 38/8688, *Duke of Wellington* ADM 38/7998, *Neptune* ADM 38/8604, *Hawke* ADM 38/8246, *Colossus* ADM 38/7817, *Majestic* ADM 38/8503, *Exmouth* ADM 38/8081, *Geyser* ADM 38/8184, *Hannibal* ADM 38/8221, *St. Vincent* ADM 38/8941, *Indefatigable* ADM 38/8363, *Boscawen* ADM 38/7668, *Caesar* ADM 38/7721. 1860: *St. George* ADM 38/8931, *Nile* ADM 38/8615, *Geyser* ADM 38/8185, *Formidable* ADM 38/8147, *Blenheim* ADM 38/7654, *Bacchante* ADM 38/7600, *Edinburgh* ADM 38/8021, *Marlborough* ADM 38/8512, *Madagascar* ADM 38/8489, *Excellent* ADM 38/8074, *Royal Albert* ADM 38/8908, *Orion* ADM 38/8645, *Terror* ADM 38/9164, *Brisk* ADM 38/7685, *Forte* ADM 38/7974, *Abourkir* ADM

38/7434, *Sans Pareil* ADM 38/8964, *Donegal* ADM 38/8149, *Emerald* ADM 38/8031, *Charyldis* ADM 38/7791. 1865: *Urgent* ADM 38/9222, *Terrible* ADM 38/9161, *Trafalgar* ADM 38/9191, *Octavia* ADM 38/8635, *Niger* ADM 38/8612, *Scout* ADM 38/8992, *St. George* ADM 38/8932, *Royal Adelaide* ADM 38/8904, *Magaera* ADM 38/8538, *Narcissus* ADM 38/8596, *Irresistible* ADM 38/8394, *Donegal* ADM 38/7976, *Caledonia* ADM 38/7730, *Cumberland* ADM 38/7895, *Liverpool* ADM 38/8458, *Aboukir* ADM 38/7435, *Formidable* ADM 38/8145, *Gibraltar* ADM 38/8186, *Princess Royal* ADM 38/8779, *Implacable* ADM 38/8337. 1870: *Wivern* ADM 38/9353, *Wolverene* ADM 38/9362, *Vanguard* ADM 38/9232, *Trafalgar* ADM 38/9193, *Thistle* ADM 38/9176, *Sphinx* ADM 38/9077, *Serapis* ADM 38/9008, *Repulse* ADM 38/8852, *Resistance* ADM 38/8859, *Pembroke* ADM 38/8683, *Narcissus* ADM 38/8597, *Ocean* ADM 38/8634, *Monarch* ADM 38/8579, *Jumna* ADM 38/8415, *Euphrates* ADM 38/8056, *Clio* ADM 38/7806, *Columbine* ADM 38/7823, *Caledonia* ADM 38/7731, *Cadmus* ADM 38/7720, *Boscawen* ADM 38/7673.

29. The National Archives, ADM 38/7773, *Castor*; ADM 38/8925, *Russell*; ADM 38/7998, *Duke of Wellington*; ADM 38/8513, *Majestic*; ADM 38/8184, *Geyser*.

第十一章 “他们认为自己很正常，并自称为女王”：英国邮轮上的同性恋海员，1945—1985年

乔·斯坦利[1]

我们是规范。同性恋是主流。他们(异性恋者)是局外人。[2]

[戴夫(Dave)，P&O(半岛和东方轮船公司)的领班]

华丽的长裙、同性性爱，喜剧演员肯尼斯·威廉姆斯(Kenneth Williams)和好莱坞感伤恋歌歌手埃塞尔·梅尔曼(Ethel Merman)，这些并不是海洋历史记载中的常见成分；在大西洋漂浮的“酷儿天堂”上，海员杰克(Sailor Jack)“手忙脚乱横渡大西洋”，下船去购买长及肘部的晚礼服手套，目的是在百老汇的“你好，洋娃娃”(*Hello Dolly*)演出中穿，这样的传说也不见于史籍。这一章是关于这些不为人知的历史。它们挑战了“正常”男性水手的观念。头脑简单的男子汉“杰克·塔尔”(‘Jack Tar’)是英国工人阶级男子气概的神话式象征，在每个港口(嘀嘀)都有传奇女孩，这只是他的一种可能身份。人

们已经对此进行了调查，并在适当的情况下对它进行质疑，揭示的信息和隐瞒的一样多，而且对于探索来说是无效的工具。[3]

图 11.1 在月光下的甲板上，20 世纪 70 年代；同性社交并不一定涉及变装

图片来自匿名捐赠者

考虑到这样一个阳刚的形象，各类同性恋怎么可能被“承认”呢？自古以来，非异性恋的行为和态度对在船上工作的人来说公开存在着，这毫无疑问。毕竟人类有很多生存方式，也有很多方法让自己不那么男性化。第二次世界大战后的 40 年里，商业——而不是海军——航海为各种各样性取向的男性提供了前所未有的机会，让他们可以超越固定的性身份和性别身份。例如，他们可以逃避看起来像“得体男人”的义务，这种方式现在被视为后现代。

作家在一些船上已经对同性恋做了研究，小到海盗船，大到美国船只和早期的英国海军船只。[4]但在这些作品中并没有提出本章的关键问题：大海究竟是什么，让被嘲笑的亚文化的成员最终感到他们是“正常的”？传统是如何变得如此颠倒，让船上的同性恋、双性恋和变性人（GBT）文化的成员将异性恋者和没有泡沫衬裙的男人视为他者，甚至是低人一等的人？文化史的方法可以让我们细致入微地考察在这个特定的历史时刻，那些倾向于吉尔（女人味）的杰克们是如何生活的。[5]

1945—1985年期间，英国商船对于那些广义上称为“基友”或“酷儿”的人来说是独特的自由空间。它们是男人们外出逗留、扮演女人（camp双关）的主要工作场所，紧随其后的是戏剧和艺术行业。据同性恋海员保守估计，大约有1万名同性恋海员，而且至少有同样多的人是“交易品”（意思是他们有时会变成双性恋）。[6]因此，11.0750万名船员（1951年人口普查）中有10%可能是“同性恋”。这一数字与1/10的人是同性恋的大致计算相符。[7]海上的变性人主要在船上的酒店区工作，担任乘务员。一些乘务员的变性人比例可能在25%至95%之间，尤其是在P&O客船上；据20世纪60年代P&O的领班戴夫说：“这几乎是必不可少的，亲爱的。”[8]至少有一位同性恋乘务员估计，如果一艘船上有30个人是同性恋，那么其中25个人会是典型的同性恋。[9]尽管在1967年之前男性同性恋的行为在陆地上都是完全非法的，1999年之前在海上的同性恋行为要被判入狱，人们还是公开自己是同性恋，这既不会被解雇也不会受到正式谴责。乘务员特里/特蕾西(Terry/Tracy)说：“‘非法行为’似乎真的无关紧要。”[10]

本章不关注隐蔽的、非公开的同性恋海员，包括船长、乘务长和工程师，他们需要隐藏同性恋身份以避免被解雇。这章也不涉及女同性恋和双性恋女性，她们不属于这一亚文化。相反，本章的主题是大多数公开“出柜”(也就是说不隐瞒性取向)扮演女人的(*camp*)同性恋者。“海上女王”喜欢穿女性的衣服，以特别女性化的方式行事，并成为“真正的男人”(霸权男性)喜爱的淑女伴侣，如果幸运的话，这些男性可能是粗犷“杰克·塔尔”的样子。这些女王住在别称为克拉伦斯宫(当时是英国王太后的官邸)的小木屋里。[11]

这不仅仅是一些男人和另一些男人发生性关系，而是他们都建立了一个完整的亚文化。这是一种玩味的乐趣，充满戏剧、欢乐、讽刺和含蓄的对抗。许多酒店区的船员，无论他们的性取向如何，都把他们的客轮当作漂浮的派对，附带着一些令人恼火的工作(但同时也承认，用“血汗工厂”这个词来形容他们每周 70 小时到 90 小时的工作是再合适不过了)。同性恋男性更加夸张。每个工作日都被故意当作今天的狂欢式同性恋骄傲游行：明目张胆、人声鼎沸、穿着浮夸，就像 20 世纪 70 年代的华丽摇滚(Glam Rock)演出一样。这种现象令人着迷，同时也违反直觉，因为船舶本质上是一种冷漠的、专制的异性恋机构。在那里，为数不多的女工可能会被当作闯入者而受到敌意对待。他们的亚文化甚至有自己的语言。“波拉利”

（Polari，同性恋间的暗语）是排他的角色，类似于南希·米特福德（Nancy Mitford）在20世纪50年代所区分的上层阶级和非上层阶级说话方式。[12]

这些同性恋人不仅认为自己是正常的，因为他们在一些船上占多数，他们还认为自己是精英群体的一部分。成员形成个人身份，作为华丽（和防御性）形成集体身份过程的一部分。那个时期的许多男同性恋倾向于用更全能的“女王”[13]来取代当时带有污名的“同性恋”一词。通过将“queer”中的“r”换成“n”，他们自豪地称自己不是怪胎。在漂浮于海上的宫殿中工作，周围都是名人乘客，他们的光芒可能被盗用，这意味着这种帝王般的自我认同得到了加强。大多数扮演女人的男人都模仿好莱坞女星，模仿程度不一。虽然真正的女王可能会戴上皇冠，披着貂皮斗篷，但海上女王游行时穿的是百老汇高级定制服装和顶级滑稽剧艺人穿的那种华丽的豪华舞台连衣裙。

因此，包括“伊丽莎白女王”（*Queen Elizabeth*）号在内的著名班轮和游轮上欢快而放纵的氛围使成千上万的临时工能够建立起令人满意的坚实个人身份。那些选择这样做的人可以走向自我实现。[14]虽然在本书的导言中讨论了一般的身份认同，但值得简要地指出一些关于性别认同的关键点。同性恋和异性恋不一定是生理上决定的。[15]人是会改变的，尤其是会根据社会环境作出变化——比如在孤独或同性恋友好的船上。海员们也不是一直都如此奇怪，有时身份只是偶然的。身份是一种表演，同性恋海员有一系列的角色选择，从尖叫女王到为团队演出在后台准备的电工；许多人喜欢在陆地上娶一个妻子，在海上又娶一个“妻子”。他们选择身份是出于对自己有益的原因。[16]对航海男同性恋来说，这种特殊的同性恋身份可能是一种策略，可以让他们避免被污名化、赢得想要的伴侣类型、获得赞美、为性别重置治疗(变性手术)做准备或者只是被吹捧为船上最迷人的天后。

图 11.2 上岸停留的时间意味着扮演女人的男子在接受这种行为的港口可以变装

图片由尤恩斯(Youens)小姐提供

海洋、船、狂欢

海员们塑造新身份的能力，比如扮演女人，似乎是由大海塑造的。大海是一个巨大的潮湿空间，本身就是流动的条件。或是由船塑造的。在远离陆地、一望无际的海洋上待上几个星期，一种形而上学的超越感和对优先事项的思考可以带来一种自由感和对旧规范的超越感。这可以用一些典型的短语来表达，比如："你得想想离开这里之后什么才是真正重要的。我是谁？我的生活是关于什么的？"这包括"真正做自己"的思考，尽管害怕遭到嘲笑和排斥。

更实际的是，离家几个月的孤独、船上没有女性，可能会导致偶然的交欢。有些海员的态度是"暴风雨中的任何一个港口都可以"。因此，人们可能暂时转变为同性恋或双性恋的身份。此外，海洋作为连接其他国家的纽带，具有教育功能。海洋(和船)使海员能够访问更能接受同性恋和异装癖的外国地方。例如，曼谷的人妖(Kathoeys)，随意的同性恋场所，如纽约的浴室、悉尼的粉红角(Pink quarter)，这些都是性解放的启蒙。海员们反复说："去那里真的让我大开眼界。"他们了解到，英国人对同性恋的敌意只是一种可能的态度，并不是所有地方的同性恋都被定位为贱民。他们了解到他们是可以安全、快乐地以同性恋的身份生活，这很鼓舞人心。在那个白人充分就业的时期，海上有许多临时工作。用奈杰尔·拉波特(Nigel

Rapport）和安德鲁·道森（Andrew Dawson）的术语解释：这意味着许多经验丰富的海员“以海为家”。[17]地理上的流动性被正常化了——这似乎创造了一种相应的精神流动性：他们能够成为许多角色，也可以用许多方式思考自己的身份。[18]

用法国哲学家米歇尔·福柯（Michel Foucault）的话说，船只显然是特殊的空间或异托邦（其他地方）；[19]它们就像爱丽丝的颠倒仙境，在那里人们的行为方式出乎意料。这个漂浮的社区，监狱，可以产生解放的效果。当时未出柜的同性恋乘务长罗伯特·里德曼（Robert Readman）现在认为，“海员们在某种程度上把这个地方看作是他们可以探索自我和体验的地方……不是在性的意义上，而是暴露自己，没有……风险和……谴责。”[20]客船和飞机一样，是人们进行地理转换的主要场所。这样的空间变化可以通过一种精神转变的感觉来反映，实际上是一种看似无限的“重新创造自己”的可能性。乘客，尤其是战后移民和大都市精英，表现得好像他们可以选择自己未来的位置、角色和身份。观察机组成员不禁想：“也许我也有选择？”

人类学家阿诺尔德·范热内普（Arnold van Gennep）把航行的船只看作是两个“世界”（旧家园和人们要迁往的新世界）之间的过渡场所，在那里举行入会仪式，新移民“毕业”。[21]凯文·赫瑟林顿（Kevin Hetherington）、罗伯·希尔兹（Rob Shields）、维克多·特纳（Victor Turner）和约翰·沃尔顿（John Walton）等文化理论家随后扩展了范热内普的概念。他们认为存在阈值区域，即可以被视为异位或其他的物理场所。[22]这些区域通常是边界地带，比如海滩、码头和船只。在这些地方，相互作用、越界和文化阻力都可能发生。像布莱克浦和布赖顿这样的地方，这是通奸和用假名的狡猾人物在码头上偷偷摸摸犯罪的典型场所，被归为限制类。

另一方面，邮轮小说坚持这样一种观点，即船上的人，尽管是乘客，会尝试新的身份，[23]尤其是为了应对一些邮轮上仪式化的辉煌和势利。他们谎报自己是谁，幻想自己现在能做什么。因此，海上航行的普遍意义告诉潜在的同性恋海员，改变和超越过去是可能的。例如，过去坚持不合适的异性恋，对“错误的(即男性)身体”的过度容忍，过着一种不光彩的、非精英的生活。他们可能是“另类”，但感觉自己是主流，实际是理想和典范。

值得注意的是，拥挤空间内的船员建立了牢固的关系。同性社会进一步加强了这种联系，因此船只使隐性忠诚得以发展。当异性恋的海员站在同性恋的船友一边，反对威胁要对他们进行同性恋攻击的陆地水手时，这一点得到了最明显的表达：“他可能是同性恋，但他是我们的同性恋。”因此，同性恋海员是社区中的社区的一部分(这并不是说他们之间有一种隔板间美好的亲缘关系)。

为了鼓励重复消费，像P&O这样的航运公司付钱给船上的服务人员，让他们帮助制造哲学家和文学理论家米哈伊尔·巴赫金(Mikhail Bakhtin)所定义的狂欢气氛。[24]狂欢气氛是指挑战既定地位规范的节日的心情、刺激、乐趣和行为。所有的海员都珍视“快乐的船”，而同性恋都为这种改变状态的快乐锦上添花，把它当作是游乐的地方。一位同性恋肯定地说：

> 当人们在海上时，他们的心态和理念似乎会发生变化。我认为这是因为你们都是一个社区的一部分……船长和其他人都很高兴其他人……和对方在一起很开心……因为在船上，人的心态和理念可能充满矛盾。[25]

边缘领域理论家认为，正是在这种滑稽或狂欢式的自由间隔中，文化抵抗才可能发生，比如凯文·赫瑟林顿（Kevin Hetherington）化装舞会是打发时间和认可滑稽身份探索的一种既定方式。[26]在这些狂欢的场合，人们可以“变成”任何他们想要的东西，通常是与现实相反的。身份卑微的人变成尤利乌斯·恺撒（Julius Caesar）；身份高贵的人变成了囚犯和船上的油漆工；白人成为非洲部落首领；男人成了挤奶女工和肚皮舞演员；女人成了拦路强盗和小丑。[27]这种伪装成“他者”的做法证实了彼得·斯坦利布鲁斯（Peter Stallybrass）和艾伦·怀特（Allon White）的观察：狂欢式的情境通常包括身份和平时地位的反转。[28]例如，在船上和军队中，军官们在圣诞节时侍候较低级的人。同性恋和喜剧行为增强了这种乐趣。

纵情于由来已久的船上戏剧传统也是狂欢节的一部分。船员表演，比如皇家海军歌剧，成为海员们穿着华丽连衣裙、“变成女人”的主要方式，这种集体的大胆行为可能会得到大众的认可，而这种行为通常被认为是变态的，在过去会被判死刑。新的自我可能会被抹掉，或者以后只是当作一个笑话而不去理会；但这种自我也可能是一次与潜伏的、隐藏的自我的重大相遇，这个自我长期以来一直在寻求表达。此外，每天持续的非正式私人戏剧是由穿着谨慎的女性制服的服务员在餐厅的晚宴上为食客表演的。[29]这些表演包括同性恋调情到在规定的场合(例如，当一艘船在最后一次航行时)单脚尖旋转、跳康康舞。[30]同样，同性恋们在他们的小木屋里举办晚会，舞会礼服和奢华的仪式是必不可少的部分。所有这些正式和非正式的戏剧表演都强调，在这些船上，戏剧、假面舞会和对其他身份的盗用——特别是是否伴随着幽默——是可以接受的。在火车上、飞机上、长途汽车上，或在其他居民的工作场所不存在这样的情况，除了在一些酒店中会有类似的情况。

图 11.3　20 世纪 60 年代，“安第斯”(*Andes*)号上的船员表演“海上最古怪的船”

图片由领舞女士与乘务员贝拉(Bella)提供

图 11.4 化装成黑人，就像变装，可能成为尝试新
身份的一种方式：20 世纪 60 年代“安第斯”号上的船员演出
图片由贝拉提供，表演者之一

改变性取向

那么，为什么是性取向，而不是阶级成为身份改变的一大焦点呢？在船上改变性取向甚至性别是可能的，主要有三个原因：这是正常的；这是值得的；这是可能的。

首先考虑“正常”这个原因。几个世纪以来，为了娱乐在船上打扮成女人是很正常的。海员总是缝制衣服。玛丽·康利（Mary Conley）指出，船上的“同性恋社会就是家庭生活”。[31]在 20 世纪的客船上雇用同性恋乘务员是很正常的。由于这件事很正常，在一些船上有很多同性恋者、双性恋者、异装癖者和想要变性的人，以至于海员们都有这样的口号：“一旦你离开码头，一切都是奇怪的”或“当你在船上时，一切都是快乐的”。事实上，在一些船上的餐饮部门，异性恋是不寻常的，而同性恋身份被认为是理所当然的。P&O 行李乘务员克里斯（Chris）宣称：“从机长到乘务员，我遇到的所有人都是同性恋……在船上的都是同性恋。”[32]异性恋的海员接受同性恋者。乘务员艾伦说：“只要你做好你的工作，不贬低别人，没有人会质疑你的行为……。”[33]同性恋历史学家艾伦·贝鲁贝（Allan Bérubé）概括道：同性恋活动在战争期间的增加，留下了影响长远的遗产，人们接受了同性恋，包括在戏剧中变装的表演。[34]20 世纪 70 年代，在同性恋权利活动家批评女性化表演低俗之前，以女主角身份为同性恋的男人不会被视为衣着暴露、因举止不够端庄而让人失望。

在没有女性的船上，人们可能对某种类似女性的东西有强烈的性需求。海员们带回了他们之前长时间观看的演出录像，比如《妙女郎》（*Funny Girl*）。然后，营地里的人模仿这些录像。这是延长他们对港口乐在其中的记忆的一部分。它娱乐并延续了那种愉悦和赋权的感觉。事实上，如果能在外表和行为上像百老汇或卡托伊（Kathoey）的明星那样引人注目，那么在以前的目的地，甚至在同一艘船上旅行时，都是船员们所渴望或钦佩的。而在战后，名人文化不断发展，许多同性恋海员模仿具有超级女性魅力的明星，如莉兹·泰勒（Liz Taylor）、丽莎·明奈利（Liza Minnelli）和达斯迪·斯普林菲尔德（Dusty Springfield）。因此，成为一个可能被误认为是天后的“女朋友”是一个额外的好处。在 20 世纪 50 年代和 60 年代的客船上，男性船员的数量可能比女性多 100 倍或更多。因此，任何广义上是“女人”的人（从生理上讲，在性行为中是接受者而不是给予者）都是有很大需求的。[35]接受“女性化”的男性伴侣的男性也是有需求的。电影歌颂了女性气质的提升。

船只，作为业余娱乐圈的场所，同样欢迎这种炫耀和魅力。这至少是对灰色的英国和一些男人屋里肮脏的小便池的一剂解毒剂。因此，成为具有女性特征的男性就像成为一位明星，换句话说，这是数百万人所渴望的。这些渴望的观众包括大多数乘客，他们很高兴被“出柜”的同性恋乘务员服务。事实上，很多人特别要求由女性化的男性在餐桌上和住所服务，因为他们的服务标准非常高，而男同性恋者通常可以察觉到客人的需求，从而让他们感到满意。船主喜欢任何能带来回头客的事物。因此，任何能给乘客带来快乐的工人不仅会被接受，而且会受到珍视，甚至会得到迎合。一些男性同性恋以模仿和幽默的方式表现自己，使得同性恋似乎没有威胁；做一个胡言乱语的海洋女王要比做一个有尊严的同性恋男人容易得多，他们有一种更微妙的个性，或者是在性取向的彩虹光谱上有任何一个更多样化的同性恋身份。

另一个因素可能促使航海男性寻求女性身份：这是很容易实现的。这开始成为后现代时期，正如齐格蒙特·鲍曼（Zygmunt Bauman）所说，在这个时期，人们开始对自己的身份负责。[36]他们不再接受被给予或被赋予的身份，每个人的任务都是把自己塑造成独特的自我，从而实现自我。对于海员来说，这个过程受到了普遍的民主化（许多势利者对此嗤之以鼻）和痴迷好莱坞的流行文化（尤其是在电视出现之前）的影响。据电影理论家杰基·斯泰西（Jackie Stacey）说，自20世纪30年代以来，广告商鼓励消费者认为通过购买这些迷人的偶像公开代言的美容产品，他们可以“成为”明星。[37]在船上同性恋男性船员的例子中，这种联系通过更名和角色扮演进一步体现出来：

> 大多数（同性恋）人取了一个同性恋的名字……借用……像艾娃·加德纳（Ava Gardner）或简·罗素（Jane Russell）那样的著名影星的名字，如果他们长得有点像她们的话。[38]

船友们经常使用同性恋男性所取的名字，比如慵懒的百合（Languid Lily）、黑寡妇（the Black Widow）和杰恩（Jayne）等。对于变装者和变性者来说，这样的文化是一个明确的信息，那就是“成为”一个引人注目的女人是可能的。毕竟，这是一个成熟的机械复制时代，多次复制是可能的。因此，“任何人”都可能成为另一个丽兹·泰勒，不是吗？“成为女性”对海员来说不像待在家里那样是个问题，因为蓬松的舞会礼服、及肘手套、细高跟鞋和假发等服装在国外很容易买到。在当地商业街，邻居们可能会向他们的家人泄密，而在远离当地商业街的商店里，他们不会面临持久的耻辱。这种情况在纽约尤其明显，在纽约，隐姓埋名与平价时装相结合的程度远远超过20世纪50年代和60年代初的英国。

那些不止想要改变外表的男性购买了一种激素治疗药物——索比斯托（Sorbistol），可以促使他们长出乳房。在一些港口，如马德拉和里斯本，这种药物不需要处方就可以买到。[39]对于变性人来说，这是一个非常乐观的时期。因为新的医疗技术使男性可以成功地转变为女性。1952年，克里斯汀·乔根森（Christine Jorgensen）是第一位接受变性手术的人。1961年，艾普莉·阿什利（April Ashley）是第二位做变性手术的人。阿什利变性的消息广为流传。对于那些习惯于在国外可以买到任何他们想买的东西的海员来说，只有在国外才能得到这种治疗（阿什利在巴黎做的变性手术）。而与其说是害怕遭人非议，不如说是高昂的费用更令人望而却步。

同性恋男性如果在船上的旅馆工作，那他们就在从事正确的行业。在餐桌旁服务是一场表演，就餐者是观众。再加上船上业余娱乐的传统，这种氛围使“模仿”和初次尝试变得容易。推而广之，这至少实现了着装上的转变。真实性无关紧要。餐饮的工作性质非常随意，这导致工作人员的流动性很大。[40]餐饮业的营业额总体上很高，航海业更是如此，因为每次航行都是根据单独的合同完成的。事实上，一些船员甚至未经允许离船或到另一个国家生活一段时间。因此，正如鲍曼

(Bauman)所说：这些海员的生活在一个似乎预示着20世纪80年代末及后现代主义流动性的时期是随意的。[41] 一切都可能改变。

此外，船上相对奢华的服务意味着这些人是在一种满足消费者需求的文化中工作的，这表明他们也可能实现自己的目标(他们曾擅长于满足客户)。乘务长尤其如此，他们得意扬扬地复述着一个杜撰的故事：一个船长骑着自行车来到码头，发现乘务长(靠小费和小提琴表演发家致富)开着他的豪华轿车来了。岸上同性恋权利运动的进步意味着，在20世纪70年代和80年代，同性恋文化得以建立。然而，船上的人一致认为一些故事的作者认为海员不需要同性恋解放阵线。如果你在海上，那么你已经被解放了。海员“已经自由了”。[42]

结　语

“大海有什么魔力可以让被嘲笑的亚文化成员认为自己是‘正常的’?”形成这个现象有一系列互相重叠的原因。身份的本质在于它是被建构的，而不是固定的；它是可以改变的。因为身份的选择受到社会环境的影响，所以船作为同性恋友好的限定区域和变性场所也为同性恋的选择提供了机会。一种表演文化出现在餐饮期间和船上，狂欢式的空间允许船员和乘客在正式和非正式的戏剧场景中角色扮演，比如船员表演：“越界”庆典和“将起居室当作剧场”。如此轻松和不被污名化的“排练”允许那些希望进一步转变自己之前社会身份的人这样做，至少是暂时的或表面的。类似的机会在其他任何交通工具上都不可能实现。在那里部分人是由阶级、性取向和性别来进行评价的。

然而，具体地说，探索构建新的性别身份可能是主要的领域。相对来说，不受异性恋规范的束缚意味着男性海员，他们对自己被分配的异性恋身份不满意，可以探索很多性取向和性身份的变化，包括借助手术实现变性。关于为什么性别惯例在这些滑稽的客船上变得如此颠倒，还有一些其他的解释，例如常态、可取性和可能性。成为同性恋是不会遭到反对的，像女电影明星一样的外表和行为是可取的；它赢得了爱人和掌声。此外，“做一个女人”是可以实现的，因为可以很容易地买到必要的剧场“行头”，也因为流行的娱乐提供了很多超级女性气质的楷模，确实有女王范，尽管有时候很糟糕。

这在历史上是一个非常特殊的机会之窗。战后时期，消费主义盛行，认识到个人身份是可以塑造的，性别重置技术的进步，以及戏剧、广播和电影的无意间的影响，意味着在那个安全的空间里，也就是在海洋上的船里，展现出各种各样的同性恋身份是可能实现的。高就业率以及性别和民族工作隔离的残留意味着在白人男性用餐的餐厅里，女性和黑人服务员依然更受欢迎，而女性和黑人男性在船上仍然是少数群体。否则，航运公司可能会对雇佣从事非法活动的人持谨慎态度，因为所有同性恋乘务员都非常受重视，甚至船长也更希望他们的老虎(Tigers)(私人管家)是同性恋。这种现象强有力地证明了异性恋者是可以忍受同性恋者的，而且身份确实是流动的，根据具体情况而定。这些证据不断让我感到惊讶且印象深刻。

轮船独特地创造了一种受到支持的亚文化，包括与异性恋者的积极关系。然而，他们也把男人带到一个地方，在那里他们可以获得对同性恋的其他思考方式以及实现永久身体转变的方法。船只也使海员们带回了新的态度，从而影响了英国岸上同性恋文化的发展。这很可能有助于减少陆地上的同性恋恐惧症。在这个过程中，一些海员认为他们的同性恋是高贵的，远远优于普通的异性恋，因此在同性恋骄傲运动兴起之前就带来了骄傲。有些这样的人把异性恋者和没有泡沫衬裙的男人视为他者，甚至是劣等人。他们使自己和彼此"正常化"，而"正常人"通常不会寻求正常化。但也应该记住，尽管在一些船上不是这样，但是异性恋者在海事劳动力中占多数。重要的是，这种值得庆祝和自豪的主张背离了异性恋的主张。通过将船舶视为一种机构，在那里某些价值观可以深度反转，我们可以更容易想象被夸大的陆地/海洋两极分化(隐含着"受约束"与"自由"之间的对抗)。海上可能发生身份变化的巨大潜力表明，社会很可能需要这种离岸机会，作为接受人类身份多样性的一种方式。[43]

有趣的问题是，为什么人们会以这种方式记住这段时期?

对同性恋主导的何种需求得到了表达？他们如何与恐同者的需求联系起来？还有那些继续认为航海、生活也如此，都是围绕异性恋进行的人，如何与这些人联系起来呢？同性恋抗议说他们是正常人，这可能被无意识地夸大了，因为他们希望确保这种现象的显著性得到充分理解，同时这也是晚年时对青春岁月胜利果实的美好追颂。同性恋者声称自己是女王，是高人一等的，这显然也是对酒店员工地位低下的一种反抗，这些员工把船上的工作人员当作交通工具，而乘客则把仆人视为次等的凡人。正如作家贝尔·胡克斯（Bell Hooks）认为现代黑人女权主义者是在“反击”，而不是接受被分配的、无声的非白人、非精英、非男性的旧立场。因此，作为一个骄傲的女王或天后，就是要“反击”（意思是即使一个人不属于除了工作别无生活的阶级，也要休假），或者在正在度假和势利的乘客面前，坚持自己的优越感。[44]他们拒绝自我克制，认为自己是在色彩斑斓的天堂里快乐、活泼的玩家。

同性恋海员对他们历史的陈述是有价值的，不仅因为他们暗示我们需要发展一种真正的探索性海洋历史实践，以此探索男子汉水手杰克的神话。还有一个更广泛的相关性。他们的历史也可以让学者更好地理解世界上的同性恋和异性恋主观性。这是学术运动的一部分，旨在探索不同的情况如何产生不同的性倾向，以及这些情况如何使每个人都能自我实现，成为他们渴望成为的所有自我。这些知识可以帮助我们解决异性规范性给成千上万的海员和上岸的人带来的损失的问题。船上生活和岸上生活的比较说明了异性规范性如何损害了他们的身份和生活。海员获得相对自由的性取向，说明了海上船只迷人和令人费解的特殊之处。

因此，这些隐藏的历史提出了地理流动与心理和社会流动之间关系的重要问题。同性恋理论家托马斯·皮翁特克（Thomas Piontek）认为，将同性恋视为一种质疑立场而不是一种身份是很有成效的……这让我们从一个新的有利角度探索习以为常和熟悉的事物。[45]从这种质疑的角度看待海员，我们可以更好地超越二元对立，探索超越这种有限视野的情况下，人类自由和实现的可能性。了解“海上女王”的世界有助于同性恋研究（研究与性取向和性别认同有关的问题；这是基于批判理论）以及对性少数人群（LGBT）生活的研究。因此，它不仅促进了学术上的理解，而且促进了人类在自我实现方面的进步，无论是在陆地上还是在海洋上，也无论性少数群体的选择是否得到霸权认可。就海员而言，同性恋研究方法不仅意味着要问同性恋历史学家可能会问的问题，比如“为什么船上的男人是同性恋？”更要问“是什么导致一些海员成为异性恋？”以及“为什么性在一些海员的观点中如此重要？”学者们才刚刚开始调查和重新思考“水手杰克”这个过于简单化的结构，但现在他们已经准备好了问题。

注 释

1. I would like to thank those who have contributed to shaping this piece. Above all they include Paul Baker, with whom I researched and co-wrote *Hello Sailor! The Hidden History of Homosexuality at Sea* (London, 2003) and all the museum professionals in Liverpool, Nova Scotia, Newcastle and Southampton who enabled the follow-up work on this subject. The seafarers who gave their stories are enormously appreciated. Some have been anonymised at their request. Quotation marks round a name indicate that it is a pseudonym. Arne Nilsson and Maggie Rich were of great assistance in this particular article.
2. Notes from informal briefing by 'Dave', Jo Stanley, April 2002.
3. Daniel Vickers, 'Beyond Jack Tar', *The William and Mary Quarterly*, Vol 50: 2 (April 1993) pp. 418-424; Valerie Burton, 'The Myth of Bachelor Jack: Masculinity, Patriarchy and Seafaring Labour', in Colin Howell and Richard Twomey (eds.), *Jack Tar in History: Essays in the History of Maritime Life and Labour* (Fredericton, New Brunswick, 1991), pp. 179-198; Mary A. Conley, *From Jack Tar to Union Jack: Representing Naval Manhood in the British Empire, 1870-1914* (Manchester, 2009) p3.
4. B. R. Burg, *Sodomy and the Pirate Tradition* (New York, 1984); Hans Turley, *Rum, Sodomy, and the Lash: Piracy, Sexuality, and Masculine Identity* (New York, 1999); Steven Zeeland, *Sailors and Sexual Identity: Crossing the Line Between 'Straight' and 'Gay' in the US Navy* (Haworth Gay & Lesbian Studies) (New York, 1995); B. R. Burg, 'The HMS *Africaine* Revisited: The Royal Navy and the Homosexual Community', *Journal of Homosexuality*, Vol. 56, No. 2, (February 2009) pp. 173-194; Arthur Gilbert, 'Buggery and the British Navy, 1700-1861', *Journal of Social History*, Vol. 10 (1976) pp. 72-98, and 'The "Africaine" Courts-Martial: A Study of Buggery in the Royal Navy', *Journal of Homosexuality*, Vol. 1 (1974) pp. 111-22; Laura Rowe, unpublished work and

paper, *Homosexuality and the Royal Navy in the Era of the Great War*, given at the British Commission for Maritime History, King's College London (14 October 2010); Simon J. Bronner, *Crossing the Line: Violence, Play and Drama in Naval Equator Traditions* (Amsterdam, 2006); Bert Bender, *Sea Brothers: The Tradition of American Sea Fiction from 'Moby Dick' to the Present* (Philadelphia, 1989); Allab Bérubé, *Coming Out Under Fire: The History of Gay Men and Women in World War II* (New York, 1990); Arne Nilsson, *'Såna' på Amerikabåtarna* (*'Those Ones' on the American Boats*) (Stockholm, 2006).

5. For example see Miri Rubin, 'What is Cultural History Now?', in David Cannadine (ed.), *What is History Now?* (Basingstoke, 2002), p. 81; also consider Michel Foucault's work on the body in asylums, hospitals etc, such as *The Birth of the Asylum* (London, 1984). Followers have particularly used his texts to turn towards the embodied subject in society.
6. Baker and Stanley, *Hello Sailor!* p. 17. The majority of the men ranged in class background, were aged 50–80, and at sea in the 1950–90s, mainly for periods of six-to-ten years. Few went to sea thinking they were gay although most felt there was something 'different' about them, especially after early experiences in boarding school and catering. Two served in World War II. One was part Indian; one was Australian-born; none would define themselves as Black. Their shipping lines include P&O, British India and, to a lesser extent, Cunard. They mainly operated out of Southampton rather than northern ports. The most closeted were officers from the pursers' and deck departments.
7. It is generally agreed that it is impossible to give an accurate percentage. The figure 10 per cent is often used, partly because pioneering biology professor Alfred Kinsey's 1948 study on male sexuality found that 13 per cent of men were exclusively gay. Since then, further studies vary between arguing that the figure is as high as 27 per cent and as low as 3 per cent.
8. 'Dave', briefing session with Jo Stanley, 29 March 2009.
9. Michael Rudder, interview by Jo Stanley, 5 February 2006.

10. ‘Terry’, interview by Jo Stanley, 2 February 2006.
11. ‘Queen Mother’ is a term some, especially senior, drag queens were happy to apply to themselves.
12. Paul Baker, *Polari-The Lost Language of Gay Men* (London, 2002). Nancy Mitford evolved these linguistic distinctions in 1956 (U stood for Upper class). They became popularly used, including on ships and in hotels, where staff were ultra-status conscious about their guests. A fledgling purser, for example, would be guided by it in working out whether a passenger should be placed on the Captain's Table. Their use of the word ‘serviette’ (good) instead of ‘napkin’ (bad) was every bit as indicative of ‘us-ness’ as someone's use of, say, the word ‘bona’ for ‘fine’ in Polari. See http://www.debretts.com/ etiquette/british-behaviour/t-to-z/u-and-non-u.aspx, accessed 26.3.2012.
13. The word ‘queer’ has today been reclaimed with pride, and to many older gay men's surprise queer studies is a university subject. Some queer theorists use ‘queered’ to indicate that ‘queerness’ is a normative judgement imposed by others who believe their own position-‘straight’-is the only correct position.
14. The term self-actualisation was originated by psychologist Abraham Maslow to mean the highest point in human development, when one has all needs met (such as for food, shelter) and becomes someone who fulfils their full potential: independent, autonomous, able to resist external pressure and indeed to transcend the environment rather than just coping with it. Above all, it means accepting one's own nature and that of others, without prejudice. Abraham H. Maslow, ‘A Theory of Human Motivation’. *Psychological Review*, No. 50 (1943) pp. 370-396.
15. For a discussion of whether people are ‘born gay,’ including Richard Isay's theories, see Ona Nierenberg, ‘A Hunger for Science: Psychoanalysis and the “Gay Gene”’, *differences*, Vol. 10, No. 1 (1998) pp. 209-242.
16. Michael Warner, ‘Homo-Narcissism; or Heterosexuality’, in Joseph Boone and Michael Cadden(eds.), *Engendering Men* (London, 1990) p. 191.
17. Nigel Rapport and Andrew Dawson, (eds.) *Migrants of Identity: Perceptions of*

Home in a World of Movement (Oxford, 1998) p. 27.

18. Dominic, interview by Jo Stanley, 5 February 2006.
19. The author has argued this most strongly in a number of articles and papers, most recently in her chapter: 'Queered Seafarers in Heterotopic Spaces', in *Proceedings of the Xth North Sea History Conference* (Göteborg, 2012).
20. Robert Readman, interview by Jo Stanley, 3 February 2006.
21. Arnold van Gennep, *The Rites of Passage* (Chicago, 1960). Redford_13_cha11. indd 248 10/19/2013 1: 01: 20.
22. Kevin Hetherington, *The Badlands of Modernity: Heterotopia and Social Ordering* (London, 1997); Victor Turner, *Process, Performance and Pilgrimage* (New Delhi, 1979); John Walton, *The British Seaside: Holidays and Resorts in the Twentieth Century* (Manchester, 1998); Rob Shields, '"The System of Pleasure": Liminality and the Carnivalesque in Brighton', *Theory, Culture and Society*, Vol. 7 (1990) pp. 39–72; and *Places on the Margin: Alternative Geographies of Modernity* (London, 1991).
23. The author herself has created this term. It refers to fiction written about the passengers on voyages on passenger ships and private yachts. Quite often the genre, which began in the late 1920s, is romance or crime or both.
24. Mikhail Bakhtin, *Rabelais and his World*, translated by Hélène Iswolsky (Bloomington, Indiana, 1984).
25. Michael, interview.
26. Hetherington, *Badlands.*
27. It was also done for serious intent, in at least one cruise novel, *Luxury Liner.* Milli Lensch, a migrating Cinderella from Posen, is taken up by a wealthy solo male passenger. He transforms her with new clothes, and she enters the dining saloon looking 'like a Spanish princess … Several months later she was actually introduced as an aristocrat of Latin origin.' Gina Kaus, *Luxury Liner* (London, 1934) p. 288.
28. Peter Stallybrass and Allon White, *The Politics and Poetics of Transgression* (Lon-

don, 1986).

29. Ships' dining rooms mirror restaurants; see Philip Crang, 'Performing the Tourist Product', in Chris Rojek and John Urry (eds.), *Touring Cultures: Transformations of Travel and Theory* (London, 1997) pp. 137-154.
30. Paul, interview by Jo Stanley, 3 March 2006; Michael, interview.
31. Conley, *From Jack Tar to Union Jack*, p129.
32. Chris, interview by Paul Baker, July 2001.
33. 'Alan', interview by Paul Baker, January 2002.
34. Bérubé: *Coming Out Under Fire*.
35. However, it is important to be aware that heterosexual assumptions about binary polarisations are limited, incorrect and omit the key role of oral intercourse As gay steward Kevin Smith recently joked, 'I'm like a Dyson vacuum cleaner, I have attachments for every purpose.' Jo Stanley, conversation with Kevin Smith, 23 March 2012.
36. Zygmunt Bauman, *Freedom* (Milton Keynes, 1988).
37. Jackie Stacey, *Stargazing: Hollywood Cinema and the Female Spectator* (London, 1994) p. 171.
38. Michael, interview. Also many interviews with gay seafarers attest to the significance of glamorous female renaming. See testimony at the Sailing Proud archive at Merseyside Maritime Museum, and in Baker and Stanley, *Hello Sailor!* pp. 84-86.
39. 'Terry', interview.
40. It is important to note economic pressures. Demand for stewards appeared to exceed supply. Shipping lines could not have afforded to sack all camp stewards, because that would have decimated the workforce and made ships inoperable. And gays were perceived as having desirable traits: they did not (visibly) use illegal drugs. They were clean and reliable; their cabins 'were always neat and tidy and beautifully done … they were really particular about their personal affairs.' Interview with Jenny Kemp by Jo Stanley, 9 June 2005.

41. Zygmunt Bauman, *Identity* (Cambridge, 2004).
42. 'Terry', interview.
43. In her study of camp amateur theatre in Cherry Grove, New York, Newton indicates that Fire Island's geographically separate status enabled the large lesbian and gay population there to put on shows and develop queer culture. Esther Newton, *Margaret Mead Made Me Queer* (Durham and London, 2000), pp. 34–62.
44. bell hooks, *Talking Back: Thinking Feminist, Thinking Black* (Boston, 1989).
45. Thomas Piontek, *Queering Gay and Lesbian Studies* (Champaign, 2006) p. 2.

第五部分

海军与帝国认同

第十二章　从特拉法尔加到圣地亚哥：19 世纪西班牙海军与国家认同

卡洛斯·阿尔法罗·扎佛特萨

1845 年 10 月 20 日，护卫舰“佩尔拉”（*Perla*）号与双桅船“英雄”（*Héroe*）号驶入乌拉圭蒙得维的亚湾。这是自该地区独立以来西班牙在此首次正式露面，还没来得及抛锚，成群兴奋的西班牙居民和水手便涌上了“佩尔拉”号的甲板。一些人拥抱并亲吻舰炮，另一些跪在国旗前；踏入这片祖国领地，他们流下了喜悦的泪水。[1]港口内所有悬挂西班牙国旗的商船都挂上了彩旗，蒙得维的亚主要报纸欢迎这两艘“祖国的部分”前来保护市民。[2]这段小插曲表明了一点，即海权与国家认同之间的联系在范围广阔的各种海军活动中都显而易见。

然而，本章的时间界限和主题重点则是由两个知名事件界定：1805 年特拉法尔加战役和 1898 年古巴圣地亚哥战役。作为西班牙帝国历史上的里程碑，第一次战役，加之西班牙独立战争或半岛战争（1808—1814 年）的影响，导致了巨量的领土损失，意味着西班牙失去了大国地位。然而，在整个 19 世纪，西班牙仍保有相当数量的包括古巴和波多黎各在内的海外领土。第二次战役标志着西班牙海外帝国的终结以及国际地位的进一步下降。两场战役都引发了强烈的情感，构成了西班牙历史记忆的重要元素。

本章主要探讨 19 世纪西班牙社会中两种相关且广泛传播的看法。首先，海权被视作是国家昔日辉煌的一个重要因素。作为西班牙帝国建立的关键，18 世纪，它构成了国家作为强国的主要军事资产。由于特拉法尔加战役的失败，导致了美洲殖民地的损失与随之而来的二流强国地位。其次，强大的海军被认为是西班牙国际地位不可或缺的要素。由于这两个互为补充的观念支撑着海军政策的决策，并被用来争取公众对海军发展的支持，它们值得研究。直至 1898 年，西班牙人仍将自己视为跨大西洋君主国的公民，在各大洲拥有宝贵的帝国财产和全球利益。倘若西班牙在欧洲不再足以强大到影响局势，它同样也放眼关心欧洲以外的事务。

由于意识形态原因，西班牙的国家认同历史编纂主要集中于国内问题，往往忽视国际利益主题；[3]然而，海军历史学家对此给予了一定关注。[4]本章探讨了该主题的三个方面。首先，海军检阅作为一种有效的国家建设工具，其研究与现有的以英美为中心的海军盛况学术研究存在相似之处。本章将以 1862 年 6 月的阿利坎特庆祝活动作为主要例证。[5]其次，本章讨论了历史和文学在国家叙事构建中的作用，代表人物包括历史学家佩德罗・诺沃・伊・科尔松（Pedro Novo y Colson）和小说家贝尼托・佩雷斯・加尔多斯（Benito Pérez Galdós）。最后一节探讨了 1898 年美西战争（Spanish-American War）后关于是否需要海军之争。本章使用的主要资料为当时的印刷材料：文学小说、报纸、期刊、书籍和小册子。本章认为，海军在 19 世纪西班牙国家认同中是一个重要元素，从而表明海权与国家认同之间的联系不仅限于盎格鲁-撒克逊国家或大国。

海军检阅

海军检阅是海军与社会之间的一种传统互动方式。民众与舰艇及舰员的直接接触在国家建设中具有巨大的潜力。1862 年 6 月阿利坎特举行的海军检阅很好地说明了这一点。[6]政府举办了为期两天的展览，展示皇家船坞建造的最新舰船。当时，1859—1861 年的大规模扩建计划正如火如荼地进行。这项工程包括建造 6 艘装甲舰和 12 艘螺旋桨护卫舰，到 19 世纪 60 年代末，西班牙海军由一个小型海军转变为中型海军，可与意大利或奥地利海军相媲美，兼具海外作战能力。同时，舰队在摩洛哥、墨西哥、圣多明哥、中南半岛和菲律宾群岛附近活动，南美海岸的太平洋基地也即将建立。海军部长扎瓦拉将军（General Zavala）[7]利用了刚开通的阿利坎特至马德里的铁路，作为首都与海岸之间唯一的铁路连接，提供了快速、舒适的海岸交通。此次活动在媒体上广泛报道，引起了热烈反响。为了方便大众参与，铁路公司还宣传了优惠票价。对于当时的中产阶级市民而言，乘坐铁路前往海边参加这一爱国活动，无疑令人兴奋；一天内多达 8000 名乘客前往阿利坎特观看“盛大海军庆典”。[8]

如此规模的公众参与度印证了海军作为强大文化象征和国家认同元素的吸引力。海军检阅作为国家建设的手段并不仅限于大国或第一次世界大战前的帝国主义全盛时期。组织活动通常分为三个阶段：海军检阅、战斗模拟和庆祝宴会。为此，海军将军平松指挥了一支由 19 艘舰艇组成的舰队。舰队包括一艘战列舰——“伊莎贝尔二世女王”（*Reina Doña Isabel Ⅱ*）号（86 门炮），虽因蒸汽动力的出现而过时，但由于其庞大的体积和强大的火力，一直以来都受到公众的喜爱。舰队中还有 5 艘螺旋桨护卫舰和 5 艘螺旋桨炮艇。[9]这些护卫舰和炮艇均为本土建造，体现了海军造船厂建造尖端舰艇的能力。3 艘刚刚服役的护卫舰完全为本土生产：其船体、引擎和锅炉均在海军造船厂建造，而舰炮则由桑坦德的特鲁维亚炮厂提供。因此，马德里的居民可以欣赏到国内工业所生产的最先进的工程杰作，并为国家的海军发展和工业进步倍感自豪。正如这篇报道所展示的那样：

> 护卫舰“决心”（*Resolución*）号完全由我国船坞生产建造。赋予她动力的强大引擎并非来自英格兰，而是来自西班牙，由费罗尔铸造厂制造。目前西班牙工人正在为装甲护卫舰“特图安”（*Tetuán*）号制造另一台 1000 马力（735 千瓦）的引擎，预计在年底之前，这艘

军舰将会在世界海洋上扬起西班牙国旗。[10]

舰队与时代乐观精神契合，传达了现代化和国家力量的形象。自1858年起，国内政治更加稳定，国家正处于经济繁荣期，同时政府在美洲和亚洲推行积极的外交政策。人们普遍感到在经历了几十年的政治动荡和经济萧条后，西班牙终于开始复苏，并有望再次成为一大强国，而海军正是这些期望的体现。

6月8日，扎瓦拉将军检阅了舰队，舰员们在船坞里站岗，火炮鸣礼炮。当地政府在海滩上搭建了一个带座位的大型木结构建筑，公众则在建筑里面与港口停泊的商船上观看这一奇观。随后，40艘水手驾驶的小艇带领游客参观舰队。此次活动一致被报道为气势磅礴，激发了西班牙人的爱国主义，证明了国家海军力量的复兴，重拾国际地位。[11]

次日，平松指挥了一场模拟海战。帆船在海岸防御，平行停泊在岸边，而螺旋桨舰艇则从内陆驶来，击沉了它们。此次海战再现了纳尔逊(Nelson)在尼罗河战役中的著名演习，表明海军拥有了履行职责的技能与战舰。紧接的是一次两栖登陆：20条舰载小艇在海滩上登陆，突袭进攻一个防御工事。[12]一位自称对海军事务不甚了解的记者对进攻方四艘“漂亮”护卫舰、防守方战列舰的庞大规模以及码头、阳台和屋顶上成群观众的壮观场面印象深刻。他不禁回想起

那些曾经拥有强大海军镇守我们海岸并进行宏伟

事业的时光。无法不被这种热情所征服，这种热情激励着我们相信西班牙人民依然可以重现往日的辉煌。[13]

现代性、实力与民族情感的交融显而易见。

第三阶段是一个晚会。晚会于旗舰护卫舰“决心”号举行，扎瓦拉主持了为 58 位嘉宾准备的宴会。与会者包括 19 世纪 50 年代两度担任古巴总督的何塞·德·拉·孔查将军（General José de la Concha），他对岛屿安全尤其感兴趣；铁路和房地产巨头何塞·德·萨拉曼卡（José de Salamanca）以及一些众议院和参议院的代表与主要报纸的编辑。[14]宴会的觥筹交错展现了此次活动所激起的期望与情感。扎瓦拉举杯赞美女王及其对海军发展的支持；随后，舰队指挥官平松将军也为扎瓦拉举杯，表明了海军对这位陆军部长的认可。孔查将军表达了他对海军在美洲的作用、陆军的暗中支持及太平洋站的建立表露出极大的热情；阿利坎特代表安东尼奥·里韦罗·西德拉克（Antonio Rivero Cidraque）热衷于海军事务，他对检阅在自己家乡举行表示庆祝，并强调了新海军作为国家代表的潜力。另一位阿利坎特代表卡洛斯·纳瓦罗·罗德里戈（Carlos Navarro Rodrigo），作为记者兼总理奥唐纳（O'Donnell）的发言人，强调了强大海军的地位象征，并祝贺国家终于有能力负担这样的海军；而科鲁尼亚的代表费尔南多·卡尔德隆·科朗特斯（Fernando Calderón Collantes），作为国务部长的兄弟，则认为海军的命运与自由宪政政府的命运息息相关。[15]

晚餐后，在护卫舰“费罗拉娜”(*Ferrolana*)号上组织了一场面向更多公众的舞会。船只停靠在岸边，方便客人通过舷梯进出。旁边停靠着另外两艘船，一艘供客人休息、饮水或小吃；另一艘则布置成休息室，供喜欢交谈和吸烟的人使用。3艘船都为此次活动进行了华丽装饰。出席嘉宾中有海军和陆军将领、众议员和参议员、如丹尼尔·维斯威勒(Daniel Weisweiller)这样的银行家[他是罗斯柴尔德(Rothschild)在西班牙的代理商]、记者、贵族和政府官员。[16]连同聚集在阿利坎特的约1.2万名市民，代表了统治精英和资产阶级的市民，总人口中小部分拥有投票权的人。按当时的标准，这无疑是一次大型活动，甚至一份反对派报纸也承认庆祝活动现场“人山人海”。[17]政府在这些受众面前展示了海军，传达了权力信号，并强化了海军与马德里统治精英之间的身份联系。“海上庆典”的理念、娱乐和庆祝活动及其爱国特征是报道中的共同主题，显示了记者们的情感参与。媒体的作用尤为关键：它确保了活动获得广泛宣传，并在一定程度上让没有参与活动的公民也能与在场人员产生共鸣。

历史叙事与文学

历史叙事是构建国家认同的基石。在理解西班牙观念时，两位作者不可或缺：历史学家佩德罗·诺沃·伊·科尔松(1846—1931年)，他撰写了西班牙对智利和秘鲁战争的官方版本(1864—1866年)以及小说家贝尼托·佩雷斯·加尔多斯，他同样涉及这一冲突及特拉法尔加战役。两位作者反映出相同的价值观，前者身处体制，后者则为独立知识分子。诺沃是一位职业海军军官，广泛涉猎文学、新闻和历史；他最为人知的作品《西班牙太平洋战争史》(*Historia de la guerra de España en el Pacífico*，1882年)讲述了一个饱受争议但光辉灿烂的历史片段。这本书是海军宣传、捍卫国家荣誉的典范。尽管总体上是一部较为公允的叙述，但它作为官方历史，旨在为海军在战争中的表现辩护。书中的主旨在于强调海军履行了捍卫国家荣誉的使命，为首的英雄海军上将门德斯·努涅斯(Admiral Méndez Núñez)统帅舰队轰炸瓦尔帕莱索和卡亚俄。诺沃为对卡亚俄发动的攻击辩护，称之为捍卫国家的声誉，而舰队就是声誉的体现。美国及大多数欧洲媒体对此次轰炸谴责不已，称其为“骇人听闻的丑行”和“自以为是”的懦弱之举。门德斯·努涅斯选择攻击卡亚俄的炮台来驳斥此类指责，诺沃则通过攻击的成功为这一“堂吉诃德式”的举动辩护：

> 在他辉煌的身影和荣耀的纪念品前，笔尖停下，唯有心声倾诉。门德斯·努涅斯，祖国的骄傲，因你而胜，你的行动无愧于心，你的凯旋更是完美无瑕！[18]

他赞扬了海军的成就，海军在与友好基地相隔千里、历时两年多的漫长征战中表现卓越。在这艰难的环境中，海军水手履行了作为“西班牙荣誉与尊严的守护者”的职责，取得了“在不平等战斗中获得胜利”的佳绩。[19]由于战争的争议性，诺沃将海军的表现与政府的表现进行了区分。政府的行为被视为“无能而可怜”[20]，而海军则被誉为“光辉、崇高而富有成效”。书的最后对参与战争的海军军官进行了颂扬：

> 愿门德斯·努涅斯、洛博(Lobo)、巴尔卡伊斯特基(Barcáiztegui)[21]等西班牙海军英杰，能将他们的勇气用于光荣的事业，赢得永恒的荣光……！如此，他们不仅会获得祖国的感激，还将赢得历史学家和人民的赞誉。[22]

门德斯·努涅斯和卡亚俄的记忆至今仍在日常生活中延续。许多西班牙城市的街道和广场名称仍然铭记这一历史事件，其中最著名的例子莫过于位于马德里市中心城市最繁华的区域之一的卡亚俄广场(*Plaza del Callao*)。

尽管是虚构文学，贝尼托·佩雷斯·加尔多斯的《国家史诗》(*Episodios Nacionales*)以极高的真实感描绘了西班牙 19 世纪的社会。这部广受赞誉的 46 部历史小说系列，创作于 1873—1912 年间，已成为经典，甚至被历史学家作为史料使用。本章将简要探讨关于特拉法尔加和卡亚俄战役的卷册。[23]特拉法尔加在西班牙记忆中的重要性，是加尔多斯选择以此事件开篇的主要原因。尽管到 1873 年，人们普遍承认西班牙 19 世纪始于 1808 年的法国入侵，但特拉法尔加战役作为西班牙海军最后一次参与大国角逐，其记忆仍是一个重要的里程碑。战役的戏剧性掩盖了反对拿破仑的战争（1808—1814 年）所带来的更为不利的影响。这一系列海军力量的削弱被认为极大助长了美洲殖民地的独立进程。

为了接受战败的事实，浪漫主义诗人将战争的失败描绘为一个光荣事迹，事迹中国家尊严得到维护，英雄也进入万神殿。[24]加尔多斯的《特拉法尔加》（*Trafalgar*）于 1873 年出版，正反映了这一传统，并传播给更广的受众。小说叙事围绕 3 位在战斗中英勇牺牲的英雄展开：西班牙舰队指挥官费德里科·格拉维纳（Federico Gravina）、“圣胡安·内波穆塞诺”（*San Juan Nepomuceno*）号指挥官科斯梅·达米安·德·丘鲁卡（Cosme Damián de Churruca）以及“巴哈马”（*Bahama*）号的指挥官迪奥尼西奥·阿尔卡拉·加利亚诺（Dionisio Alcalá Galiano）。[25]他们给人留下了深刻印象，以至于加尔多斯在 34 年后写的小说片段（*episodio*）中，让笔下的角色感慨道：“……但那些英雄，丘鲁卡、格拉维纳、阿尔卡拉·加利亚诺，不正如胜利那样宝贵吗？这种牺牲正是所有国家渴求的。”[26]

在 1906 年出版的另一小说片段中，加尔多斯描述了铁甲护卫舰“努曼西亚”（*Numancia*）号的环球航行，[27]小说从三个方面激起了西班牙人的民族情感。首先，“努曼西亚”号船名源于古城努曼西亚，临近如今的索里亚，公元前 132 年经过了漫长的围攻被罗马人攻陷。作为西班牙国家神话之一，如特拉法尔加一样，功败垂成，充满了英雄事迹。遗址于 1860 年被发现，正是这艘船下令建造的一年之前，因此得名。此外，发掘工作于 1906 年开始，也是《“努曼西亚”号环球航行》(*La Vuelta al mundo en la Numancia*)出版的年份。另一历史平行是胡安·塞巴斯蒂安·埃尔卡诺(Juan Sebastián Elcano)的“维多利亚”(*Victoria*)号，是麦哲伦(Magellan)远征的一部分，同样是第一艘环球航行的船只，“努曼西亚”号则是第一艘完成环球航行的铁甲战舰，基本沿袭了埃尔卡诺(Elcano)的航线。许多水手和海军建筑师曾对装甲船的航行能力深表怀疑。但最终，卡亚俄战役(the Battle of Callao)的胜利造就了全新的伟大民族英雄，并为海军树立了远比 1898 年事件更正面的形象。这是一部结合了伟大国家神话的小说，仿佛再现了 16 世纪西班牙大航海家的丰功伟绩，同时又描绘了一场新近的胜利，与日前在古巴圣地亚哥与马尼拉湾屡遭羞辱的节节败退形成鲜明对比。在灾难性战争的余波中，这无疑振奋人心。一篇评论如是说：

> 作为新书中激动人心的篇章，卡亚俄战役令人难忘。在我们失去了舰船，经历了如此多的失败之后，如今读来痛心疾首！西班牙以不到 3000 人的兵力和唯一的装甲舰“努曼西亚”号取得了胜利，水兵们为自己赢得了荣誉。[28]

对美西战争的含沙射影显而易见。作为当代西班牙首屈一指的作家，加尔多斯的声誉进一步放大了这种效果。

1898 年遗产

除了失去海外帝国外，1898 年美西战争的失败也沉重打击了西班牙的自负，并挑战了国家认同的基本假设。其中的两个假设与我们的主题息息相关。其一是西班牙引以为傲的战力与民族精神。复兴主义（*regeneracionista*）记者达米安·伊塞恩（Damián Isern）对此进行反思，他指出，对于不熟悉西班牙民族精神的外国人而言，这种现象可能显得有些奇怪：

> 拿破仑战争的胜利者……1859 年击败摩洛哥帝国的胜利者，卡亚俄战役的胜利者……却几乎在没有抵抗的情况下向一个北美共和国屈服。而该共和国仅作为一个工业大国存在，而非军事强国，其陆军和海军同样缺乏辉煌传统，因而民族精神匮乏。[29]

其二是哥伦布（Columbus）、科尔特斯（Cortés）和皮萨罗（Pizarro）给西班牙人留下的遗产，他们是航海者和征服者，西班牙残存的殖民地——古巴和波多黎各是这一遗产的象征。整个 19 世纪，海军的存在目的（*raison d'être*）基本上是为了保护这些岛屿；这种殖民防卫的职责使海军在与美国的冲突中扮演了重要角色。但实际上，美西战争的决定性、高潮事件是古巴圣地亚哥战役。这场战斗的结果令人大感意外和愤怒：西班牙舰队不仅被彻底歼灭，甚至未能对敌方造成任何实质性伤害。因此，当时的人们把它与1866年意大利在利萨和1870年法国在色当的失败相提并论。公众能够理解马尼拉湾/甲米地战役的结果：敌人的压倒性优势显而易见。海军准将杜威(Commodore Dewey)的现代巡洋舰编队轻而易举地将海军上将蒙托霍(Admiral Montojo)的杂牌殖民炮艇轰沉。然而，古巴圣地亚哥战役却并没有这样的悬殊差距。与利萨和色当的情况一样，没人能预见如此压倒性的结果。西班牙舰队由四艘现代化装甲巡洋舰和两艘驱逐舰组成，装备精良，技术先进。人们普遍认为，如果指挥合理，这支舰队应该能有一个像样的交代。即便只是一些敌方损失和几位英雄的涌现，也足以维护国家荣誉，而这正是西班牙人将特拉法尔加战役视为虽败犹荣的原因。而在古巴圣地亚哥，情况完全不同；对于华金·科斯塔(Joaquín Costa)而言，这场战斗根本不值得称之为战斗，而是一场美国的靶场练习。[30]这一近乎荒谬的结果严重打击了西班牙的士气，促使政府寻求和平条款。这场失败在公众对战争的认知中赫然耸现，海军要为耻辱性的失败和西班牙帝国在美洲最后残余的损失负责；换句话说：海军没有尽到对国家的责任。

这一惨淡的表现令西班牙社会大感震惊。事实表明，除了战斗行动的表现令人失望外，战争爆发时舰队的战备状态也存在问题。两艘最大舰艇——战列舰“佩拉约”(*Pelayo*)号和防护巡洋舰“卡洛斯五世”(*Carlos V*)号正在进行改装，而3艘应在三年前完成的装甲巡洋舰仍在建造中。此外，海军上将塞维拉(Admiral Cervera)的舰艇状况更是恶劣。如上所述，反映的是各级指挥和管理的疏忽和无能与过去 20 年海军政策的腐败。[31]战后，重建陆军和海军成为国内政治的主要议题。各方一致认为，海军未能履行其职责，但同时也认同强大的海军对国家发展的必要性；争论的焦点在于重建的紧迫程度。这个问题同样受到国际形势的影响，世纪之交是海军主义的鼎盛时期，阿尔弗雷德·塞耶·马汉(Alfred Thayer Mahan)的思想最为流行；大多数拥有海洋利益的国家，无论大小，都赞成发展海军。随之而来的公众辩论，围绕"海军主义者与反海军主义者"的对立，[32]均受到了这些进展的深刻影响。在西班牙历史上，公众辩论是 1898 年后反思所引发的"非国有化"进程的一个方面。从那时起，西班牙社会的重要阶层，尤其是社会党人和外围民族主义者，开始质疑国家身份的主要象征。本节讨论的三次重建海军的尝试就说明了这一点。这些尝试由保守派内阁在战后的直接影响下发起，分别发生在 1903 年和 1907 年。

作为保守党领袖和两届首相(1899 年 3 月至 1900 年 10 月，1902 年 12 月至 1903 年 7 月)，弗朗西斯科·西尔维拉(Francisco Silvela)对此深感失望。古巴圣地亚哥战役的消息传到西班牙后不久，他便发表了对政府战前政策的著名控诉，其中明确提及海军。[33]然而，他也认为，必须吸取的教训是西班牙需要一支能够捍卫和维护国家独立与尊严的海军。他认为，若不如此，便是"放弃民族身份"。[34]他深知"重振"该机构的必要性和面临的困难，因此当内阁中的现任官员辞职后，西尔维拉亲自接过了海军部长的职位。他宣称：

> 西班牙海军必须重生，摆脱现状，以便能够续写历史，重拾往日威望，不辜负强大海军的传统。[35]

为此，他开始着手起草一项海军法案，计划建造 8 艘战列舰，但在他能够将法案提交国会之前，政府便已倒台。

西尔维拉获得了相当大的支持。早在 1900 年 6 月，海军主义者们就积极行动，阿尔梅里亚的一家学术团体组织了一次会议，并发布了关于重建海军的论文征集通知。此次活动期间，海军也派出了一支舰队前往港口以示支持。[36]同年，他们成立了西班牙海洋联盟（Liga Marítima Española），以满足海洋界的利益。许多著名政治家从一开始就参与其中：安东尼奥·毛拉（Antonio Maura）于 1905 年接替西尔维拉成为保守党领袖，并担任该联盟的首任会长。由佩德罗·诺沃·伊·科尔松创办的期刊《海军世界插图》（*El Mundo Naval Ilustrado*，1897—1901 年）详细报道了该联盟的活动，作者包括海军军官和知名知识分子，如胡安·巴莱拉（Juan Valera）和鲁本·达里奥（Rubén Darío）。1902 年，该期刊与《海洋生活》（*Vida Marítima*）合并，后者是西班牙海洋联盟（Liga Marítima）的机关报。

对海军发展的反对意见在公众舆论中得到了相当一部分支持，乔奎因·科斯塔（Joaquín Costa）是这一立场的主要代表，同样是再生主义的核心人物，[37]也是反海军主义的首席代表。1883 年，这位律师、政治家和散文家在 1868 年革命后奠定了西班牙海军主义的理论基础，[38]但在战争之后，他对现状感到极度失望，开始反对政府的海军计划。他认为，海军开支将分散经济复苏所需的资源，而新舰队将导致冒险的外交政策，从而引发新的失败。科斯塔甚至提出废除海军部。[39]另一位著名的再生主义记者路易斯·莫罗特(Luis Morote)对此持类似看法。他承认西班牙作为海洋国家的传统，[40]但同时对海军的表现提出批评。[41]正因如此，他并不认为海军是“新”国家身份的必要组成部分。他指出：

> 新西班牙崛起并主张生存权利，目标明确：节省国家血液和财富……这完全与在甲米地和圣地亚哥沉没的那些理念背道而驰，这种无谓的血液和财富浪费贯穿了我们历史全程。[42]

在任期的第二个阶段，西尔维拉邀请了公开支持海军发展的乔奎因·桑切斯·德·托卡(Joaquín Sánchez de Toca)来协助他，并任命他为海军部长。[43]托卡在 1903 年提出的法案中囊括 7 艘战列舰和 3 艘装甲巡洋舰；其提出理由是出于国家安全、荣誉和地位的考量，以及避免再次发生无谓的舰船和人员牺牲的风险。[44]然而，从经济和政治角度来看，这一法案与之前的法案一样不切实际，并遭到了进步派的强烈反对。某家共和党反对派报纸的一篇社论反映了当时的普遍心态，轻蔑地称托卡为"纸舰队的皮达尔式诗人"，同时主张在这些虚幻计划和完全无作为之间寻求一个合理的折中方案。[45]

第三次尝试最终取得了成功。这一重建海军的计划是在安东尼奥·毛拉担任首相的第二个任期内实施的(1907 年 1 月至 1909 年 10 月)，包括 3 艘无畏舰和 24 艘鱼雷艇，作为海军重建的第一阶段。此时，国际形势已发生变化；第一次摩洛哥危机及随后的 1906 年阿尔赫西拉斯会议(Algeciras Conference)迫使西班牙在直布罗陀海峡的南岸维护自己的权利。毛拉与安东尼奥·卡诺瓦斯并肩，是"复兴"时期(*Restauración*)最杰出的政治家之一。[46]他五次当选首相，对海军和殖民事务始终保持浓厚的兴趣。他在 19 世纪 90 年代时是海军政策最坚定的批评者之一，是这一领域公认的专家。在这一背景下，他呼应了当前国际形势的需求，同时也强调了西班牙民族主义。

这一问题引起了公众的广泛关注。1907 年 12 月 27 日，期待已久的观众——包括满座的议员和来宾——倾听了毛拉的著名演讲。他坚称，重建海军是充分利用阿尔赫西拉斯会议成果、恢复国家国际地位的必要步骤。他将论点框架设定在民族主义和社会达尔文主义的语境中，与当时流行的思想和态度相呼应。他指出，作为过去一个伟大的国家，西班牙的活力将是帮助其从近期灾难中恢复的力量：

> 我们需要充满活力地生活，茁壮成长，保持我们

> 的个性，捍卫西班牙民族的根基。在是否拥有海军的两难抉择中……我们必须将国家的尊严传承给后代。[47]

法案获得通过，但在媒体中，超越议会的反对声音十分强烈。科斯塔(Costa)在共和党报纸《国家报》(*El País*)上发表了最为详尽的，也可谓最具代表性的批评。[48]

科斯塔重申了他在 1900 年提出的著名格言，“双锁熙德之墓，永不再跨上战马”，[49]意指结束强硬外交政策。简而言之，就是“少枪炮，多黄油”。他甚至为此场合进行了改编：“双锁恩塞纳达之墓，永不再建造(舰船)。”[50]他借用马汉(Mahan)的权威，指出西班牙根本不具备成为海权国家的条件。[51]战争加深了工人阶级和社会主义知识分子的社会与政治意识，他们开始表达自己的诉求。科斯塔在反对政府的海军政策时，强烈阐述了这些诉求：在他看来，首要任务是教育、改善工人阶级的生活条件以及建立透明、民主的政府。[52]国家的荣誉不应以弱势群体的代价来换取。

他指出，海军计划并不意味着国家历史的恢复，正如毛拉所主张的，而是意味着导致灾难的错误政策的延续。“尊重我们过去的唯一方式，”科斯塔继续说道，“就是结束它。”[53]阶级斗争与国家建设的二元对立在他对统治精英的控诉中显而易见：“他们及其子女不必在那些战列舰上航行或与之同沉。”[54]这一辩论标志着社会主义对传统国家认同象征的挑战的开始，并在接下来的几十年中不断发展。正如所见，在 20 世纪初，海军正处于这一辩论的中心。

结　语

本章从三个方面对西班牙海军与社会的关系进行了分析：直接接触、文化以及政治。海军检阅具有强大的视觉冲击力，让西班牙人亲身体验到舰艇的样貌，登舰与船员交谈。历史和文学作品最初吸引的是包括统治精英在内的受过教育的文人阶层。随着19世纪末识字率的提高，这些作品的影响力不断扩大。到1898年，众多报纸读者能够跟踪时事，同时也容易受到政治宣传和民族主义的影响。在海军主义的时代，海军作为过去辉煌的象征和当今国际地位的标志，使其在有关国家认同争论中的地位经久不衰。

注　释

1. *Gaceta de Madrid*, 8 January 1846.
2. *El Comercio del Plata*, 21 October 1845.
3. I. e. José Álvarez Junco, *Mater dolorosa. La idea de España en el siglo XIX* (Madrid, 2001), pp. 517-518.
4. I. e. José Álvarez Junco, *Mater dolorosa. La idea de España en el siglo XIX* (Madrid, 2001), pp. 517-518; Antonio de la Vega Blasco, *El resurgir de la Armada: certamen naval de Almería* (*25 de agosto de* 1900) (Madrid, 1994), passim. Agustín R. Rodríguez González, *La reconstrucción de la Escuadra: planes navales españoles, 1898-1920* (Madrid, 2010), pp. 24-25.

5. Jan Rüger, 'Nations, Empire and Navy: Identity Politics in the United Kingdom, 1887–1914', *Past and Present*, No. 185 (2004). Jan Rüger, *The Great Naval Game. Britain and Germany in the Age of Empire* (Cambridge, 2007); cf. Duncan Redford, *The Submarine: A Cultural History from the Great War to Nuclear Combat* (London, 2010), pp. 19–55.
6. José Ramón García Martínez, 'La demostración naval de Alicante (junio de 1862)', *Revista General de Marina*, 243 (2002), pp. 303–12.
7. Before 1868, flag ranks were the same for military and naval officers. The term admiral came into use only after that date.
8. *La Iberia*, 29 May, 4, 8 and 15 June 1862, *La Época*, 3 June 1862, *Gaceta de Madrid*, 7 June 1862.
9. *Gaceta de Madrid*, 10 June 1862, *La Correspondencia de España*, 10 June 1862.
10. *La Época*, 14 June 1862.
11. Ibid., *El Diario Español*, 10 June 1862, *La Época*, 9 and 11 June 1862 (newspapers which supported the government); *Las Novedades*, 10 June 1862, *La Iberia*, (opposition newspapers).
12. *La Época*, 11 June 1862, *La Correspondencia de España*, 11 June 1862, *El Diario Español*, 12 June 1862.
13. *La Época*, 11 June 1862.
14. *La Correspondencia de España*, 12 June 1862.
15. *La Época*, 13 June 1862.
16. Ibid., *La Correspondencia de España*, 12 June 1862, *La Época*, 11 June 1862.
17. *La Iberia*, 10 June 1862.
18. Pedro Novo y Colson, *Historia de la guerra de España en el Pacífico* (Madrid, 1882), p. 474.
19. Ibíd.
20. Ibíd., p. 510.
21. At the engagement with the Callao forts, Miguel Lobo was Méndez Núñez's chief of staff and Victoriano Sánchez Barcáiztegui was the commander of the frigate *Almansa*.

22. Novo, *Historia de la guerra*, p. 517.

23. Benito Pérez Galdós, *Trafalgar* (Madrid, 1873) and *La vuelta al mundo en la Numancia* (Madrid, 1906).

24. Carlos Alfaro Zaforteza, 'Trafalgar, el Marqués de Molíns y el renacimiento de la Armada en 1850', *Revista de Historia Naval*, No. 97 (2007), pp. 46–49.

25. Galdós, *Trafalgar*, passim.

26. Benito Pérez Galdós, *La de los tristes destinos* (Madrid, 1907).

27. Benito Pérez Galdós, *La vuelta al mundo en la Numancia* (Madrid, 1906).

28. 'El nuevolibro de Galdós', *El Heraldo de Madrid*, 25 March 1906.

29. Damián Isern, 'España después de la guerra', *Revista Contemporánea* 122 (1901): p. 337.

30. Joaquín Costa, *Marina española o la cuestión de la escuadra* (Huesca, 1912), p. 136.

31. For one of the most detailed indictments, see Damián Isern, *Del desastre nacionaly sus causas* (Madrid, 1899), passim, especially pp. 329–355 for prewar naval policy.

32. The expression is taken from Craig L. Symmonds, *Navalists and Antinavalists: The Naval Policy Debate in the United States, 1785–1827* (Newark, 1980).

33. Francisco Silvela, 'España sin pulso', *El Tiempo*, 16 August 1898.

34. Francisco Silvela in preface to Joaquín Sánchez de Toca, *Del poder naval en España* (Madrid, 1898), c [sic]. Speech at the *Círculo Conservador*, 7 Jan. 1899, in Francisco Sivela, *Artículos, discursos, conferencias y cartas* (Madrid, 1923), Vol. 2, pp. 510–11.

35. *El Mundo Naval Ilustrado*, 30 April 1900, p. 162.

36. Vega, *El resurgir de la Armada. El Mundo Naval Ilustrado*, 20 September 1900, pp. 391–404.

37. *Regeneracionismo* was the intellectual and political movement at the turn of the century that dealt with the causes and solutions of Spanish decline, especially those of the 1898 defeat.

38. Agustín Rodríguez González, *Política naval de la Restauración (1875 – 1898)* (Madrid, 1988), pp. 149–58.

39. Joaquín Costa, 'Manifiesto de la Liga Nacional de Productores', *Revista Nacional*, 10 April 1899, pp. 7, 8, 21.

40. Luis Morote, *La moral de la derrota* (Madrid, 1900), pp. 293–299.

41. Ibíd., pp. 496–497, 595–596.

42. Ibíd., pp. 531–532.

43. Miguel Ángel Serrano Monteavaro, 'El poder naval en la España de entre siglos, 1890–1907', *Militaria*, No. 2 (1990), p. 125.

44. Sánchez de Toca, *Nuestra defensa naval. Primer programa* (Madrid, 1903), pp. ix-x.

45. 'Una política naval', *El País*, 3 August 1903.

46. *Restauración* is the period of Spanish history between 1874 and 1931.

47. Antonio Maura, 27 December 1907 Congress session, *La Vanguardia* (Barcelona), 28 December 1907.

48. Joaquín Costa, 'Construcción de la Escuadra', *El País*, 25 December 1907, reprinted in id., *Marina española*, pp. 91–137.

49. 'doble llave al sepulcro del Cid, para que no vuelva a cabalgar'. Rodrigo Díaz de Vivar, nicknamed *El Cid Campeador*, was a medieval war-lord, and is a major popular Spanish national myth.

50. Costa, *Marina española*, pp. 118–119, 130. The Marquis of La Ensenada was a minister from the mid-eighteenth century, famous for his expansive naval shipbuilding programme.

51. Ibíd., pp. 98–99, 119–120.

52. Ibíd., pp. 91–2, 102, 106, 107.

53. Ibíd., pp. 97–98, 101.

54. Ibíd., p. 107.

第十三章 海军主义与更伟大的不列颠，1897—1914年

约翰·米查姆

1897年夏天，英国海军力量在斯皮特黑德（Spithead）集结举行盛大操演，庆祝维多利亚女王登基60周年的钻石禧年。超过165艘军舰用烟花、探照灯表演和精心编排的操练为群众带来欢乐。[1]在这个“发明出来的传统”中，殖民地代表占据了重要地位。[2]自治殖民地的领导人陪同威尔士亲王，跟在皇家游艇“维多利亚和阿尔伯特”（*Victoria and Albert*）号的游行队伍后面，而包租的火车则运送数百名来自禧年特遣队的白人殖民地士兵参加海军盛会。通常带有讽刺意味的《笨拙》（*Punch*）杂志也正面庆祝这次集会，因为它传达了帝国统一的信息，主要是海权作为共同海洋遗产之一部分的重要性。它的漫画描绘了一艘划桨船，里面装满了穿着海军学员制服的幼狮，挥舞着澳大利亚、新西兰、加拿大和好望角殖民地的旗帜。一只成年英国狮带领划桨船穿过集结的舰队，同时兴致勃勃地宣布：“这是我一生中最自豪的时刻！”[3]同时代人很清楚这其中的含义：大不列颠正在向年轻的自治领传播海军力量的经验教训，以培养对

帝国共同纽带的兴趣。

19 世纪末期见证了公众对海军强烈兴趣的浪潮。这种现象——那时候的人称之为“海军主义”——超越了单纯的宣传和政党政治问题，在进行中的“不列颠”身份构建中发挥了核心作用。最近的学术研究表明，英国人是如何热切地接受他们与海洋的历史联系，军舰、帆船和其他海洋标志在民族万神殿中占据了神圣位置。[4]英国人认为自己是“岛屿民族”，拥有世界上最强大的海军和商业舰队，这种自我认同影响了“漫长的 18 世纪”全球“英国性”和“不列颠性”意识的发展。[5]格莱斯顿和迪斯雷利时代的帝国主义者延续了这一趋势，詹姆斯·安东尼·弗劳德(James Anthony Froude)、约翰·西利（John Seeley)和查尔斯·迪尔克（Charles Dilke)等著名理论家将帝国描绘成一个由白人自治国家组成的跨洋实体，由共同的民族、文化以及与海洋的联系连接起来。[6]在这个“更伟大的不列颠”帝国共同体中，皇家海军是一个非常引人注目的象征，维护着所有英国人的利益。这种海军与帝国统一的流行联想成为维多利亚时代晚期中产阶级话语中一个很容易识别的主题；毕竟，1902 年第一届帝国日庆祝活动的组织者采用了“一个国王、一面旗帜、一个舰队、一个帝国”的口号，这绝非巧合。

英德海军军备竞赛的挑战加强了民族、帝国和海军之间的联系。当“疲惫的泰坦”在它的重负下挣扎时，许多英国人向英联邦自治领寻求帮助以维持海军霸权。政府当局、记者和殖民地政治家不约而同采用了各种宣传和教育手段，将海军宣传为一个重要的帝国机构，值得独一档的高昂支出。由此导致英联邦自治领海军主义爆发，通过民族视角得到广泛解释，强调英国人民的自然团结。在 1909 年无畏舰危机期间，流行话语赞扬英联邦自治领的财政援助，这可以看作全球英国侨民航海性格的预言性觉醒。此外，澳大利亚和加拿大独立海军的出现，在历史上曾引起对帝国解体的担忧，现在引发了关于自由“不列颠”国家之间建立新海上联盟的热议。殖民民族主义将这些新海军视为英联邦自治领自治和在世界舞台上不断发展的充分证明。然而，通过确保战时帝国的协调以及与皇家海军保持异常密切的联系，这些力量象征着帝国内部的传统联系，往往模糊了“国家”和“帝国”效忠之间的界限。有鉴于此，英国于 1897—1914 年间争取更大规模海军合作的努力，集中在认同和培养英联邦自治领中所谓的共同海洋遗产——这种遗产满足了殖民民族主义，同时提出了独特的“不列颠性”。因此，海军主义成为一种强大的话语工具，为坚定的帝国主义者和殖民民族主义者提供相同信息的修正版本。

海军主义与帝国

现代战舰是加强帝国、海洋和全球英国侨民之间联系最具视觉效果的工具。这些采用最先进技术的巨大钢制堡垒是进步和现代性的漂浮象征，也是“不列颠尼亚”为何统治海洋的视觉提醒。它也提醒人们，在帝国网络里，“不列颠尼亚”中澳大利亚、新西兰、加拿大和南非的白人居民越来越多，在这个网络中现代军舰也代表了穿越帝国全球交通线的共同纽带。单艘战舰的命名反映了海军作为帝国统一代理人的这种文化联系。海军部官员以“英联邦”（HMS *Commonwealth*）号、“自治领”（HMS *Dominion*）号和“威尔士亲王”（HMS *Prince of Wales*）号等名称命名新船只，强调对君主制和帝国的共同忠诚。更具体的名称，如“新西兰”（HMS *New Zealand*）号、“纳塔尔”（HMS *Natal*）号和“加拿大”（HMS *Canada*）号，在殖民地和单艘船只之间建立了特殊的联系。[7]通过为海军最强大的战列舰和巡洋舰保留这些头衔，他们确保了殖民地知道“‘某某舰’和‘某某舰’是他们的船，并且是自治领在帝国防御中作用的可见示范”。[8]

舰队检阅和海军演习为海军部提供了向更多帝国观众展示海上力量的场所。这种对海军的公开庆祝——扬·吕格（Jan Rüger）称之为“海军剧院”——构成了一种大众奇观，同时“为共同帝国愿景的想象提供了既现代又浪漫的图像”[9]。大部分这种帝国宣传都集中在前往联合王国的高级白人殖民地访客身上。皇家庆祝活动和加冕典礼提供了定期的机会，让自治领的领导人领会海军主义的要领。金禧和钻石禧年大获成功之后，1902年和1911年的皇室加冕典礼上举行了规模更大、更宏伟的阅兵。国王爱德华七世在加冕典礼前几天患病，海军阅兵在国王缺席的情况下进行。缺少了君主的仪式性参与，这场检阅成为一场仅供围观群众观看的盛大表演，其中包括许多来自自治领的游客。事实上，海军部官员在为钻石禧年的费用辩护时，提到了殖民地观众的重要性。[10]1911年“水手王”乔治五世加冕典礼的海军阅兵式在其范围以及帝国联系方面超过了所有其他海军阅兵。殖民部(Colonial Office)要求为750多名殖民地客人提供住宿，并在检阅当天安排了前往朴次茅斯的特别包车。[11]这批观众抵达后，观赏167艘军舰的宏伟展示，这些军舰排成7排，每排长5英里(8千米)。一位时报记者陶醉于它对自治领客人的影响，其中一位客人承认：“我在我的时代见识过一些大场面……但我从来没有[着重强调]梦想过这样的事情。”[12] 1911年的加冕典礼上一个新的帝国元素成了亮点：来自新成立的澳大利亚皇家海军和加拿大皇家海军的数百名水手和海军学员参加了仪式。[13]虽然人数不多，但对许多同时代人来说，他们的出现代表了海军主义在大洋彼岸自治社区中影响力的第一个迹象。

海军部也将这种海军主义的信息带到了国外的自治领。皇家海军秉承在遥远属地上“展示国旗”的悠久传统，使用军舰作为亲善大使和帝国统一的象征。许多壮观场面将海军仪仗游行与帝国忠诚的另一个象征——君主制结合起来。英国军舰经常运送皇室成员参加帝国的盛大巡幸之旅。海军在1901年的皇家之旅(Royal Tour)和1911年的德里杜尔巴大典(Delhi Durbar)中发挥了非常引人注目的作用。事实上，在1908年魁北克300周年纪念日上，漂亮的新型战列巡洋舰“不挠”(HMS *Indomitable*)号吸引的关注不亚于船上最杰出的乘客威尔士亲王。[14]更常见的场景是海军在遥远的殖民地充当皇权的代表。

1902 年爱德华七世加冕典礼过程中，海军部指示要求殖民地的军舰访问主要城市，并为当地居民进行小规模检阅。[15]在加冕典礼的指定时间，海军舰艇将与陆地炮台协同鸣放皇家礼炮。通过这种方式，奥克兰、温哥华和墨尔本的居民可以通过皇家海军的共同中介参与威斯敏斯特教堂不对外开放的仪式。

尽管海军部齐心协力在自治领培养海军主义，但是，把这些政策视为仅在白厅走廊内进行的帝国宣传活动是错误的。非政府人士在向海外观众"推销"海军方面同样重要。议会外组织，如帝国联邦(防务)委员会[the Imperial Federation (Defence) Committee]、帝国海事联盟(the Imperial Maritime League)、岛民协会(the Society of Islanders)和英国海军联盟(Navy League)，在英德海军军备竞赛的焦虑中蓬勃发展。英国海军联盟到 1914 年拥有超过 10 万名成员，它付出巨大努力以深入整个帝国的白人臣民。1902 年，海军联盟成员怀亚特(H. F. Wyatt)开始了自治领之旅，以宣扬帝国防御合作的福音。他的努力在建立海外分会和影响公众舆论方面取得了相当大的成功。[16]他强调海军在保护所有英国人方面的作用，并将其描述为"对民族福祉从外部负有责任的引擎"。[17]最重要的是，怀亚特通过强调海军主义的浪漫方面来吸引大众的情感和"情操"。[18]海军联盟特使随后的游说像镜子一样模仿了这种方法，展示著名战舰的幻灯片，并鼓励学校设立英国海军历史论文奖。[19]

英国和自治领记者在向帝国受众传播海军主义信息方面也

发挥了重要作用。1909 年，英国新闻界的主要成员策划了帝国的第一次帝国新闻发布会，以加强帝国统一的纽带。会议组织者与政府官员合作，通过讲座、非正式讨论和在斯皮特黑德举行的大规模海军检阅来宣传海军。权势显赫的“新闻大亨”诺斯克利夫勋爵（Lord Northcliffe）告诉第一海务大臣约翰·费舍尔爵士（First Sea Lord Sir John Fisher）：

> 这是英格兰有史以来最重要的集会之一，您的舰队操演将是该集会中最重要的部分。[20]

与以前的活动不同，这次阅兵缺乏庆祝的理由，而只专注于“教化”自治领代表。在这方面，该活动取得了成功。会议领导人指出，他们的殖民地表亲们兴高采烈地

> 挑选出那些名字符合各自地理偏好的船只——“自治领”号、“新西兰”号、“非洲”号、“英联邦”号、“纳塔尔”号等。[21]

阿诺德·怀特（Arnold White）、阿奇博尔德·赫德（Archibald Hurd）和加文（J. L. Garvin）等英国记者在对阅兵的详细报道中强化了这一主题——他们完全知道自治领的报纸通常会转载他们的文章。怀特的编辑鼓励他让叙述“尽可能栩栩如生，向读者传达对壮丽场景的生动印象”。[22]《每日电讯报》（*Daily Tele-*

graph)的赫德将这次阅兵描述为“关于帝国职责的大课堂”，并希望代表们“努力找到某种方法，将民族所有潜在的能力聚集在一起，并组织起来，以保护共同的交通线”。[23]

澳大利亚作家弗兰克·福克斯(Frank Fox)是一个突出的例子，说明英国新闻界、海军部和自治领记者之间的个人对话如何建立帝国合作网络，以促进海军主义的共同目标。作为一名澳大利亚民族主义者，福克斯为反帝国主义的《悉尼公报》(Sydney *Bulletin*)撰稿，并出版了几本批评英国领导层的书籍，包括著名的《布须曼人和海盗》(*Bushman and Buccaneer*)中关于澳大利亚民族烈士“破坏者”哈里·莫兰特(Harry ‘Breaker’ Morant)的著作。[24]可能受到帝国新闻发布会的情感吸引力的影响，福克斯很快在强大的诺斯克利夫新闻机构找到了工作，并为《泰晤士报》和《每日邮报》撰写了以帝国和海军为主题的文章。[25]他随后提议“从帝国的角度”写一本关于海军的书，这促使诺斯克利夫代表他游说以获得海军部的支持。诺斯克利夫称赞福克斯是“将《悉尼公报》从反英观点完全转变为现在的爱国主义观点的人”。[26]这本书是一部针对自治领读者的简短作品，并将皇家海军作为帝国的通用工具进行推广。福克斯采用了色彩缤纷的插图，并向英国海军英雄海军上将霍雷肖·纳尔逊(Horatio Nelson)致敬。他将英格兰的海军遗产与更广大的帝国受众联系起来，并描述其军舰“是人类能量和人类才能的美妙体现，更是民族自豪感的体现”。[27]值得注意的是，福克斯是与帝国军队联合行动的澳大利亚独立海军的狂热支持者，他规避了有争议的说法，侧重于描写大众对军舰的迷恋。他的书在澳大利亚广受好评，评论家指出这本书对儿童特别有吸引力。[28]

暗示海军部、海军联盟和其他帝国主义团体将这场宣传活动强加给反应迟钝的殖民地，这样做是误导性的。相反，自治领居民积极吸纳海军主义的信息。在准备 1909 年的考斯海军检阅时，殖民地新闻代表在获得海军部许可证书时遇到了麻烦。新西兰美联社(New Zealand Associated Press)的一名成员激动恳求道：

> 如果一位殖民地作者能够以亲眼所见发表一系列关于海军工作的文章，那么对于帝国反对［原文如此，Navy 写作 Nay］运动来说，这将是一件极好的事情。[29]

另一家专门为海外观众提供照片和插图的新闻机构，通过提供大量殖民地赞助人的名单，向海军部索取记者证。他们坚持认为，“目前海军对这些报纸发行的殖民地非常感兴趣，他们会非常感激我们能寄给他们照片。”[30] 1910 年在多伦多举行的加拿大国家博览会的自治领组织者甚至试图将英国海军检阅的壮观场面搬到五大湖区，尽管规模较小。他们援引《拉什-巴戈特条约》(Rush-Bagot Treaty)中将五大湖非军事化的条款，要求海军部借出用于海军建设的大型复杂船舶模型。他们承认加拿大人对海军事务普遍无知，并希望这些模型能够引发公众对这个共同的帝国机构的兴趣。[31]

1913 年，“新西兰”(HMS *New Zealand*)号的世界巡演展示了海军在海外自治领的强大吸引力。这艘战列巡洋舰是新西兰政府送给皇家海军的礼物，在自治领当局一再抱怨太平洋地区缺乏英国军舰后，这艘战列巡洋舰开始了一次帝国亲善巡航。[32]这次航行为海军部提供了一个机会，将这艘漂亮的新船宣传为帝国忠诚的实物载体。在规划行程时，莱昂内尔·哈尔西(Lionel Halsey)舰长建议尽可能多地停靠新西兰港口。他坚持认为“这将是掀起帝国忠诚大浪潮的手段”。[33]新西兰总理约瑟夫·沃德（Joseph Ward)对此表示赞同，并强调需要“所有年龄段的人都有机会看到军舰并有幸目睹海军阅兵”。[34]在出发前不久，南非官员提交了自己的请求，希望将南非添加到军舰的行程中。他解释说，这艘战列巡洋舰的形象“在打动大众想象力和激发人们对海军的兴趣方面无往不利，功效卓著”。[35]澳大利亚又提出了进一步的请求，迫使海军部在几个地点之间做出选择，并对时间限制妨碍了更彻底的巡航表示深深的遗憾。[36]远非“帝国宣传”的被动受害者，自治领的海军狂热爱好者争夺接待海军最新战舰的荣誉(和视觉上的壮丽)。

“新西兰”号于 1913 年 4 月抵达“家乡”水域，代表了英国和自治领在促进海军主义方面的合作达到顶峰。这艘战列巡洋舰花了三个月的时间巡航岛屿并访问了许多沿海城市。[37]在大多数港口，海军都向公众开放了这艘战列巡洋舰。新西兰总人口 100 万人，大约有 40 万人参观了“他们的”船，无疑使这一事件成为自治领历史上最大的奇观。[38]当地组织和政府机构也齐聚一堂，宣传这一历史性事件。奢华的派对、游行和舞蹈在每个停靠港迎接“新西兰”号官兵。自治领教育部与新西兰海军联盟合作，为学童免费印制和分发战列巡洋舰的半色调图片卡。[39]在惠灵顿，海军联盟和当地教育当局合作，将5万多名儿童送到礼堂，哈尔西在那里讲授海军历史，并建议英国和新西兰学校之间交换国旗。[40]

1909：危机之年

公众对海军的兴趣在1909年无畏舰危机的高峰期达到了高潮。3月16日，海军部第一大臣雷金纳德·麦肯纳(Reginald McKenna)在下议院宣布，德国海军建设加速，为与之竞争，英国需要大幅度增加来年的海军预算。在与自由党的经济派系达成的妥协中，麦肯纳提议建造4艘无畏舰，年底再建造4艘，具体取决于德国的进展。这个方案未能平息统一主义反对派，他们加入了他们在新闻界的海军主义盟友，并在“我们想要8艘，我们不会等!”的战斗口号下发起了一场愤怒声讨的运动。由于和平时期国防政策的讨论通常局限于一小部分知情者，1909年的“恐慌”引起了人们对海军霸权可疑状态的广泛关注。

在这场公开对话中，对无畏舰的狂热越过海洋蔓延到自治领。3月22日，新西兰总理约瑟夫·沃德宣布，他的政府打算为皇家海军资助“一艘最新型战列舰”。[41]在两周内，澳大利亚的新南威尔士州和维多利亚州加入了塔斯曼海对岸的同行行列，承诺为第二艘无畏舰提供资金。[42]即使在加拿大，公众的骚动也促使政府开始探索改善帝国集体安全的方案。[43]英国公众渴望得到支持以对抗迫在眉睫的德国海军威胁，这些前所未有的帝国团结的表现，在他们的身上留下了不可磨灭的印记。大众媒体欢欣鼓舞，异口同声赞扬自治领的行动，促使一位英国记者惊呼道：

> 国家紧急状态再次唤起了对祖国的忠诚和感情，这种情感使我们的殖民地人民充满活力，如果得到正确的欢迎和赞赏，就会形成比任何立法所能形成的更强大的帝国纽带。[44]

对无畏舰礼物的最初反应是庆祝年轻的自治领海军的“成熟”。事实上，这种通过海军合作实现民族团结的流行话语往往超越了德国竞争的主导问题。在沃德宣布这一消息的两天后，《泰晤士报》坚称

> ……本周所有配得上这个名字的英国人无不对自己的血统倍感自豪……祖国无法对这一精彩的演习做出任何回应，因为这次演习必将充分证明其重要性。她只能自豪地欢迎它。[45]

《蓓尔美尔公报》(*Pall Mall Gazette*)指出，“这一事件应该让那些蔑视帝国统一纯正精神的最后一人哑口无言，并强调所有真正英国人的决心，即不让任何事情阻碍他们与帝国的共同福利和安全之间的关系。”[46]其他评论员强调了帝国民族的家族联系。《观察家报》(*The Observer*)的加文(J. L. Garvin)自豪宣称，“在争夺海权的斗争中……我们不会孤军奋战。我们的帝国诞生于海洋，牢记它与生俱来的共同权利。”[47]自由党机关报《威斯敏斯特公报》(*Westminster Gazette*)强调殖民地贡献的象征性质，并坚持认为：

> 这些伟大的英国殖民地或英联邦国家如此自愿和及时地表现出对祖国的忠诚和感情，英国应该将其视为比建造一百艘“无畏舰”具有更加不可估量的意义和内在价值。[48]

在这场关于自治领海军主义的讨论中，最重要的是强调白人定居者社区是新全球海事联盟的一部分。英国的大众媒体使用诸如“海上联合不列颠”(‘Sea-United British’)、“海洋帝国”(‘Empire of the Sea’)和“不列颠联盟”(‘Britannic Alliance’)等林林总总的术语来描述帝国伙伴关系。[49]正如一位评论家所指出的，“它包括向全世界宣布大英帝国的统一以及它的所有成员形成统一战线应对外国侵略图谋的决心。”[50]《双周评论》(*Fortnightly Review*)的一位作者热切期待无畏舰“帝国巡航”，作为民族团结的未来表现。他反映了许多爱德华时代人的情绪，坚持认为“显然，所有不列颠人的海上联盟对帝国统一至关重要”。[51]

新西兰舆论在很大程度上像镜子一样反映了大不列颠舆论。新西兰议会的政客们一致投票支持这项无畏舰的捐献，他们一再强调他们对“祖国”和“旧国家”的忠诚。一位政治家指出，新西兰人“提出做这项工作，是为了热爱旧国家和他们的亲人而做的，他们认识到他们是不列颠人，他们是大英帝国不可或缺的部分”。[52]另一位新西兰公民期待着有一天：

> 英格兰将渴望拥有属于自己血脉的盟友，同为盎格鲁-撒克逊人，他们可以无所畏惧地、自尊地驾驶自己的船只，在自己的海洋中航行，保卫自己的家园，所有这些都是为了高举帝国海军今天飘扬的同一面旗帜。[53]

在澳大利亚和加拿大，普遍民意支持与皇家海军合作发展独立的海军力量。1909 年夏天，澳大利亚当局采纳了英国的建议，建立一个自给自足的“舰队单位”，作为新生的澳大利亚皇家海军的支柱。[54]舰队单位是自治领政府控制下的自治部队，可以在战时与英国海军联合，形成强大太平洋舰队的基础。加拿大避免了如此庞大的海军投入。加拿大众议院一致通过了一项决议，支持独立的海军服役，替代无畏舰。[55]尽管加拿大人坚持以自己的方式协助帝国，但他们的论调在很大程度上反映了海军恐慌所助长的帝国主义语调。正如自由派的《曼尼托巴自由报》(*Manitoba Free Press*)所坚持的那样，“大英帝国是一个整体，不可分割；在海上，就像过去在陆地上一样，如果有需要，就可以在战线上找到民族的健儿。”[56]

新自治领海军经常模糊帝国和国家身份之间的界限。正如吕格所指出的，皇家澳大利亚海军“澳大利亚”(HMAS *Australia*)号及其随行船只的“返乡”航程包含了帝国宣传的所有排场和礼节。[57]这种入伙仪式，亦即拥有现代海军，欢迎自治领加入现代民族国家的兄弟会。正如未来的总理比利·休斯(Billy Hughes)所解释的那样，“澳大利亚已经穿上了象征国家地位的罗马托加袍。”[58]与此同时，许多澳大利亚人珍视这支新力量，将其视为他们对共同的海洋和帝国遗产的特殊贡献。提到海军时，人们不断提醒它公然的“帝国”角色。在澳大利亚皇家海军“悉尼”(HMAS *Sydney*)号巡洋舰下水时，一位英联邦代表坚称：“英格兰海军一直恰如其分是英国人的骄傲；这种自豪感和偏爱如今应该推广到帝国海军。”[59]这种情绪在欢迎舰队进入悉尼港的仪式中体现得淋漓尽致。拥挤的人群轮流合唱《统治吧，不列颠尼亚！》和《前进，美丽的澳大利亚》，为他们的到来欢呼。[60]许多澳大利亚报纸将这一事件视为“国家”和“帝国”的重大时刻，《悉尼先驱晨报》(*Sydney Morning Herald*)刊登了大型插图印刷品，展现英国国旗和澳大利亚国旗之间的舰队。[61]

这种帝国奉献也反映在联邦决定在澳大利亚军舰上采用皇家海军的“白色旗帜”并要求将“皇家”名称作为实质上是“国家”海军的前缀。海军上将乔治·金-霍尔（George King-Hall）解释说，这将展示“帝国舰队的统一性”，并提醒澳大利亚人：

> 他们继承了过去的优良传统，融入了祖先为他们赢得的遗产，充满了我们历史上伟大的海员所特有的热忱和对职责的奉献精神。[62]

这种帝国和国家身份的融合在澳大利亚民族主义者比恩（C. E. W. Bean）的一本畅销书中贯彻始终、显而易见。虽然比恩的《旗舰三号》（*Flagships Three*，1913 年）作为澳大利亚国家身份“大兵神话”（‘Digger Myth’）的战时鼻祖令人记忆最深，但它也记录了澳大利亚皇家海军的诞生，认为这支海军是盎格鲁-撒克逊海洋文化的自然产物。他追溯了这一民族谱系，从其斯堪的纳维亚起源到最近在对跖地的呈现方式，并得出结论，作为全球散居海外的不列颠人的一部分，自治领的白人居民“都是海洋民族的血统”。[63]他的描述性作品将一艘古老的维京船只视为“我们民族的第一艘旗舰”，并对英国海军历史进行了长篇总结，并以强大的澳大利亚皇家海军“澳大利亚”（HMAS *Australia*）号下水而达到顶点，成为“皇家海军的长子”。[64]对于其余反对海军权力下放的批评者，比恩向他们保证，“只要这种被鄙视的情绪给英国民族带来同样的敌人与之战斗，并给他们带来同样的敌人为之战斗，澳大利亚皇家海军的命运就是确定无疑了。”[65]

加拿大也发生了关于“帝国爱国主义”适当平衡的类似辩论。1912年，罗伯特·博登爵士(Sir Robert Borden)领导的新保守党内阁宣布计划送给皇家海军一件前所未有的礼物：三艘无畏舰。尽管该法案最终在自由党占主导地位的参议院未获通过，但这一事件揭示了加拿大身份性质的令人瞩目的趋势。保守派坚持认为，对皇家海军的直接贡献将帝国的利益置于一切之上，他们野蛮抨击反对者缺乏帝国爱国主义。[66]然而，仔细阅读反对派的回应就会发现他们对帝国合作的类似奉献。威尔弗雷德·劳雷尔爵士(Sir Wilfred Laurier)等自由主义者主张增加支出，以建立与皇家海军联合作战的独立海军。事实上，劳雷尔提议建立两个舰队单位(一个用于大西洋，一个用于太平洋)来代替无畏舰，这让他的反对者感到惊讶。他公开谴责有关加拿大海军可能“中立”或“分离主义”的指控，并向自治领议会保证他“对大英帝国的爱戴和忠诚”。[67]他私下向总督保证，“当海军霸权受到质疑时……我是一个彻头彻尾的不列颠人。”[68]其他自由派批评者甚至抨击政府的计划给“母国”带来了不必要的负担，因为海军法案没有规定年度维护或人员配备要求。[69]对于许多自由派来说，加拿大皇家海军的延续具有双重目的，既满足民族自豪感，同时又维护加拿大在保卫共同帝国中的作用。他们在辩论和公共舞台上的行动和言论都反映了对帝国的共同忠诚，尽管这种忠诚坚持殖民民族主义的现实。“只有这样，”

一位编辑坚持认为，“加拿大人才能证明自己配得上盎格鲁-撒克逊和诺曼祖先的伟大传统。”[70]

海军主义：白人的负担

爱德华时代对海军主义和帝国的痴迷强化了帝国统一的首要特征：海军仍然是西化的欧洲人口的专利。重要的是，这个“海洋帝国”概念强调了其白人领导层的民族联盟，并排除了非白人的参与。毕竟，印第安人、非洲人和西印度人可能会充当殖民辅助者，但没有人期望他们建立海军学院或在公海上代表帝国。尽管历史上有雇用非洲和加勒比海水手的传统，但海军部对非白人人员保持着严格的民族政策。[71]它甚至坚决拒绝了将一艘战列舰命名为“毛利”(HMS *Maori*)号的建议。[72]在印度，殖民当局经营着一支小型沿海舰队，原住民成为水兵的机会微乎其微，更不用说当上军官了。甚至海军联盟也对成员资格保持严格的民族界限。1905年，当孟买的“本地绅士”向海军联盟提出成立分会的请求时，被该组织婉言谢绝了。[73]该联盟后来修改了对未来印度海军的基调，但希望其水手是来自当地的“英国人”。[74]

1902年《当代评论》(*Contemporary Review*)上的一篇文章最好地体现了这种限制非白人参与帝国海军防务的文化障碍。作者提醒读者印度“拉斯卡”(‘Lascars’)在历史上的航海成就，并承认“我们从未将他们用于那些他们在某些方面远比欧洲人更适合的工作”。他敦促他们在英国军舰上担任司炉工(这是几乎不需要航海经验的体力劳动职位)，并认为他们滴酒不沾，更适合机舱的恶劣和危险条件。作者通过向他的读者保证“我们海军的主要工作，就像我们军队的主要工作一样，当然必须由英国民族来完成”，从而维护了海军形象的民族纯洁。[75]

“马来亚”(HMS *Malaya*)号事件进一步表明，非白人侵入海军主义领域造成的紧张局势。1912年，马来亚联邦提出为皇家海军资助建造一艘强大的新型战列舰。尽管海军部和殖民部热切地接受了这份慷慨的礼物，但是由于公众反应寥寥，这一事件发人深省。来自自治领的“礼物”舰船以民族团结宣言占据头条新闻数周，与此截然不同，马来亚的提议只在全国媒体上刊登简短声明。[76]事实上，唯一的实质性宣传来源于批评者，他们谴责接受地方当权者的海军援助。海军主义者和海军裁军的倡导者不约而同抗议“所涉及的先例之危险性”。[77]来自印度的报告称，几位邦主正在考虑馈赠金钱以建造三艘无畏舰和一支装甲巡洋舰舰队，这种态度再次出现——这支庞大的部队将使1913年英国海军建设翻倍。再一次，这个谣言(证明是没有根据的)未能引起广泛的关注或支持。同时代的人显然试图限制非白人人口参与共同的海军精神。正如一位白人殖民者干脆地指出的那样：

> 马来统治者的例子被用来抨击印度邦主，他们疏于履行争论者们乐于称之为他们对帝国的“责任”，上

> 天保佑我们……这种从受保护国获取补贴的关系，犹如因声明或者甚至是期望而招引来的那些关系，与真正的帝国主义是不相容的。[78]

当然，这种民族排斥政策有其好处，因为帝国团结的话语成为英德海军军备竞赛的主导特征。作为唯一拥有大量海外白人人口的欧洲强大帝国，英国享有与其自治领分担海军防御负担的独特机会。评论者经常将自治领海军的贡献描绘成对抗德意志帝国更多国内人口的堡垒。也许这种海军主义表述的最突出例子来自《笨拙》等讽刺报纸上的政治漫画。其中一张题为《血的呼唤》的照片描绘了孤独的“日耳曼尼亚”从城墙凝视着一艘冒着蒸汽的军舰。标题写道：“来自新西兰的英国无畏舰？这些‘狮子会’太棒了！我真希望我有一两只这样的小鹰！”[79]后来的版本将拟议中的加拿大无畏舰描述为“海王女儿的礼物”，并嘲讽德国的殖民事业：“我们不必等待德国对加拿大的回应。有传言说，德国殖民地喀麦隆已经提出为帝国海军提供一艘小艇，不受任何‘限制’。”[80]在这种语境下，自治领海军的象征意义成为盎格鲁-日耳曼敌意实际爆发之前的唇枪舌剑中强有力的文化表达。

尽管舆论强调不列颠海洋遗产的“盎格鲁-撒克逊”特征，但历史学家在将海军主义视为理所当然的“英国”事务时仍应谨慎行事。这种对民族的严格解释未能照顾到大量的布尔人和法裔加拿大人，更不用说凯尔特边缘地区了。在大不列颠“四大王国”的背景下，人们付出了巨大的努力来强调皇家海军的“不列颠性”以及它作为君主制、联邦和帝国同义词的帝国象征地位。较小的船只，如德文郡级巡洋舰，以苏格兰、威尔士和爱尔兰地区的地名命名。[81]此外，主要造船公司集中在格拉斯哥、爱丁堡和贝尔法斯特，促进了当地人对海军的偏爱，因为海军是成千上万工人的财源。因此，海军摆脱了纯粹的“英国”传统，扩展到整个不列颠群岛。“这是，”吕格说，“旨在‘调和凯尔特人’的强大载体。”[82]

非不列颠血统的白人臣民的情况更难评估。历史上，布尔人和法裔加拿大人对代表帝国联系延续的海军兴趣不大。法裔加拿大人甚至将博登的海军法案比作进贡帝国的贡品，哀叹“帝国主义者对人类历史的教训视而不见，忙于复活迦太基传统”！[83]尽管如此，海军狂热分子还是向魁北克和德兰士瓦的白人居民伸出手，努力将海军主义思想灌输到帝国的所有白人分支。英裔加拿大人努力在魁北克各地建立海军联盟分部，总督格雷伯爵（Earl Grey）秘密接近罗马天主教大主教，试图教育法裔加拿大人理解海权的重要性。[84]博登甚至建议将无畏舰特遣队的舰船命名为“阿卡迪亚”号、“魁北克”号和“安大略”号，以平息分歧的民族情绪。[85]同样，帝国主义者将目标对准内陆草原，试图调和布尔人对帝国的感情参与。海军联盟与高级专员阿尔弗雷德·米尔纳勋爵（Lord Alfred Milner）合作，争取布尔人对海军防御计划的支持。[86]一位作家唤起了人们对荷兰“黄金时代”的回忆，提醒英国人：“航海传统不是不列颠民族的垄断特权。布尔人本身不正是那些可怕的‘海上乞丐’的后代吗……”[87]

这些举措进一步划定了肤色界限，禁止非白人真正进入“全体不列颠人海上联盟”。19 世纪的“盎格鲁-撒克逊主义”民族主义话语强调航海传统和民主治理，构成了强大的文化元素，识别并联结来自整个大英帝国世界的地理上不同的人群。然而，对于许多帝国爱好者来说，“颜色”代表的联想意义比复杂的达尔文古老民族血统论要简单得多。法裔加拿大人、布尔人甚至爱尔兰人都可能通过积极参与海军而成为“不列颠人”，但印度邦主仍然局限于提供“珠光宝气”的殖民辅助部队。海军主义，就像帝国领导层的其他“神圣”特权和责任一样，是白人独享的事务。

结　语

维多利亚时代晚期在整个“大不列颠”传播海军主义的努力取得了相当大的成功。“祖国”的政策制定者和帝国狂热分子与自治领的同行合作，通过舰队检阅、教育计划和军舰访问遥远的殖民城市来推广皇家海军。不断使用的民族主义话语伴随着这场激进的宣传运动，将海权描绘成所有英国人的历史遗产。然而，到 1902 年，殖民民族主义的现实威胁到了这种帝国团结的乌托邦愿景。澳大利亚和加拿大组建独立海军的决定违背了皇家海军作为帝国唯一盾牌的传统形象。海军主义的支持者通过改变他们的措辞来回应，将殖民地海军视为不断发展的“不列颠”国家的自然产物和帝国合作未来的象征。他们将澳大利亚皇家海军和加拿大皇家海军描述为本质上是“国家”机构，同时将这些力量解释为“不列颠”海权将继续作为帝国的白人自治国家之间联系纽带的有利预兆，直到新世纪。这种共享的海军主义话语不仅提升了帝国的集体安全，还提供了一种共同方式，以表达殖民身份和对更广义帝国主义的爱国奉献。

注　释

1. *The Times*, June 25 1897.
2. Eric Hosbawm and Terrance Ranger (eds.), *The Invention of Tradition* (Cambridge, 1983); *The Times*, 28 June 1897.
3. *Punch*, 26 June 1897.
4. See Jan Rüger, *The Great Naval Game: Britain and Germany in the Age of Empire* (Cambridge, 2007); Mary A. Conley, *From Jack Tar to Union Jack: Representing Naval Manhood in the British Empire 1870–1918* (Manchester, 2009).
5. Kathleen Wilson, *The Island Race: Englishness, Empire, and Gender in the Eighteenth Century* (London, 2003); P. J. Marshall, 'Empire and British Identity: The Maritime Dimension' in David Cannadine (ed.) *The Empire, the Sea, and Global History* (New York, 2007).
6. See, for example, Charles Dilke, *Greater Britain* (London, 1868); John Seeley, *Expansion of England* (London, 1883); James Anthony Froude, *Oceana, or England and Her Colonies* (London, 1886).
7. For the identification of warships with various components of the empire, see Jan Rüger, 'Nation, Empire and Navy: Identity Politics in the United Kingdom 1887–

1914', *Past and Present*, November 2004, pp. 170-176.

8. The National Archives, Colonial Office Papers [Hereafter cited as CO] 209/270 Governor General of New Zealand Lord Plunkett to Colonial Office, 14 June 1909. Emphasis in original.

9. Rüger, *The Great Naval Game*, p. 13.

10. Ibid., p. 178.

11. The National Archives, Admiralty Files [Hereafter cited as ADM] 116/1157 Hartman Just(Assistant Undersecretary of State for the Colonies) to Secretary of Admiralty, 16 March 1911.

12. *The Times*, 26 June 1911.

13. *The Times*, 21 February 1911.

14. For South Africa, see Philip Buckner, 'The Royal Tour of 1901 and the Construction of an Imperial Identity in South Africa', *South African Historical Journal*, Vol. 41 (2000), pp. 324-348. For the Delhi Durbar arrangements, see ADM 116/1126. For a survey of the imperial dimensions of the Quebec Tercentenary, see H. V. Nelles, *The Art of Nation-Building: Pageantry and Spectacle at Quebec's Tercentenary* (Toronto, 1999), pp. 213-233.

15. ADM 116/1148 Copy of Admiralty Instructions dated 14 May 1902.

16. W. Mark Hamilton, *The Nation and the Navy: Methods and Organization of British Navalist Propaganda, 1889-1914* (New York, 1986), p. 129.

17. *The Advertiser* (Adelaide), 15 September 1903.

18. *The Evening Post* (Wellington), 14 June 1912.

19. See, for example, the 1909 New Zealand tour of Navy League member T. C. Knox in *The Colonist* (Nelson); *Wanganui Herald*, 20 January 1909.

20. British Library, Northcliffe Papers. No. 62159 Northcliffe to Fisher, 12 March 1909.

21. Thomas H. Hardman, *A Parliament of the Press: The First Imperial Press Conference* (London, 1909), p. 70.

22. National Maritime Museum, Arnold White Papers [Hereafter cited as WHI] 77

Robert Donald to Arnold White, 10 May 1909.

23. Cambridge University, Churchill College Archives, Archibald Hurd Papers 2/3 Clipping from *Daily Telegraph* of 14 June 1909.

24. Morant was an Australian volunteer executed by British authorities during the South African War. He allegedly participated in the execution of several Boer prisoners of war.

25. Northcliffe Papers, 62178 Fox to Northcliffe, 22 June 1909; Northcliffe to Fox, 24 July 1909.

26. Northcliffe Papers, 62159 Northcliffe to Fisher, 29 July 1909.

27. Frank Fox, *Ramparts of Empire: A View of the Navy from an Imperial Standpoint* (London, 1910), pp. 102–103.

28. *The Sydney Morning Herald*, 9 July 1910; *The Mercury*, 11 July 1910; *The Sydney Mail*, 13 July 1910; *Brisbane Courier*, 20 July 1910.

29. ADM 1/8049 G. H. Schofield to First Lord of the Admiralty, 5 July 1909.

30. ADM 1/8049 Halftones, Limited to First Lord of the Admiralty, 22 July 1909.

31. CO 42/937 J. O. Orr to Governor General Edward Grey, 11 February 1910.

32. See, for example, ADM 116/1148 Governor General New Zealand to Secretary of State for Colonies, 25 October 1910; CO 209/271 Governor General New Zealand to Secretary of State for Colonies, 11 October 1910.

33. ADM 116/1285 Lionel Halsey to Admiralty Secretary Graham Greene, 12 October 1912.

34. CO 209/273 Governor General New Zealand to Secretary of State for Colonies, 6 January 1911.

35. ADM 116/1285 Governor General South Africa to Secretary of State for the Colonies, 3 January 1912.

36. ADM 116/1285 Admiralty Memo, 21 February 1913.

37. ADM 116/1285 Halsey to Admiralty, 1 July 1913.

38. ADM 116/1285 Estimates of People who visited on board ship. For a detailed account of the tour of the HMS *New Zealand*, see National Maritime Museum, JOD/

213 Diary of Bandsman A. E. Crosby (Royal Marines) on HMS *New Zealand* November 1912–January 1915.

39. *The Navy*, Vol. XV. No. 9, September 1910.

40. *The Evening Post* (Wellington), 14 June 1912.

41. CO 209/270 Governor General New Zealand to Secretary of State for Colonies, 22 March 1909.

42. CO 418/70 Governor General Australia to Secretary State for Colonies, 4 June 1909.

43. Gordon, 215–241.

44. *The Illustrated London News*, 27 March 1909.

45. *The Times*, 24 March 1909.

46. *Pall Mall Gazette*, 25 March 1909.

47. *The Observer*, 28 March 1909.

48. *Westminster Gazette*, 9 June 1909.

49. *The Spectator*, June 17 1911; *Times*, May 24 1909; Richard Jebb, *The Britannic Question: A Survey of Alternatives* (London, 1913), Chapter IV.

50. *Edinburgh Review*, July 1909.

51. *The Fortnightly Review*, April 1909, 607.

52. *New Zealand Parliamentary Debates Vol. 146–147*, 11 June 1909, 12–13.

53. *The Times*, 29 March 1909.

54. See Nicholas Lambert, 'Economy or Empire? The Fleet Unit Concept and the Quest for Collective Security in the Pacific, 1909–1914' in Greg Kennedy and Keith Nielson (eds.) *Far-Flung Lines: Studies in Imperial Defence in Honour of Donald Mackenzie Schurman* (London, 1996), pp. 54–83.

55. Marc Milner, *Canada's Navy: The First Century* (Toronto, 1999), pp. 13–16. For a survey of the Australian experience, see David Stevens, *The Royal Australian Navy: A History* (Melbourne, 2006).

56. Donald Gordon, *Dominion Partnership in Imperial Defense 1870–1914* (Baltimore, 1965), p. 227.

57. Rüger, 'Nation, Empire and Navy' pp. 179–183.

58. Ibid., 183.

59. Institute of Commonwealth Studies, Richard Jebb Papers, Speech by R. M. Collins. Collins to Jebb, 25 August 1912.

60. *The Sydney Morning Herald*, 6 October 1913; *The Sydney Mail*, 8 October 1913.

61. *The Sydney Morning Herald*, 6 October 1913; *The Mercury*, 6 October 1913; *The Western Australian*, 10 October 1913; *The Advertiser*, 6 October 1913; *Brisbane Courier*, 6 October 1913; *The Sydney Mail*, 8 October 1913.

62. From an Empire Day speech on 24 May 1911, in 'Addresses and etc. on Australian Naval Policy', by George King Hall (privately printed, October 1913) in Oxford University, Bodleian Library. Lewis Harcourt Papers 467.

63. C. E. W. Bean, *Flagships Three* (London, 1913).

64. Ibid., p. x.

65. Ibid., p. 366.

66. See for example: Albert Carman, 'Canada and the Navy: A Canadian View', *Nineteenth Century and After* (LXXI) May 1912, pp. 822–828; *Ottawa Citizen*, 6 December 1912; *The Mail and Empire* (Toronto), 6 December 1912; *The Gazette* (Montreal), 6 December 1912; *Ottawa Evening Journal*, 6 December 1912; *The News* (Toronto), 6 December 1912.

67. *Debates of the House of Commons of the Dominion of Canada*, 2nd *Session*, *12th Parliament Vol. CVII*, 12 December 1912, pp. 694, 1034.

68. Library Archives of Canada, George Albert Grey Papers Volume 15. Grey to Lord Crewe, 8 December 1908.

69. *Ottawa Free Press*, 6 December 1912.

70. *The Globe* (Toronto), undated clipping in CO 42/961.

71. CO 418/65 Colonial Office to Admiralty memo by Graham Greene 14 April 1908.

72. Rüger, 'Nation, Empire and Navy', p. 175.

73. Hamilton, *The Nation and the Navy*, p. 128.

74. 'India and the Navy', *The Navy* XVI No. 7 July 1911, 183.

75. Demetrius C. Boulger, ' Eastern Navy,' *Contemporary Review*, October 1901, pp. 539, 544.
76. See for example *The Times*, 13 November 1912.
77. Arnold White, a leading navalist in the British press, conducted a grass roots campaign to uncover the ' truth ' behind the Malaya offer. Also see, ' Native States and the Navy: What the Malay Dreadnought Means ', Peace Council Document, found in WHI 77.
78. *Singapore Free Press*, 30 January 1913.
79. *Punch*, 31 March 1909.
80. *Punch*, 18 December 1912.
81. Rüger, ' Nation, Empire and Navy ', pp. 170–171.
82. Ibid., p. 171.
83. *Le Clarion* (Saint-Hyacinthe), 6 December 1912. *Le Nationaliste* described the bill as ' Imperialistes contre autonomistes '. *Le Nationaliste* (Montreal), 15 December 1912.
84. Churchill College Archives, Leo Amery Papers 2/5/8 Grey to Amery, 15 May 1909.
85. Churchill College Archives, Winston Churchill Papers 13/18 Borden to Churchill, 2 November 1912.
86. *The Times*, 20 June 1904.
87. Jebb Papers, clipping of *The Morning Post*, 10 August 1908.

第十四章　1928—1941 年不列颠亚洲帝国的帝国意识形态，身份认同与海军征募

丹尼尔 · 欧文 · 斯宾塞

“尚武民族论”（‘martial race theory’）在 1857 年印度叛乱后开始受到重视，英国依据特定民族群体与生俱来的尚武特性对印度军队进行重组。由这一意识形态所发展出的刻板印象强化了英国于全球的帝国秩序及其领导地位的合理性，清除了反叛群体，同时提拔那些保持忠诚的群体。尚武民族论传播到帝国的其他地区，许多殖民地士兵在两次世界大战中为英国作战。[1]学术研究迄今为止主要集中在殖民军团上，而实际上，从 20 世纪 30 年代到第二次世界大战，英国在其 16 个殖民地建立了总计近 4 万名士兵的海军力量。帝国过度扩张时期，动员殖民地的人力和财力，对一个无法确保远离本土的驻军安全的海军部而言，尤为重要。当地的预备队单位帮助缓解了皇家海军的常规部队的压力，使其能够投入更高层次的技术工作和更紧迫的作战任务。

许多殖民海军新兵共同的特征之一是他们相信自己拥有

“海洋的召唤”，这种与生俱来的海洋联系在某些沿海民族中世代相传，吸引着他们寻求海浪上的生活，并赋予他们天生的航海本领。英国海军和殖民当局在评估当地人力及其是否适合海军服役时，就借鉴了这种意识形态。虽然海军规划者明确认同尚武民族论所培养的文化定型观念的说服力，他们并未完全采纳这种理论。尚武民族不一定能够成为优秀的海军新兵，而航海民族也未必具备理想的军事服务属性。相反，一种独特的海军意识形态围绕“航海民族”理论逐渐发展起来。

与19世纪的印度一样，20世纪的“航海民族论”利用伪科学和人类学使歧视性质的招募合法化，以维护帝国现状。因此，殖民海军力量的军官阶层几乎完全由白种欧洲人占据，而士兵则从效忠英国的特定原住民群体中挑选，排除了对殖民统治和指挥链构成威胁的因素。因此，海军招募在第二次世界大战前夕成为英国帝国主义的一个工具。本章将通过印度、东南亚的案例对此进行探讨。

印　度

印度以其军事传统而闻名，但其海军遗产却鲜为人知。现代海军的起源可以追溯到1686年孟买海军陆战队(the Bombay Marine)的成立，1892年更名为皇家印度海军陆战队(the Royal Indian Marine)。然而，直到1928年，第一位印度军官才被委任入伍。显然，印度陆军与海军竞争，其名声吸引了更多优秀人才。然而，更重要的是，英国海军首脑对印度人与海洋的联系、参军动机以及可靠程度持怀疑态度：

> 由于印度并不是一个海洋国家，海军新兵，无论是军官还是士兵，最初加入海军并非出于对海洋的热爱，而是因为海军能够为他们提供就业机会。我认为，与海洋性根植其中的民族相比，这势必会造成更多的失败和浪费。[2]

在此，海洋才能和"海洋的召唤"框定于达尔文主义，根据民族特征和遗传性来进行判断。英国人是由航海民族进化而来，印度人由于自身未发展出此类海洋特质，需要英国海军家长式的管理，而这进一步明确了英国的霸权地位。

在印度，这种民族先入之见并非没有例外。印度海军的绝大多数士兵是来自康坎海岸的勒德纳吉里伊斯兰教徒(Ratnagiri Muslims)，大多有渔民背景，同时还是印度洋早期贸易者的后裔。某位英国军官描述了自己与这些水手的亲身经历：

> 在从蒙巴萨到科钦的漫长航程中，我亲眼见证了这种古老的航海本能，七艘船同航……少年训练舰"蒂尔"(*TIR*)号操纵运用船帆到极致，领先其他船只约2英里(约3.2千米)，以舵效航速始终保持1～1.5节航速。训练舰老船长阿里·莫哈丁(Mr. Ali

Mohaddin），一位孔卡尼族（Konkani）伊斯兰教徒，他的祖先在 2000 年前就已乘着信风航行到非洲。[3]

1934 年，印度皇家海军陆战队获得了完整的作战地位，成为印度皇家海军（Royal Indian Navy，RIN）。从此刻起，军事力量才替代了航海经验，成为军队更为理想的特质，从而反映出该部队在战争前线的新角色。这一变化体现在海军人员招募的转变上，招募逐渐从勒德纳吉里人（Ratnagiri）向旁遮普伊斯兰教徒（Punjabi Muslims）转变，后者被视为更尚武的民族。有人指出，“作为炮术信号员或其他专业人士而言，旁遮普伊斯兰教徒要比勒德纳吉里人强得多”[4]，尽管他们无疑是“优秀的海员”，但勒德纳吉里人被认为是“教育水平较低，没有什么天生的尚武精神”[5]的民族。相反，“更高的智商和勇气才是关键”，[6]“旁遮普人天生具有领导能力”，[7]这些品质对新型部队尤为重要。皇家印度海军司令海军上将戈弗雷（Admiral Godfrey）写道，在某些方面，旁遮普伊斯兰教徒甚至优于英国水手：

> 如果领导有方、训练有素，他就能更好地抵御阳光和气候，容易吃饱，不会患皮肤病和胃病，几乎不需要舒适的环境，睡眠安排也非常简单……[8]

人们指出，旁遮普伊斯兰教徒的晋升仅依赖于来自英国军官的“领导有方、训练有素”，这进一步确认了英国在次大陆的领导角色。此外，这也呼应了尚武民族论中有关“好战特质与气候密切相关”的假设，尤其是与北方较冷地区的联系。戈弗雷尤为相信环境对性格的影响，这反映在他制作的一本小册子上，这本小册子向新任英国军官介绍了印度水手的信仰和习俗，其中强化了伪科学成见：

> 北方人比南方人肤色白皙，通常来说，他们所生活的气候更有利于精力的充沛。而南印度大多数人面色较黑，不尚武，尽管在往年，南印度也曾有过自己的战士。现代教育在南印度的发展程度远远超过北方。阿萨姆和孟加拉的气候条件不利于艰苦的体力活，而与西方文明和教育的长期联系往往会培养出精明的人民。[9]

与尚武民族论类似，对于海军士兵而言，愿意不折不扣地服从命令比智慧或教育更受欢迎。19 世纪末在印度服役的英国军官乔治·麦克曼(George MacMunn)形象地表达了这一点。他赞扬锡克教徒(the Sikh)：“作为一名战士，他的钝感和坚毅勇敢在最佳状态下具备了很多英国军人的品质。”[10]

海军的战略重点不同于印度陆军，海军更倾向于招募尚武的旁遮普伊斯兰教徒。虽然尚武民族论仍然规定那些被认为武艺较差的人在陆军中扮演战斗员的角色，以对抗劣等的非欧洲敌人，但在海军舰艇上，这种角色并不存在，因为海军必须作为一个团结的整体运作。彼时，海军的对手就本质而言都是技术先进的，要么是欧洲人，要么是将尚武传统与西方现代海军战术和技术相结合的日本人。要与这样的敌人作战，只有最优秀的战士才能胜任。

1935年《印度政府法案》规定，

> 不得仅以宗教、出生地、血统、肤色……为由禁止居住在印度的英王子民……在英属印度从事任何职业、贸易、商业或专业。[11]

该法案对印度皇家海军的影响在于，海军需要通过扩大征兵范围，吸收更多的印度教徒，从而使其更能代表印度的人口结构。海军的意识形态和民族偏好并没有发生根本变化，但在新的政治压力下变得更加难以执行。这可以看作是当时英帝国在次大陆统治的一个缩影，只有通过该法案引入的特许权(如省级自治)，英帝国的统治才得以延续。由于作战需求的影响，皇家海军的招募对象逐渐从印度南部转向受过高等教育的印度种姓，因为在战争的压力下，部队不断扩大，获得了越来越先进的战舰，同时也需要更多技术娴熟的人员来操作这些战舰。

印度教徒面临来自英国军官的固有偏见，他们不仅被质疑战斗能力，还被质疑服从命令的意愿与对指挥链的尊重。在戈弗雷看来，“人们总是意识到，他们(南方印度教徒)具有民族主义思想……由于教育水平较高，他们的民族主义思想可能比军队更强烈”。[12]海军准将杰福德（Commodore Jefford）也形容这些受过教育的人，认为他们“书本知识的外衣掩盖了他们轻信的天性”，称其为“无良政治家的上天恩赐”。[13]对英国海军首脑而言，教育鼓励独立的探究性思考与海军服役所要求的不容置疑的忠诚背道而驰。人们认为，接触政治思想会使这些人容易受到民族主义的有害影响，从而可能导致与忠信度的冲突。在一定程度上，这些担忧在1946年皇家印度海军发生重大兵变时得以体现，尽管还有其他诱因，最显著的是对民族歧视、糟糕领导和长期遣散的不满。

宗教也是“他者”的一个重要标志。通过强调宗教差异，戈弗雷勾勒出一个仍沉浸在非理性迷信的原始恶习中的荒凉国度的形象，“他者 ”意识得到了加深，同时也强化了英国文化的优越感和他们文明存在的道德正当性：

> 对于一个普通的观察者以及不完全了解印度国情的人来说，印度是一片神秘的土地，充满了看似奇怪的矛盾。宗教信仰和社会习俗大相径庭，许多社区各自为政，方言和语言也不尽相同，使得日常生活问题变得更加棘手，有时甚至令人困惑。[14]

“他者”并非纯粹的英国建构，与印度其他武装部队相比，由于早期的征兵政策，皇家印度海军内部的宗教划分更为明确。1935年前对伊斯兰教徒群体的招募倾向导致了皇家海军指挥链中的差异，伊斯兰教徒通常在指挥层中占据更高级别的职位，尤其是在下级军官中。戈弗雷本人对此引发的内部不和谐进行了评论："这导致了对歧视的指控，毫无疑问，这些伊斯兰教徒下级军官与来自南印度、信仰不同宗教的人并没有真正的接触。"[15]因此，他认为，英国人对下属的"了解"更深，这种观点透着帝国伪科学和家长式的自信，认为他们对印度人的理解超过了印度人对自身的认知。

皇家印度海军的情况颇为复杂。在上述群体中，唯一被真正视为"航海民族"的是勒德纳吉里伊斯兰教徒。因其航海技能和传统以及他们所固有的"海洋的召唤"，受到了皇家印度海军领导者的积极招募。尽管他们并不被认为具备武装特质，并且在旁遮普人面前，他们被指责缺乏"勇气"。然而，他们作为海军水手的价值显而易见。1934 年起，皇家印度海军面临愈发严峻的战斗，招募偏向于旁遮普人，他们的勇气和领导能力在战斗中倍受重视。旁遮普人也被认为比勒德纳吉里人更聪明，尽管在这方面他们都不及南方印度教徒。传统的尚武民族刻板印象将服从命令的意愿与天生的"迟钝"[16]联系起来，并在此得以体现。然而，英国首脑担心，更高教育水平的印度教徒融入海军可能会对其权威产生潜在的不稳定影响。正如海军部的一份报告所总结的那样，这些转变是迫于政治和行动的需要，而不是服务的偏好：

> 对于"柔弱种族"——马德拉斯人、孟加拉人和来

自特拉万科-科钦的南印度人——来说，直到现代战斗，他们的勇气才得到了证明。没有人怀疑锡克教徒或拉齐普特人众所周知的战斗素质，也没有人怀疑孔卡尼族伊斯兰教徒的航海技术，但遗憾的是，这些人种一般都“不具备”与完成电子、雷达、火控等工作的其他种族相抗衡的头脑。[17]

东南亚

从1902年起，马来亚的军事当局一直在推动当地募兵，招聘志愿服役人员。这种观点受到了马来人没有像印度尚武民族那样对殖民主义进行激烈抵抗这一事实的影响，[19]认为马来人过于“随和”，不尚武。[18]总督阿瑟·杨(Arthur Young)认为，马来人“不喜欢例行公事，也不喜欢长期的军营生活和规矩”，但作为一种替代方案，他建议海军部队会吸引马来人，他在水上会感到如鱼得水。[20]然而，由于提供舰艇所需开销以及会对他们的“稻米种植收割”造成经济上的干涉，[21]因而这一建议在当时被认为是不可行的。

直到1934年4月，皇家海军志愿预备役(RNVR)部队才在新加坡正式成立，1938年10月在槟城成立了第二支部队。在战争爆发时，海军增设了全职的皇家海军(马来部分)，俗称“马来海军”(‘Malay Navy’)，为在远东部署的皇家海军舰艇提供马来水手。所有三支部队的招募仅限于马来人，排除了新加坡中占多数的华人和印度人。这种民族偏好再次受到“马来人是一个航海民族，半岛沿海有数百名适合训练的健壮渔民”[22]这一观点的拥护。与勒德纳吉里人一样，英国人认为马来人具备天生的航海才能，认为“海洋像水吸引鸭子一样吸引马来人”。[23]尽管一些人有作为渔民或商船水手的航海经验，但大多数新兵来自内陆，背景多为文员、马来小贩[24]和机械工程师。这一现象表明，“海洋的召唤”被视为一种与生俱来的民族特质，并非仅由个人的成长、训练或工作背景所决定。

人们寄希望于当地海军不仅能够保护殖民地免受外部威胁，还能够成为社会、经济和道德变革的力量，特别是为殖民地失业的马来年轻人提供出路：

> ……工资足以满足好说话的马来人(每天一美元)，工作也很适合他们，纪律似乎也很适合他们——远比预期的要好得多——而且他们喜欢海洋、船只以及与之相关的一切。[25]

在这里，马来人对海洋的热爱建立在另一个传统民族刻板印象之上，那就是“懒惰的马来人”，这反映在他们“随和”的天性里，他们可能会为了较少的报酬而工作，不大愿意触怒指挥链。这种观念已经因为弗兰克·斯威滕纳姆(Frank Swettenham)的著作而扎根于英国人的思想中，他是马来联邦第一任常驻总督，曾公开宣称“各阶层马来人最明显的性格特点是不乐意工作”。[26]不过，他还总结道“只要你让他(马来人)在工作中有利可图，他将会像天才一样干活；他会努力奋斗，吃苦耐劳，兴致勃勃，勇往直前，不亚于任何人”。[27]因此，殖民者认为，通过培养马来人对海军的兴趣，当地军队不仅可以在殖民地的对外防御中发挥作用，还可以帮助其内部发展，方法是提供一条通道让马来人从东方停滞落后的地位上升成为社会富有生产力的成员：

> 这是向雇佣“大地的儿子”保卫他们自己的国家迈出的另一步。首先是马来军团。接下来，有人可能会说，这是冒险，接下来是SSRNVR(the Straits Settlement Royal Naval Volunteer Reserve，海峡定居点皇家海军志愿预备役部队)，确信咖啡馆闲人和办公室雇员可以变成优秀水手，而且在这个国家里有大量可以吸收进皇家海军的真正人才。[28]

海军被视为一股转化力量，无论是从文化方面还是从社会方面，双管齐下而又不知不觉，强化了帝国开化使命与不列颠统治的合法性。在不列颠的教导下，“游手好闲”或“懒散马来人”的传统形象转变成了警觉、专注的专业人士形象：

> 昨天参观“鼷鹿”(HMS *Pelandok*)号时，我们看

> 到水兵在训练，注意到他们在聆听讲座时的专注神情，这些讲座是关于勾头搭掌(船梁榫接)、指南针、船只停泊与锚链操作、航路规则的；看着他们灵活的手指制作绑结、索结、连接线缆；听到了他们学习发信号和电报时电台发出的滴答声，并由衷赞叹他们开枪迅速。[29]

海军区别对待的招募政策，受到马来半岛的欧亚混血社区的批评，这个问题被政治化，并被欧亚混血儿用来凸显他们要求政治与社会权利的更广泛运动：

> 欧亚混血儿的地位是悲剧性的，因为事实上我们在欧洲环境中长大，拥有欧洲的传统和生活水平。通常，我们不是一个农业民族，所以我们不能像一些人所说的那样回到陆地。我们也没有得到失业救济……整体来看，马来亚的亲马来政策粉碎了我们的希望，我们完全被“囚禁”。如果有机会加入海军或皇家海军志愿预备役部队(RNVR)，我们的马六甲小伙子会抓住这个机会，因为他们与马来人一样，在海洋方面，他们来自久远的航海祖先。[30]

在这里航海祖先并不足以使欧亚混血儿成为“航海民族”，也不能推翻帝国的偏见，让他们成为抢手的新兵。这种航海遗产很明显来自英国祖先。对于英国管理者来说，欧亚混血儿是棘手的刺儿头，这些管理者担心他们会稀释海军里的英国人数量，腐蚀他们的道德和政治权威。此外，在海军的等级关系中，他们会扭曲阶级和肤色之间的关系，而这种关系用来区分管理链并加强欧洲管理阶层权威。通过拒绝为欧亚混血儿的少数民族身份提供立法承认或文化有效性，无论是在马来海军还是更广泛的殖民地本身，这帮助维持了英国民族优越感和随之而来的帝国霸权幻觉。

然而，将马来人视为“航海民族”的普遍概念本身是有缺陷的，尽管它在今天盛行，因为马来西亚独立没有经过斗争，“在思想的更深层面，与英国的意识形态没有理智上的决裂”。[31]这种航海身份植根于历史上马来商人和海盗雇佣兵在塑造马六甲海峡命运方面所发挥的根本作用，该地区苏丹国的权力和影响力传统上依赖于这些航海者的青睐。这些航海英雄中最著名的是汉都亚（Hang Tuah），他成为马来民族主义的偶像是因为著名的口号：“马来人永远不会从地球上消失。”然而，汉都亚并不是现代意义上的“马来人”，他的私掠船同伴也不是。他们是奥朗劳特人（‘Orang Laut’）或“海民”、[32]船居者，从东海岸到西海岸过着无根的游牧生活，要么是苏丹雇佣的海军，要么是渔夫、商人，甚至是税吏。[33]马来统治者通过伪造亲属关系和授予职衔和徽章，将奥朗劳特人与他们拴在一起，这对他们来说至关重要，因为奥朗劳特人名声在外，只要有利可图，他们就会转移效忠。到 19 世纪中叶，随着苏丹国影响力的下降和英国势力的涌入，大量奥朗劳特人被迫上岸定居并寻找替代工作，不仅成为马来亚原住民(统称为马来半岛原住民，Orang Asli)中的少数群体，而且成为来自苏门答腊和爪哇的马来移民人口中的少数群体，这部分移民人数不断增长而且以伊斯兰教徒为主。1874 年的邦咯条约(Treaty of Pangkor)将马来人(Malayness)或“马来族”(‘Malayu’)的概念与伊斯兰信仰联系起来,[34]同时剥夺了奥朗劳特人和马来半岛原住民的马来民族权利。马来族人对原住民持负面看法，认为他们是“危险、肮脏和不进步的民族”，他们的游牧生活被认为不利于坚持伊斯兰信仰，只有过着久坐不动的生活方式才能遵守伊斯兰信仰。[35]

社会科学家研究了民族的政治性质以及殖民和后殖民国家如何在其社会建设中发挥了重要作用，并在民族主义下蓬勃发展。[36]马来人的“航海民族”身份认同符合这一范式，基于对一个少数群体的文化遗产和民族身份的协力挪用和操纵，创造了一种扭曲的表征。打造航海马来人的“想象共同体”使英国人受益，因为通过灌输一种扭曲的文化自豪感和传统感，它扩大了海军服务的广泛共鸣和吸引力，面向整个半岛更广大潜在新兵的兵源。这种身份认同还排挤掉了奥朗劳特人，因为尽管他们拥有航海技能并享有令人生畏的战士声誉，但在过去的几个世纪里，这些一直通过海盗劫掠被用来破坏英国贸易和皇家海军。[37]他们也以朝秦暮楚而闻名，而且奥朗劳特人一直备受怀疑，被人认为缺乏海军所要求的纪律性严明的特质与可靠性。这种“发明出来的传统”被马来民族主义者所接受，因为通过与马来原住民人口更深层次的文化遗产相联系，它使他们自己在去殖民化过程中的民族优越地位合法化，而实际上他们与他们试图超越的华人和印度裔社区一样是移民。

结　语

与尚武民族论一样，并不存在定义“航海民族”的明确民族文化框架。相反，这种概念因地区而异，并根据当地条件和帝国要求而演变。“航海民族论”只是20世纪用来重申英国民族主导地位并使其帝国权威合法化的几种伪科学民族意识形态之一。在武装部队的背景下，这种隐含的霸权在执行纪律和维护指挥链方面发挥了额外的作用。航海民族论提供了一个方便的借口，让那些被视为对这一秩序和英国权威具有潜在破坏性影响的群体靠边站，例如，印度的印度教民族主义者、新加坡的华人左翼分子和秘密社团以及马来亚的奥朗劳特人。它起到了分而治之的作用，尤其是在马来亚，那里的海洋遗产和民族特性受到操纵以支持殖民合作者，留下了后殖民文化遗产，马来半岛原住民统治精英能够用他们自己的民族主导地位取代英国的民族主导地位。归根结底，对于英国殖民和海军当局来说，他们的海军新兵的帝国忠诚度被认为比他们可能拥有的任何实际航海能力（无论是与生俱来的还是其他的）都重要得多。

注　释

1. See David Omissi, "Martial Races": Ethnicity and Security in Colonial India 1858-1939, *War and Society*, Vol. 9, No. 1 (May 1991), pp. 1-27; Heather Streets, *Martial Races: The Military, Race and Masculinity in British Imperial Culture, 1857-1914* (Manchester, 2004); Gavin Rand, "Martial Races" and "Imperial Subjects": Violence and Governance in Colonial India, 1857-1914, *European Review of History*, Vol. 13, No. 1 (March 2006), pp. 1-20; David Killingray, *Fighting for Britain: African Soldiers in the Second World War* (Woodbridge, 2010), pp. 40-3.

2. National Maritime Museum (hereafter NMM), MLS/10/1, MS 81/006, D. O. 61, G Miles to Sir Claude Auchinleck (C-in-C, India), 24 September 1946.

3. The National Archives (hereafter TNA), ADM 205/88, 'India and the Sea', 1953, p. 1.

4. NMM, GOD/34, MS 80/073, Jefford, para. 34.

5. Godfrey cited in Patrick Beesly, *Very Special Admiral: The Life of Admiral J. H. Godfrey* (London, 1980), p. 266.

6. NMM, GOD/34, MS 80/073, Jefford, para. 34.

7. Godfrey in Beesley, *Very Special Admiral*, p. 266.

8. NMM, GOD/41, MS 80/073, Godfrey to Somerville, 29 August 1943, p. 4.

9. NMM, RIN/74, MS 81/006, John H. Godfrey, V. Adm. FOCRIN, *Creeds and Customs in the RIN*, Naval Headquarters (India), 1 January 1945, pp. 6-7.

10. Quoted in DavidOmissi, *The Sepoy and the Raj: The Indian Army, 1860-1940* (London, 1994), p. 26.

11. 'Government of India Act 1935', 2 August 1935, Legislation. gov. uk, http://www. legislation. gov. uk/ukpga/Geo5and1Edw8/26/2/enacted, accessed on 26

June 2012.

12. NMM, GOD/43, J. H. Godfrey, Naval Headquarters, 'Future of the RIN: First Impressions', India 1943–1946, Vol. III., 8 March 1946, p. 2.
13. NMM, RIN/5/3 (6), MS88/043, Jefford to Mr. Justice Ayyangar during Commission of Inquiry, *The Times of India*, 24 April 1946.
14. NMM, RIN/74, MS 81/006, Godfrey, *Creeds and Customs in the RIN*, 1 January 1945, pp. 1–2.
15. NMM, GOD/43, Godfrey, 'Future of the RIN', 8 March 1946, p. 1.
16. Omissi, *The Sepoy and the Raj*, p. 26.
17. TNA, ADM 205/88, India and the Sea, p. 5. (original underlining)
18. Thomas R. Metcalf, *Imperial Connections: India in the Indian Ocean Arena, 1860–1920* (London, 2007), p. 77.
19. Kevin Blackburn, 'Colonial Forces as Postcolonial Memories: The Commemoration and Memory of the Malay Regiment in Modern Malaysia and Singapore', in Karl Hack and Tobias Rettig (eds.), *Colonial Armies in Southeast Asia* (London, 2006), p. 302.
20. Nadzan Haron, 'Colonial Defence and British Approach to the Problems in Malaya 1874–1918', *Modern Asian Studies*, Vol. 24, No. 2 (May, 1990), pp. 275–295, p. 287.
21. Idem.
22. *The Straits Times*, 26 January 1937, p. 11.
23. *The Straits Times*, 29 April 1940, p. 11.
24. 'Tamby': Tamil noun; an endearing term for a younger brother that, since colonial times has referred to Tamil office boys. As the ratings were uniformly Malay, 'Ahmad', the term for Malay office boys and chauffeurs, perhaps should have supplanted this in the original source.
25. *The Straits Times*, 23 May 1937, p. 2.
26. F. A. Swettenham, *British Malaya: An Account of the Origins and Progress of*

British Influence in Malaya (London, 1955), p. 136.

27. Ibid., pp. 139–140.

28. *The Straits Times*, 23 May 1937, p. 2.

29. Idem.

30. Ibid., 25 May 1937, p. 12.

31. Syed Hussein Alatas, *The Myth of the Lazy Native: A Study of the Image of the Malays, Filipinos and Javanese from the 16th to the 20th Century and its Function in the Ideology of Colonial Capitalism* (London, 1977), p. 152.

32. Cynthia Chou, *The Orang Suku Laut of Riau, Indonesia: The Inalienable Gift of Territory* (London, 2010), p. 1.

33. Geoffrey Benjamin, 'On Being Tribal in the Malay World', in Geoffrey Benjamin and Cynthia Chou (eds.), *Tribal Communities in the Malay World: Historical, Cultural and Social Perspectives* (Singapore, 2002), pp. 41, 45.

34. Ibid., pp. 43–44.

35. Cynthia Chou, *Indonesian Sea Nomads: Money, Magic and Fear of the Orang Suku Laut* (London, 2003), pp. 2, 143.

36. Leonard Y. Andaya, *Leaves of the Same Tree: Trade and Ethnicity in the Straits of Melaka* (Honolulu, 2006), p. 5.

37. Ibid., pp. 192–4.

参考文献

文章与图书章节

Afflerbach, Holger, 'Der letzte Mann', *Die Zeit* Nr. 51, 17 December 1993.

Agawa, Hiroyuki, *Gunkan Nagato Syōgai* (*The Life of the Battleship Nagato*, 3 Volumes, Tokyo, 1975).

AlfaroZaforteza, Carlos, 'Trafalgar, el Marqués de Molíns y el renacimiento de la Armada en 1850', *Revista de Historia Naval* No. 97(2007).

Allen, L. S, 'Notes on Japanese Historiography: World War II', *Military Affairs*, Vol. 35 (1971).

Arrington, Aminta, 'Cautious Reconciliation: The Change in Societal-Military Relations in Germany and Japan since the End of the Cold War', *Armed Forces and Society*, Vol. 28 (2002).

Beeler, John, 'Steam, Strategy and Schurman: Imperial Defence in the Post Crimean Era, 1856–1905', in Keith Neilson and Greg Kennedy (eds.). *Far Flung Lines: Studies in Imperial Defence in Honour of Donald Mackenzie Schurman* (London, 1997).

Bellamy, Martin, 'Shipbuilding and Cultural Identity on Clydeside', *Journal for Maritime Research*, Vol. 8 (January 2006).

Benjamin, Geoffrey, 'On Being Tribal in the Malay World', in Geoffrey Benjamin and Cynthia Chou. (eds.), *Tribal Communities in the Malay World: Historical, Cultural and Social Perspectives* (Singapore, 2002).

Blackburn, Kevin, 'Colonial Forces as Postcolonial Memories: The Commemoration and Memory. of the Malay Regiment in Modern Malaysia and Singapore', in Karl

Hack and Tobias Rettig (eds.), *Colonial Armies in Southeast Asia* (London, 2006).

Buckner, Phillip, 'The Royal Tour of 1901 and the Construction of an Imperial Identity in South. Africa', *South African Historical Journal*, Vol. 41 (2000).

Burton, Valerie, 'The Myth of Bachelor Jack: Masculinity, Patriarchy and Seafaring-Labour', in. Colin Howell & Richard Twomey (eds.) *Jack Tar in History: Essays in the History of Maritime Life and Labour*, (Fredericton, New Brunswick, 1991).

Brann, C. M. B., 'Lingua minor, franca & nationalis', in Ulrich Ammon (ed.), *Status and function. of languages and language varieties* (Berlin, 1989).

Caplan, Jane, 'Speaking Scars: The Tattoo in Popular Practice and Medico-Legal Debate in Nineteenth Century Europe', *History Workshop Journal*, Vol. 44 (1997).

Chastel, André, *Les entrées de Charles Quint en Italie*, in Jean Jacquot and Marcel Bataillon (eds.), *Les fêtes de la Renaissance. II. Fêtes et céremonies du temps de Charles Quint* (Paris, 1960).

Ciolino, Caterina, 'L'arte orafa e argentaria a Messina nel XVII secolo', in *Orafi e argentieri al Monte di Pietà. Artefici e botteghe messinesi del sec. XVII* (Palermo, 1988).

Comyns-Carr, A. S., 'The Tokyo War Crimes Trial', *Far Eastern Survey*, Vol. 18 (1949).

Crang, Philip, 'Performing the Tourist Product', in Chris Rojek and John Urry (eds.), *Touring Cultures: Transformations of Travel and Theory* (London, 1997).

Di Bella, Saverio, 'Larivolta in etò barocca come problema storico e giuridico: Messina e la Spagna nel 1612', in Mario Tedeschi (ed.), *Il Mezzogiorno e Napoli nel Seicento italiano* (Soveria, 2003).

Dockrill, Saki, 'Hirohito, the Emperor's Army and Pearl Harbor', *Review of International Studies*, Vol. 18 (1992).

Driessen, Henk, ' Mediterranean Port Cities: Cosmopolitanism Reconsidered ', *History and Anthropology*, Vol. 16 (2005).

Edgerton, David E. H., ' The Contradictions of Techno-Nationalism and Techno-Globalism: A Historical Perspective', *New Global Studies*, Vol. 1 (2007).

Foucault, Michel, ' Of Other Spaces', *Diacritics*, Vol. 16 (1986).

Foucault, Michel, ' Other Spaces: The Principles of Heterotopia ', *Lotus*, Vol. 48 (1986).

Friday, Karl F., ' Bushido or Bull? A Medieval Historian's Perspective on the Imperial Army and the Japanese Warrior Tradition ', *The History Teacher*, Vol. 27 (1994).

Fried, M. H., ' Military Status in Chinese Society', *American Journal of Sociology*, Vol. 57 (1952).

Gjelsten, Roald, *1960–2008: Fra invasjonsforsvar til ressursforvaltning og fredsoperasjoner*, part 3 in *Sjøforsvaret i krig og fred. Langs kysten og på havet i 200 år* (Bergen, 2010).

Gross, Gerhard P., ' Eine Frage der Ehre? Die Marineführung und der letzte Flottenvorstoß 1918', in Jörg Duppler and Gerhard P. Gross (eds.), *Kriegsende 1918: Ereignis, Wirkung, Nachwirkung* (Munich, 1999).

Gugliuzzo, Carmelina, ' Holy Ship: The "Vascelluzzo" of Messina during the Modern Age', in Harriet Nash, Dionisius Agius and Timmy Gambin (eds.), *Ships, Saints and Sealore: Maritime Ethnography of Mediterranean and Red Sea* (Malta, 2012).

Hahn, Hans-Werner, ' "Ohne Jena kein Sedan." Die Erfahrung der Niederlage von 1806 und ihre Bedeutung für die deutsche Politik und Erinnerungskultur des 19. Jahrhunderts', *Historische Zeitschrift*, 285: 3 (2007).

Halpern, Paul G. ' The War at Sea', in John Horne (ed.), *A Companion to World War I* (Oxford, 2008).

Haron, Nadzan, ' Colonial Defence and British Approach to the Problems in Malaya,

1874–1918', *Modern Asian Studies*, Vol. 24, No. 2 (May, 1990).

Hirama, Yoichi, 'Japanese Naval Preparations for World War II', *Naval War College Review*, Vol. 94 (1991).

Ikeda, Kiyoshi, 'The Silent Admiral: Tōgō Heihachirō (1848–1934) and Britain', in Ian Nish (ed.), *Britain and Japan* (Folkestone, 1994).

Isern, Damián, *Del desastre nacional y sus causas* (Madrid, 1899).

Jones, Mark, 'From "Skagerrak" to the "Organisation Consul": War Culture and the Imperial German Navy, 1914–1922', in James E. Kitchen, Alisa Miller, and Laura Rowe (eds.), *Other Combatants, Other Fronts: Competing Histories of the First World War* (Newcastle, 2011).

Jordan, G. H. S., 'Pensions not Dreadnoughts: The Radicals and Naval Retrenchment', in A. J. A. Morris (ed.), *Edwardian Radicalism 1900–1914* (London, 1974).

Kendō, K., Ikuhiko H., Katsushige T., Katsuya F. and Hirama Y., 'Shōwa no Kaigun Erīto Shūdan no Eikō to Shittsui [昭和の海軍エリート集団の栄光と失墜–Glories and Abasements of the Elite Group of the Shōwa Navy]', *Bungei Shunjū* [文芸春秋], (2007).

Kinoshita, Hanji, 'Echoes of Militarism in Japan', *Pacific Affairs*, Vol. 26 (1953).

Kristiansen, Tom, 'The Norwegian Merchant Fleet during the First World War, the Second World War and the Cold War', in *The Economic Aspects of Defence through Major World Conflict* (Rabat, 2005).

Kristiansen, Tom, 'Neutrality guard or preparations for war? The Norwegian armed forces and the coming of the Second World War' in Wim Klinkert and Herman Amersfoort (ed.), *Small Powers in the Age of Total War, 1900–1940* (Leiden, 2011).

Lambert, Andrew, 'The Magic of Trafalgar: The Nineteenth-Century Legacy', in David Cannadine (ed.), *Trafalgar in History: A Battle and its Afterlife* (Basingstoke, 2006).

Lambert, Andrew, 'The Power of a Name: Tradition, Technology and Transformation', in Robert J. Blyth, Andrew Lambert and Jan Rüger, *The Dreadnought and the Edwardian Age* (Farnham, 2011).

Leuss, 'Meine Erinnerungen an Graf Spee und sein Geschwader,' in Eberhard von Mantey (ed.) *Auf See Unbesiegt* (Munich, 1922).

Lincoln, Margarette, 'Naval Ship Launches as Public Spectacle 1773 – 1854', *Mariner's Mirror*, Vol. 83 (1997).

Marshall, P. J. 'Empire and British Identity: The Maritime Dimension', in David-Cannadine (ed.), *Empire, the Sea, and Global History* (New York, 2007).

Molho, Anthony, 'Comunità e identità nel mondo mediterraneo', in Maurice Aymard & Fabrizio Barca (eds.), *Conflitti, migrazioni e diritti dell'uomo. Il Mezzogiorno laboratorio di un'identità mediterranea* (Soveria, 2002).

Moll, Kenneth L., 'Politics, Power and Panic: Britain's 1909 Dreadnought "Gap"', *Military Affairs*, Vol. 29 (1965).

Montuoro, Domenico, 'I Cigala, una famiglia feudale tra Genova, Sicilia, Turchia e Calabria', *Mediterranea*, Vol. 16 (2009).

Murray, Williamson, 'Strategic Bombing: The British, American, and German Experiences', in Williamson Murray and Allan R. Millett (eds.), *Military Innovation in the Interwar Period* (Cambridge, 1996).

Nicholas Lambert, 'Economy or Empire? The Fleet Unit Concept and the Quest for Collective Security in the Pacific, 1909 – 1914' in Greg Kennedy and Keith Nielson (eds.), *Far-Flung Lines: Studies in Imperial Defence in Honour of Donald Mackenzie Schurman* (London, 1996).

Perry, John Curtis, 'Great Britain and the Emergence of Japan as Naval Power', *Monumenta Nipponica*, Vol. 21 (1966).

Piciché, Bernardo, 'Prudenza e poliglossia nel Cinquecento siciliano', in Roberta Morosini and Cristina Perissinotto (eds.), *Mediterranoesis. Voci dal Medioevo e dal Rinascimento mediterraneo* (Rome, 2007).

Powers, W. M., 'Mikasa: Japan's Memorial Battleship', *US Naval Institute Proceedings*, *Vol.* 102 (1976).

Pugh, David C., 'Guns in the Cupboard: The Home Guard, Milorg, and the Politics of Reconstruction 1945–1946', in *FHFS Yearbook 1986* (Oslo, 1986).

Rodger, N. A. M., 'The Dark Ages of the Admiralty, 1869–1885', *Mariner's Mirror*, Vol. 61 (1975) and Vol. 62 (1976).

Rodgers, Silvia, 'Feminine Power at Sea', *Royal Anthropological Institute News*, Vol. 64 (1984).

Romano, Andrea 'Stranieri e mercanti in Sicilia nei secoli XIV-XV', in Andrea Romano (ed.), *Cultura ed istituzioni nella Sicilia medievale e moderna* (Soveria, 1992).

Roskill, S. W., 'Review of *The End of the Imperial Japanese Navy* by Itō Masanori, translated by Roger Pineau and Andrew Y. Kuroda', *International Affairs*, Vol. 39 (1963).

Rüger, Jan, 'The Symbolic Value of the *Dreadnought*', in Robert J. Blyth, Andrew Lambert, & Jan Rüger (eds.), *The Deadnought and the Edwardian Age* (Farnham, 2011).

Rüger, Jan, 'Nations, Empire and Navy: Identity Politics in the United Kingdom 1887–1914', *Past and Present*, Vol. 185 (2004).

Santoro, Rodolfo, 'Le "machine" navali di Messina', *Archivio Storico Messinese*, Vol. 47 (1986).

Schencking, Charles J., 'Navalism, Naval Expansion and War: The Anglo Japanese Alliance and the Japanese Navy', in Phillips O'Brien (ed.), *The Anglo-Japanese Alliance*, *1902–1922* (London, 2004).

Schencking, Charles J., 'The Politics of Pragmatism and Pageantry: Selling a National Navy at the Elite and Local Level in Japan, 1890–1913', in Sandra Wilson (ed.), *Nation and Nationalism in Japan* (London, 2002).

Shiba, Ryōtarō, *Saka no Ue no Kumo* (*A Cloud at the Top of the Slope*, 8 Volumes,

Tokyo, 1968).

Simmons, J. L. A., 'The Channel Tunnel: A National Question', *The Nineteenth Century*, Vol. XI (1882).

Tadokoro, Masayuki, 'Why Did Japan Fail to Become the "Britain" of Asia?', in David Wolff, Steven G. Marks, David Schimmelpenninck van der Oye, John W. Steinberg and Shinji Yokote (eds.), *The Russo-Japanese War in Global Perspective-World War Zero, Volume II* (Leiden, 2007).

Thomas, J. B., 'Review of *The End of the Imperial Japanese Navy* by Itō Masanori, translated by Roger Pineau and Andrew Y. Kuroda', *Military Affairs*, Vol. 26 (1962–63).

Tucker, Albert V., 'Army and Society in England 1870–1900: A Reassessment of the Cardwell Reforms', *Journal of British Studies*, Vol. 2 (1963).

Vickers, Daniel, 'Beyond Jack Tar,' *The William and Mary Quarterly*, Vol. 50 (1993).

Weber, Max, 'The Chinese Literati' in H. H. Gerth & C. Wright Mills (eds.), *From Max Weber: Essays in Sociology* (London, 1948).

图书

Alatas, Syed Hussein, *The Myth of the Lazy Native* (London, 1977).

Andaya, Leonard Y., *Leaves of the Same Tree: Trade and Ethnicity in the Straits of Melaka* (Honolulu, 2006).

Andrews, Kenneth R., *Ships, Money & Politics: Seafaring and Naval Enterprise in the Reign of Charles I* (Cambridge, 1991).

Arenaprimo, Giuseppe, *La Sicilia nella battaglia di Lepanto* (Palermo, 1893).

Aricò, Nicola, *Illimite Peloro. Interpretazioni del confine terracqueo* (Messina, 1999).

Asada, Sadao, *Culture Shock and Japanese-American Relations: Historical Essays* (Columbia: MO, 2007).

Asada, Sadao, *From Mahan to Pearl Harbor: The Imperial Japanese Navy and the*

United States (Annapolis: MD, 2006).

Auer, James E., *The Postwar Rearmament of Japanese Maritime Forces, 1945–71* (New York, 1973).

Baker, Paul and Jo Stanley, *Hello Sailor! The Hidden History of Homosexuality at sea* (Harlow, 2003).

Barnett, Correlli, *The Audit of War: The Illusion of Britain as a Great Nation* (London: Macmillan, 1986).

Beeler, John F., *Naval Policy in the Gladstone-Disraeli Era 1866–1880* (Oxford, 1997).

Beeler, John F., *Birth of the Battleship: British Capital Ship Design 1870–1881* (London: Chatham Publishing 1991).

Bellamy, Martin, *The Shipbuilders* (Edinburgh, 2001).

Bennett, Geoffrey, *Die Seeschlachten von Coronel und Falkland und der Untergang des deutschen Kreuzergeschwaders unter Admiral Graf Spee* (Munich, 1980).

Berger, Stefan, Mark Donovan and Kevin Passmore (eds.), *Writing National Histories: Western Europe since 1800* (London, 1999).

Bessel, Richard, *Germany after the First World War* (Oxford, 1993).

Biddle, Tami Davis, *Rhetoric and Reality in Air Warfare: The Evolution of British and American Ideas about Strategic Bombing, 1914–1945* (Princeton: NY, 2002).

Bingham, Barry, *Falklands, Jutland and the Bight* (London, 1919).

Blyth, Robert J., Andrew Lambert and Jan Rüger (eds.), *The Dreadnought and the Edwardian Age* (Farnham, 2011).

Botero, Giovanni, *Delle cause della grandezza e della magnificenza delle città* (Venice, 1588).

Bullock, Cecil, *Etajima: The Dartmouth of Japan* (London, 1942).

Burg, B R, *Sodomy and the Pirate Tradition: English Sea Rovers in the Seventeenth Century Caribbean* (New York, 1984).

Buruma, Ian, *Wages of Guilt: Memories of War in Germany and Japan* (London,

1994).

Bywater, Hector Charles, *Navies and Nations: A Review of Naval Developments since the Great War* (London, 1927).

Canny, Nicholas and Philip Morgan (eds.), *The Oxford Handbook of the Atlantic World c. 1450–1850* (Oxford, 2011).

Charlton, L. E. O., *War From the Air* (London, 1935).

Charlton, L. E. O., *War Over England* (London, 1937).

Charlton, L. E. O., *War From the Air* (London, 1938).

Chou, Cynthia, *Indonesian Sea Nomads: Money, Magic and Fear of the Orang Suku Laut* (London, 2003).

Chou, Cynthia, *The Orang Suku Laut of Riau, Indonesia: The Inalienable Gift of Territory* (London, 2010).

Clarke, Ignatius Frederick, *Voices Prophesying War 1763–1984* (London, 1966).

Colley, Linda, *Britons: Forging the Nation 1707–1837* (London, 1992).

Conley, Mary A., *From Jack Tar to Union Jack: Representing Naval Manhood in the British Empire 1870–1918* (Manchester, 2009).

Conti, Giulio and Giordano Corsi, *Feste popolari e religiose a Messina* (Messina, 1980).

Costa, Joaquín, *Marina española o la cuestión de la escuadra* (Huesca, 1912).

Creighton, Margaret S. and Lisa Norling (eds.), *Iron Men, Wooden Women: Gender and Seafaring in the Atlantic World, 1700–1920* (Baltimore: MD, 1996).

D'Alibrando, Cola Giacomo, *Il Spasmo di Maria Vergine. Ottave per un dipinto di Polidoro da Caravaggio a Messina*, edited by Barbara Agosti, Giancarlo Alfano and Ippolita di Majo (Naples, 1999).

Davis, Ralph, *The Rise of the Shipping Industry in the Seventeenth and Eighteenth Centuries* (Newton Abbot, 1971).

De Landa, Manuel, *A New Philosophy of Society: Assemblage Theory and Social Complexity* (London, 2006).

Dening, Greg, *Mr Bligh's Bad Language: Passion, Power and Theatre on the Bounty* (Cambridge, 1992).

Dower, John W., *Embracing Defeat, Japan in the Wake of World War Two* (New York, 1999).

Drea, Edward J., *Japan's Imperial Army: Its Rise and Fall, 1853–1945* (Lawrence: KS, 2009).

Ebensten, Hanns, *Pierced Hearts and True Love: An Illustrated History of the Origin and Development of European Tattooing and a Survey of its Present State* (London, 1953).

Edgerton, David, *Britain's War Machine: Weapons, Resources and Experts in the Second World War* (London, 2011).

Ehrman, John, *The Navy in the War of William III, 1689–1697: Its State and Direction* (Cambridge, 1953).

Epkenhans, Michael, (ed.) *Das ereignisreiche Leben eines "Wilhelminers": Tagebücher, Briefe, Aufzeichnungen 1901 bis 1920 von Albert Hopman* (Munich, 2004).

Esmein, Jean, *Un Demi Plus* (Paris, 1983).

Evans, David C. And Mark R. Peattie, *Kaigun: Strategy, Tactics and Technology in the Imperial Japanese Navy, 1887–1941* (Annapolis: MD, 1997).

Fairbank, John King and Merle Goldman, *China: A New History* (London, 2001).

Ffolliott, Sheila, *Civic Sculpture in the Renaissance: Montorsoli's Fountains at Messina* (Ann Arbor, 1984).

French, David, *Military Identities: The Regimental System, the British Army and the British People c. 1870–2000* (Oxford, 2008).

Geertz, Clifford, *Mondo globale, mondi locali. Cultura e politica alla fine del ventesimo secolo* (Bologna, 1999).

Gordon, Donald C., *Dominion Partnership in Imperial Defense* (Baltimore: MD, 1965).

Gow, Ian, *Military Intervention in Pre-war Japanese Politics: Admiral Katō Kanji and the 'Washington System'* (London, 2004).

Graham, Euan, *Japan's Sea Lane Security, 1940–2004: A Matter of Life and Death?* (London, 2006).

Groves, P. R. C., *Our Future in the Air: A Survey of the Vital Questions of British Air Power* (London, 1922).

Groves, P. R. C., *Behind the Smoke Screen* (London, 1934).

Griffin, Jonathan, *Glass Houses and Modern War* (London, 1938).

Guarracino, Scipione, *Mediterraneo. Immagini, storie e teorie da Omero a Braudel* (Milan, 2007).

Gugliuzzo, Carmelina, *Fervori municipali. Feste a Malta e Messina in età moderna* (Messina, 2006).

Hamilton, W. Mark, *The Nation and the Navy: Methods and Organization of British Navalist Propaganda, 1899–1914* (London, 1986).

Hawker, R. S., *Footprints of Former Men in Far Cornwell* (London, 1870).

Henderson, J. Welles, and Rodney P. Carlisle, *Marine Art and Antiques: Jack Tar A Sailor's Life 1750–1910* (Suffolk, 1999).

Hetherington, Kevin, *The Badlands of Modernity: Heterotopia and Social Ordering* (London, 1997).

Hill, John, *Sex, Class and Realism: British Cinema 1956–1963* (London, 1986).

Hill, Leonidas E. (ed.) *Die Weizsäcker-Papiere 1900–1932* (Berlin, 1982).

Hosbawm, Eric J. and Terence Ranger, (eds.), *The Invention of Tradition* (Cambridge, 1983).

Hobsbawm, Eric J., *Nations and Nationalism since 1780: Programme, Myth, Reality* (Cambridge, 2004).

Hobson, Rolf and Tom Kristiansen, (eds.), *Navies in Northern Waters, 1721–2000*, (London, 2004).

Horne, John (ed.) *State, Society and Mobilization in Europe during the First World*

War (Cambridge, 1997).

Houlding, J. A., *Fit for Service: The Training of the British Army, 1715 – 1795* (Oxford, 1981).

Ishii, O., Masaaki G., Seigen M. (eds.), *Documents on United States Policy toward Japan, Documents Related to Diplomacy and Military Matters 1964*, Vol. 7, (Tokyo, 2001).

Itō, Masanori, translated by Andrew. Y. Kuroda and Roger Pineau, *The End of the Imperial Japanese Navy* (New York, 1962).

James, Robert, *Popular Culture and Working Class Taste in Britain, 1930–39* (Manchester, 2010).

Jane, Fred T., *The Imperial Japanese Navy* (London, 1904).

Johnman, Lewis and Hugh Murphy, *Shipbuilding and the State since 1918: A Political Economy of Decline* (New York, 2002).

Kennedy, Malcolm D., *Some Aspects of Japan and Her Defences* (London, 1928).

Klein, Bernhard and Gesa Mackenthun (eds.), *Sea Changes: Historicizing the Ocean* (London, 2004).

Landy, Marcia, *British Genres: Cinema and Society 1930 – 1960* (Princeton: NJ, 1991).

Leighton, Peter (ed.), *Memoirs of a Tattooist: From the Notes, Diaries and Letters of the Late 'King of Tattooist' George Burchett* (London, 1958).

Longmate, Norman, *Island Fortress: The Defence of Great Britain 1603 – 1945* (London, 1991).

Lowe, J. A., (ed.), *Portsmouth Record Series Records of the Portsmouth Division of Marines, 1764–1800* (Portsmouth, 1990).

Mack, John, *The Sea: a Cultural History* (London, 2011).

Maeda, Tetsuo, *The Hidden Army: The Untold Story of Japan's Military Forces* (Chicago, 1995).

Mancke, Elizabeth and Carole Shammas (eds.), *The Creation of the British Atlantic*

World (Baltimore: MD, 2005).

Marder, Arthur J., *Old Friends, New Enemies: The Royal Navy and the Imperial Japanese Navy, Vol. 1 Strategic Illusions, 1936–1941* (Oxford, 1981).

Massie, Robert K., *Castles of Steel: Britain, Germany and the Winning of the Great War at Sea* (New York, 2003).

Masuda, Hiroshi, *Jieitai no Tanjo* [自衛隊の誕生–The Origins of the Self-Defence Forces] (Tokyo, 2004).

Matvejevic, Predrag, *Mediterranean: A Cultural Landscape* (Berkeley: CA, 1999).

Mauch, Peter, *Sailor Diplomat: Nomura Kichisaburo and the Japanese-American War* (Cambridge: MA, 2011).

Mauch, Peter, *The Occupation-era Correspondence of Kichisaburō Nomura* (Folkestone, 2010).

Metcalf, Thomas R., *Imperial Connections: India in the Indian Ocean Arena, 1860–1920* (London, 2007).

Middlemas, Keith and John Barnes, *Baldwin: A Biography* (London, 1969).

Mikasa Preservation Society, *Memorial Ship Mikasa* (Yokosuka, 2007).

Milner, Marc, *Canada's Navy: The First Century* (Toronto, 1999).

Morriss, Roger, *The Royal Dockyards during the Revolutionary and Napoleonic Wars* (Leicester, 1983).

Nelles, H. V., *The Art of Nation-Building: Pageantry and Spectacle at Quebec's Tercentenary* (Toronto, 1999).

Nilsson, Arne, *'Såna' på Amerikabåtarna* [*'Those Ones' on the American Boats*] (Stockholm, 2006).

Nish, Ian (ed.), *Britain and Japan: Biographical Portraits* (Folkestone, 1994).

O'Brien, Phillips, (ed.) *The Anglo-Japanese Alliance, 1902–1922* (London, 2004).

Ōhara, Yasuo, *Teikoku Riku Kaigun no Hikari to Kage* [帝国陸海軍の光と影–'Lights' and 'Shadows' of the Imperial Japanese Army and Navy], 1st edn. (Tokyo, 1982).

Omissi, David, *The Sepoy and the Raj: The Indian Army, 1860–1940* (London, 1994).

Parkes, Oscar, *British Battleships*, 2nd edn. (London, 1966).

Parkinson, Roger, *The Late Victorian Navy* (Woodbridge, 2008).

Parry, J. H. *The Discovery of the Sea* (Berkeley: CA, 1981).

Parshall, Jonathan and Anthony Tully, *Shattered Sword. The Untold Story of the Battle of Midway* (Washington: DC, 2005).

Pérez Galdós, Benito, *Trafalgar* (Madrid, 1873).

Pérez Galdós, Benito, *La vuelta al mundo en la Numancia* (Madrid, 1906).

Pispisa, Enrico And Carmello Trasselli, *Messina nei secoli d'oro. Storia di una città dal Trecento al Seicento* (Messina, 1988).

Pitré, Giuseppe, *Feste patronali in Sicilia* (Palermo, 1870–1913).

Pochhammer, Hans, *Graf Spee's letzte Fahrt. Erinnerungen an das Kreuzergeschwader* (Leipzig, 1924).

Pöhl, Hugo von and Ella von Pohl, *Aus Aufzeichnungen und Briefen während der Kriegszeit* (Berlin, 1920).

Potter, John Deane, *Admiral of the Pacific: the Life of Yamamoto* (London, 1965).

Redford, Duncan, *The Submarine: A Cultural History from the Great War to Nuclear Combat* (London, 2010).

Rediker, Marcus, *Between the Devil and the Deep Blue Sea* (Cambridge, 1987).

Reichert, Folker E. and Eike Wolgast (eds.), *Karl Hampe Kriegstagebuch 1914–1919* (Munich, 2007).

Reynolds, David, *Britannia Overruled: British Policy and World Power in the 20th century* 2nd edn., (Harlow, 2002).

Richards, Jeffrey, *The Age of the Dream Palace: Cinema and Society 1930–1939* (London, 1984).

Rieger, Bernard, *Technology and the Culture of Modernity in Britain and Germany, 1890–1945* (Cambridge, 2005).

Riste, Olav, *The Neutral Ally: Norway's Relations with the Belligerent Powers in the*

First World War (Oslo, 1965).

Roberts, Richard Arthur, (ed.), *Calendar of Home Office Papers of the Reign of George III, 1773–1775* (London, 1899).

Rodger, N. A. M., *Command of the Ocean: A Naval History of Britain 1649–1815* (London, 2004).

Romano, Ruggiero, *Paese Italia: venti secoli di identità* (Rome, 1997).

Roncayolo, Marcel, *La città. Storia e problemi della dimensione urbana* (Turin, 1988).

Rüger, Jan, *The Great Naval Game: Britain and Germany in the Age of Empire* (Cambridge, 2007).

Russell, Margarita, *Visions of the Sea: Hendrik C. Vroom and the Origins of Dutch Marine Painting* (Leiden, 1983).

Schenking, Charles J., *Making Waves. Politics, Propaganda, and the Emergence of the Imperial Japanese Navy, 1868–1922* (Stanford: CA, 2005).

Schilling, René, '*Kriegshelden*': *Deutungsmuster heroischer Männlichkeit in Deutschland 1813–1945* (Paderborn, 2002).

Schivelbusch, Wolfgang, *Die Kultur der Niederlage* (Frankfurt, 2003).

Scholl, Lars Ulrich, *Hans Bohrdt: Marinemaler des Kaisers* (Hamburg, 1985).

Schweinitz, Kurt Graf von (ed.) *Das Kriegstagebuch eines kaiserlichen Seeoffiziers (1914–1918)* (Bochum, 2003).

Scutt, Ronald and ChristopherGotch, *Skin Deep: The Mystery of Tattooing* (London, 1974).

Seligmann, Matthew S., *The Royal Navy and the German Threat, 1901–1914: Admiralty Plans to Protect British Trade in a War Against Germany* (Oxford, 2012).

Shields, Rob, *Places on the Margin: Alternative Geographies of Modernity* (London, 1991).

Snow, Philip, *The Fall of Hong Kong: Britain, China and the Japanese Occupation* (London, 2003).

Spencer, Alfred, *The Wanderer: Being the Story of a Life and the Reminiscences of a Man-O-War's Man* (self-published, 1983).

Spiers, Edward M., *The Army and Society 1815–1914* (London, 1980).

Spiers, Edward M., *The Late Victorian Army 1868–1902* (Manchester, 1992).

Stallybrass, Peter And Allon White, *The Politics and Poetics of Transgression* (London, 1986).

Steen, E. A., *Sjøforsvarets organisasjon, oppbygging og vekst i Storbritannia: Handelsflåtens selvforsvar*, Vol. 5 in *Norges Sjøkrig 1940–1945*, (Oslo, 1959).

Steinberg, Philip E., *The Social Construction of the Ocean* (Cambridge, 2001).

Stevens, David, *The Royal Australian Navy* (Oxford, 2001).

Steward, Samuel M., *Bad Boys and Tough Tattoos: A Social History of the Tattoo with Gangs, Sailors, and Street Corner Punks 1950–1965* (Binghamton, 1990).

Stumpf, Richard, *Warum die Flotte zerbrach. Kriegstagebuch eines christlichen Arbeiters* (Berlin, 1927).

Swettenham, Frank Athelstane, *British Malaya: An Account of the Origin and Progress of British Influence in Malaya* (London, 1955).

Tavilla, Carmelo E. *Per la storia delle istituzioni municipali a Messina tra Medioevo ed età moderna* (Messina, 1983).

Taylor, Philip M. *British Propaganda in the Twentieth Century: Selling Democracy* (Edinburgh, 1999).

Turner, Victor, *Process, Performance and Pilgrimage* (New Delhi, 1979).

Ullrich, Volker, *Die nervöse Großmacht 1871–1918* (Frankfurt, 2007).

Usui, K., Naosuke T., Yasushi T., Masaomi Y., *Nihon Kindai Jinmei Jiten* [日本近代人名辞典–Japanese Modern Biographical Dictionary] (Tokyo, 2001).

Vega Blasco, Antonio de la, *El resurgir de la Armada: certamen naval de Almería* (*25 de agosto de 1900*) (Madrid, 1994).

Waldeyer-Hartz, Hugo von, *Der Kreuzerkrieg 1914–1918* (Wolfenbüttel, 2006).

Waters, David W., *The Art of Navigation in England in Elizabethan and Early Stuart Times* (London, 1958).

Wiener, Martin J., *English Culture and the Decline of the English Spirit 1850–1980* (Cambridge, 2004).

Williamson, Philip, *Stanley Baldwin* (Cambridge, 1999).

Wilson, Kathleen, *The Island Race: Englishness, Empire, and Gender in the Eighteenth Century* (*London*, 2003).

Wilson, Keith M., *Channel Tunnel Visions 1850 - 1945: Dreams and Nightmares* (London, 1994).

Wilson, Sandra, (ed.) *Nation and Nationalism in Japan* (London, 2002).

Wolff, David, Steven G. Marks, David Schimmelpenninck ven der Oye, John W. Steinberg and Shinji Yokote, (eds.) *The Russo-Japanese War in Global Perspective-World War Zero*, *Volume II* (Leiden, 2007).

Wolz, Nicolas, *Das lange Warten. Kriegserfahrungen deutscher und britischer Seeoffiziere 1914 bis 1918* (Paderborn, 2008).

Yoshida, Mitsuru, *Requiem for Battleship Yamato* (Annapolis: MD, 1999).

Yoshida, Shigeru, translated by Kenichi Yoshida, *The Yoshida Memoirs: The Story of Japan in Crisis* (London, 1961).